丛书编委会

主　编　徐　蓝

编　委（以姓氏拼音为序）
　　　　崔　丕　韩长青　梁占军
　　　　史桂芳　徐　蓝　姚百慧

20世纪国际格局的演变
与大国关系互动研究丛书

"十二五"国家重点图书出版规划项目

刘作奎 / 著

英国对法战略的历史和政治学考察
(1914~1929)

THE HISTORICAL AND POLITICAL ANALYSIS OF
GREAT BRITAIN'S STRATEGY
TO FRANCE (1914-1929)

社会科学文献出版社
SOCIAL SCIENCES ACADEMIC PRESS (CHINA)

本书为国家社科基金重大项目"20世纪国际格局的演变与大国关系互动研究"（11&ZD133）的阶段性成果

总　序

　　本套丛书研究的是20世纪国际格局的演变与大国关系的互动之间的关系。其中既要考察20世纪主要大国之间关系的发展变化，也要探讨大国之间的关系变化对国际格局演变的影响，以及在一定历史时期内相对稳定的国际格局对大国关系形成的反作用。

　　之所以选择研究这个课题，主要有以下几点考虑。

　　第一，大国关系与国际格局的演变密切相关。自近代民族国家产生以来，大国之间的关系始终是最重要的国际关系，对世界历史的发展、国际格局的变动、国际秩序的构建、各民族国家的命运，都产生过十分重要的影响。特别是20世纪以来，世界历史发生的各种重大事件以及国际格局从欧洲中心到两极格局、再到多极化趋势发展的巨大变化，无不与大国之间关系的发展变化紧密相连。换句话说，大国和大国集团的力量对比和关系变化构成了世界格局的重要基础，是国际格局变动的决定性力量。与此同时，国际格局也实际影响并制约着一定历史时期内的国际秩序，并进而影响着一国的战略选择和政策制定。

　　第二，加强对20世纪国际格局的演变与大国关系的互动研究是当今国际形势发展及中国国力增长的需要。进入21世纪以来，国际形势发生了深刻变化，经济全球化迅速发展，世界多极化不可逆转。但是，在今天的世界上，民族国家仍然是国际行为的主体，因此，民族国家如何在国际竞争中有效地维护自己的国家主权，捍卫自己的国家利益，如何在国际合作中取得双赢和多赢的结果，仍然是每一个民族国家面临的重要问题，也是正在崛起的中国面临的重大问题，更是一个关系到中国长远稳定和平发展的重大战略问题。可以预见，随着中国改革开放政策的稳步推进，随着中国国力的不可阻挡地快速发展，随着中国在国际经济、政治、军事、文化等领域的重要性不断提升，在今后的几十年时间里，中国与外部世界特别是与一些大国之间的关系必将呈现出更多的冲突、摩擦、竞争与合作的错综复杂的局面。因此，研究英国、美国、法国、德国、日本、俄国/苏联等大国在构建有利于自己的国际格局、国际体系时所做出的外交努力，研究20世纪国际格局的变动与大国关系变化之间的互动，对于当今的中国如何在大国关系演变、国际格局和国际秩序的变革中发挥负责任大国的作用，构建有利于中国的国际格局和国际体系，有着重要的参考价值和借鉴作用。

第三，研究这一课题是学术发展的需要。鉴于大国关系与国际格局的重要性，国内外的学者在历史学领域和国际政治学领域的相关研究已有颇多建树。

在历史学领域的研究，主要是运用历史学的实证方法，通过对档案资料的研究和解读，或对双边或多边大国关系中的具体个案进行微观的深入探讨，或从外交史出发对大国关系进行通史性论述，以揭示主要大国之间的错综复杂的关系发展。一些著作已经涉及了20世纪的国际格局、国际体系、国际秩序等问题，对国际组织的活动也有所探讨。这些成果，为我们提供了重要的研究基础。但是这些研究仍然比较缺乏宏观的视野、辩证的思考和应有的理论深度。西方学者的研究成果虽然有许多可取之处，但是其基本主导思想是以西方特别是以美国的理念来改造世界（尽管美欧之间也有分歧），建立西方主导的国际格局和国际秩序，并维护这种秩序，因此只具有借鉴意义。

在国际政治学领域的研究，主要是依据欧美大国关系的发展历史和处理国际关系的经验而发展出来的一系列国际关系理论，通过对历史案例的解读和相对宏观的论述，说明大国之间的关系以及对国际格局、国际秩序的影响，以此分析当今的国际问题和国际形势发展趋势，并提出对策。这种把国际政治学和国际关系史结合起来的研究方法，以及通过对当前的国际问题的研究为中国外交提出对策的视角，对本课题的研究具有重要的启发和借鉴作用。但是这些研究较缺乏基于原始资料的历史考察，以及缺少对大国关系的发展与国际格局、国际秩序的建立和演变之间互动关系的历史研究。西方学术界运用其国际关系理论来看待20世纪国际格局和大国关系的发展，带有很大的片面性，往往把西方大国崛起时的对外扩张视为普遍真理，并以此来看待正在发展的中国，宣扬"中国威胁论"，这是我们不能接受的。

因此，将历史学与国际政治学二者结合起来、将微观研究与宏观考察结合起来，具体探讨国际格局、国际体系、国际秩序的构建和演变与大国之间关系变化的互动关系，是本课题研究的学术发展空间。

第四，与近年来国外大量新解密的原始档案资料特别是外交档案资料相比，中国国际关系史的资料建设相对落后，一些整理汇编的资料集多以20世纪50~70年代翻译的资料为主，严重制约了中国的国际关系史研究。因此，本课题在进行研究的同时，将密切跟踪不断解密的国内外档案文献，精选、翻译、编辑一些重要的国际关系史料并陆续出版。

鉴于国际格局的演变是一个比较长期的过程，要经过许多重大的事件导致国际关系特别是大国之间的关系发生一系列变化的量化积累，最后才会导致国际格局发生质变，因此本课题的研究着眼于20世纪的较长时段，突出问题意识，以唯物史观为基本指导，运用历史学与国际政治学的交叉研究方法，以历史学的微观探究为手段，以国际政治学的宏观战略高度为分析视角，通过对20世纪重要大国之间关系发展的一系列重大问题的专题实证研究，力图深层次多角度揭示大国关系的发展及其与国际格局、国际秩序演变之间的互动关系，为今天正在和平发展的中国如何处理与其他大国的关系，包括如何处理与目前由大国主导的国际组织的关系、如何在当今世界积极发挥自己作为负责任大国的作用，从而构建有利于中国发展的国际格局、国际体系、国际秩序、国际机制和国际安全环境，提供历史借鉴、重要启示和基本的理论与现实支持。与此同时，本课题的研究也希望能够在培养具有世界眼光、了解大国之间关系发展的历史、知晓国际关系的复杂性和曲折性、具有对世界多元文化的认知与理解力、从而能够在纷繁复杂的国际关系现实中处变不惊的人才方面，有所贡献。

为了将本课题的研究成果集中呈现，首都师范大学国际关系研究中心和社会科学文献出版社联合推出这套"20世纪国际格局的演变与大国关系互动研究"丛书。这套丛书包括专著、资料集和论文集等若干种，这些成果也是国家社科基金重大项目"20世纪国际格局的演变与大国关系互动研究"（项目号：11&ZD133）的组成部分。

徐 蓝
2014年4月

目 录

第一章 学术史评述与研究框架介绍 ………………………………… 1
    一 学术史回顾 ……………………………………………………… 2
    二 本书观点和内容 ………………………………………………… 23
    三 资料运用及研究理论和方法 …………………………………… 25
    四 学术创新与现实意义 …………………………………………… 26

第二章 英国对欧洲大陆外交战略的地缘政治学分析 …………… 28
    一 英国对欧洲大陆外交传统的成因及内容 …………………… 28
    二 法国对欧洲大陆外交传统的成因及内容 …………………… 36
    三 英国"欧洲均势"与法国"天然边界"两种欧洲外交大战略的
       对抗及其理论意义 ……………………………………………… 44

第三章 第一次世界大战中的英国对法政策 ……………………… 49
    一 英德矛盾上升和英法结盟 ……………………………………… 49
    二 "均势"战略背景下的英国对法政策 ………………………… 52
    三 英法在战争前期的合作：从联络官到战时最高委员会 …… 58
    四 英法在战争中后期的合作 ……………………………………… 61
    五 英法间持续存在的战略猜忌 …………………………………… 66

第四章 战后国际格局的新变动和英国外交战略的调整 …… 69
一 一战后主要国际力量的消长状况 …… 69
二 英国在变动的国际格局中的地位 …… 72
三 英国外交战略的调整 …… 73

第五章 英国在战后和平安排上的对法政策 …… 76
一 英国对战后和平安排的战略设计 …… 76
二 法国对战后和平安排的战略构想 …… 79
三 胜利者的分歧——英法在巴黎和会上的争吵 …… 82
四 法国政府批准和平条约的曲折历程 …… 94
五 巴黎和会确立的国际新格局 …… 98

第六章 英国对法政策由协调到遏制的转变 …… 100
一 两次鲁尔危机及英国对法国的协调政策 …… 100
二 英国恢复欧洲市场的努力及热那亚会议 …… 110
三 英法在赔偿问题上矛盾的激化与第三次鲁尔危机的爆发 …… 115
四 英国对法政策由协调到遏制转变 …… 119

第七章 英国扶德抑法政策与《道威斯计划》的实施 …… 133
一 英美对欧战略的契合与两国联合压制法国 …… 133
二 专家委员会的准备工作 …… 139
三 英国的协调与伦敦会议的召开 …… 147

第八章 英国在安全问题上的对法政策与《洛迦诺公约》的实施 …… 158
一 《道威斯计划》后的安全形势与英国对法政策 …… 158
二 《洛迦诺公约》的签订和英国对法政策的变化 …… 169
三 《非战公约》与英国对欧洲安全保证的继续 …… 180

第九章　《杨格计划》与英国"和平战略"的进一步实施 …… 188
一　赔偿问题的再度出现与英国的协调努力 …… 188
二　《杨格计划》的实施和赔偿问题的解决 …… 194

第十章　英国在欧洲大陆外交战略的政治学分析与思考 …… 205
一　英国的均势战略并不是一项与时俱进的战略 …… 205
二　财政状况决定了英法两国的战略发展走向 …… 209
三　决策体系中应设计容纳不同观点的机制 …… 214
四　欧洲地缘政治仍是影响该区域大国外交战略的本质因素 …… 217
五　中东欧国家能够找到适合自己的发展道路 …… 219

附　　表 …… 222

参考文献 …… 232

后　　记 …… 250

第一章　学术史评述与研究框架介绍

英法外交在历史上都给人以独树一帜的印象，英国的"光荣孤立"和"均势战略"以及法国的欧洲霸权政策成为两国留给后人的遗产。在欧盟日益发展壮大的今天，英法外交仍然是欧盟国家中独具特色的，两国关系同样令人关注。2003 年，西方世界干涉伊拉克时，英法分道扬镳，英国追随美国参与干预行动，法国和德国则成为反对干预的力量，由此形成了欧盟内部"新欧洲"和"老欧洲"的分野。2004 年，在英法协约签订 100 周年之际，西方学术界出版了《跨越海峡之湍流：英法协约 100 年》，用以纪念两国长达 100 年的复杂合作关系。在书的序言中，时任法国总统希拉克对两国关系提出这样的希望："我们应该把 2004 年作为英法的'忠诚信任'年而开启英法关系的新时代。"[1] 七年之后的 2011 年，利比亚发生内部危机，英、法两国在西方世界中挑头干涉利比亚危机，让世界为之一震。

两国外交政策直到今天仍处于调整的状态，2009 年，法国总统萨科齐宣布法国重返北约军事一体化组织，从而终结了法国 40 多年的北约框架之外的独立自主外交政策。2013 年，对欧洲一体化态度游移不定的英国首相卡梅伦宣布，如果他所在的保守党赢得 2015 年选举，将举行全民公决来决定是否脱离欧盟。上述种种变化，其背后的动因值得探究。

笔者认为，只有在洞悉两国外交传统的前提下，才可能对两国外交的上述变化形成科学、全面的认识。笔者在本书中将 20 世纪 20 年代英国对法战略作为案例研究，对英国和法国外交战略传统以及两国关系予以揭示，从而为人们理解两国在当今国际政治中的种种外交行为提供一定的科学认知。

---

[1] Richard Mayne, Douglas Johnson, Robert Tombs, eds., *Cross Channel Currents, 100 Years of the Entente Cordiale*, London and New York: Routledge, 2004, forward, p. 16.

一 学术史回顾

本书的研究思路是以英国在整个欧洲大陆的外交大战略为框架，系统阐述英国对法国的外交政策，进而阐述英、法两国的外交关系。在行文的不同场合会出现英国外交战略和英国外交政策两种表述，两者区别较大，请读者注意鉴别。一般而言，外交战略展示的是多方面的、宏观的规划，外交政策只是外交战略的一部分，但比外交战略更为具体和有针对性。

在展开相关研究之前，笔者对国内外关于一战后英国对法政策的研究状况做一学术史回顾。笔者认为，国际学术界对此问题的研究有下列几个明显特征。(1) 按照时间段看，英国对法政策研究具有明显的阶段性特点。大致可以分为奠基 (20 世纪 30～40 年代)、开拓 (20 世纪 50～60 年代)、深化 (20 世纪 70～80 年代)、繁荣 (20 世纪 90 年代) 和完善 (2000 年以后) 五个时期。总体来说，在 20 世纪前半段，由于资料的限制，相关著作相对较少。但是这些著作开创了新的研究视角，形成了新的国际关系理论，为以后的研究打下了基础。随着时间的推移，在 20 世纪后半段，相关研究成果则日益丰富，研究内容和方法日益多样化。(2) 按照学术观点看，主要分为三个流派。(3) 按照专题和事件研究看，专题研究主要从两方面展开：赔偿问题和欧洲安全；事件研究则主要包括和平会议、鲁尔危机、《道威斯计划》、《洛迦诺公约》、《杨格计划》和《非战公约》等重大事件，并以这些事件串联起两国关系发展的基本脉络。

(一) 时间序列下的英国欧洲大陆外交战略研究

20 世纪 30～40 年代：这一时期是有关英国对法政策研究的奠基时期。一些著名的史学家从事实和理论的角度详细考察了欧洲的国际关系及其特点。由于这一时期距一战及之后时间较短，因此许多内容是作者亲身的经历，写出的内容和观点有血有肉，极大地开拓了国际关系史研究的新视野，出现了直到今天还具有相当分量的经典著作，并诞生了许多国际关系理论大师。这一时期的著作通过对欧洲国家关系的分析，发展了国际关系领域里的现实主义理论。最具有代表性的是英国学者爱德华·卡尔 (Edward H. Carr) 对两次世界大战之间国际关系的研究。卡尔认为，以英国为主导的欧美大国提供给法国安全保证的夭折是造成 20 世纪 20 年代英法关系摩擦不断的重要原因。① 同时，卡尔以两次世界大战之间国际关系史研究为基础，对国际问题的探讨进入理论领域，着重向学界展示了自己对现实主义的分析和理解，他认为："权力与利益，两者仍处于独立主权的民族国家的中心……国际政治中不存在解决冲突的客观而公正的道义或法律标准。"② 在此基础上，卡尔揭示了国际关系的基本性质：在民族国家与国际关系无政府状态之间，存在权力与利益这两个中心。这些后来都成为现实主义的核心内容和基本原则。③ 卡尔对两战之间国际关系的认识是相当透彻的，其阐释的现实主义理论对于认识当时的英法关系是非常有帮助的。

几乎在同期，另一位国际关系理论大师阿诺德·沃尔夫斯（Arnold Wolfers）也提出了他所理解的"均势理论"。④ "均势理论"是一个古老而又崭新的学说，对于英国外交政策具有重大的指导意义，成为英国外交政策的主导原则之一。沃尔夫斯提出，英法对战后的欧洲都实行和平战略，但是英法的战略视点不同，英国寻求的是欧洲大陆的均势和稳定，而法国寻求的是彻底击垮德国的"占绝对优势地位的和平"。在英国看来，法国所寻求的和平方式必然导致在欧洲大陆的霸权，因此不断出台各种政策进行协调，两国的矛盾由此而生。可以说，沃尔夫斯是把"均势理论"用于这一时期国际关系分析得最成功代表之一。

英国史学家威廉·乔丹（William M. Jordan）的研究则另成一派。⑤ 乔丹从和平观念、和平会议、舆论反应以及协约国间合作机构的运作等方面

---

① Edward Hallett Carr, *International Relations since Peace Treaties*, London: Macmillan, 1937, Chapter one. 该书在 1947 年再版，并改名为 *International Relations between the Two World Wars*, 1919 – 1939. 该书重新命名后又先后再版 16 次，是在西方产生广泛影响的一本专著。

② Edward Hallett Carr, *The Twenty Years' Crisis, 1919 – 1939: An Introduction to the Study of International Relations*, London: Macmillan, 1939. 序言及正文中相关内容。该书于 1939 年首次出版，1946 年再版。中文版已由外交学院秦亚青教授在 2005 年翻译出版。为研究方便，我们仍以英文原本为参考。

③ 美籍德裔学者汉斯·摩根索在这一点上表现得更加坚定："权力不仅是美国外交政策成功的基础，而且是国际稳定与和睦的工具。利益不仅是外交政策的准则，而且在国际关系中，国家利益既有相互冲突也有融汇聚合。"详见〔美〕汉斯·摩根索《国家间政治——寻求权力与和平的斗争》，徐昕、郝望、李保平译，中国人民公安大学出版社，1990，第一部分。

④ Arnold Wolfers, *Britain and France between Two Wars: Conflicting Strategies of Peace since Versailles*, Harcourt: Brace and Company, 1940.

⑤ William Mark Jordan, *Great Britain, France and the German Problem, 1918 – 1939: A Study of Anglo-French Relations in the Making and Maintaining of the Versailles Settlement*, London: Oxford University Press, 1943.

论述了战后战胜国对和平安排的情况。乔丹还专门考察了赔偿、裁军、安全等问题，论述了英法在这些问题上的分歧和合作。乔丹的著作成为研究20世纪20年代欧洲国际关系最具有开创性的代表作之一。

在这些研究当中，英国对法政策是无法回避的问题。上述三本著作关于此问题的观点大致相同：英法从战时的合作关系逐渐到产生不愉快的冲突，最终英国走上"扶德抑法"的道路，压制了法国，扶持了德国；而法国则由最初的对德强硬，逐渐走上与英国协调合作处理德国问题的道路。

这一时期，有这样几篇有影响力的论文值得关注，它们虽不是专门研究英法关系的，但通过对英国外交政策的研究，我们可以获得很多的启发。赫伯特·费舍尔的《劳合·乔治的外交政策：1918~1922》，① 该论文较早涉足了对战后英国外交界代表人物劳合·乔治外交政策的研究，详细论述英国对和平会议、德国、近东等政策的实施及影响，此文对后来从事劳合·乔治外交思想研究的彼得·罗兰德②、马丁·普弗③和艾兰·帕克尔④的影响较大；切斯特·埃尔斯沃斯·斯普尔的《世界大战以来英国外交政策》，⑤ 是其在艾奥瓦大学攻读博士学位期间于1931年完成的博士论文，研究重点是一战后英国均势政策实施及面临的大国对抗；《英国外交政策的永恒基础》⑥ 一文是曾任英国首相、外交大臣的奥斯汀·张伯伦对英国外交政策的精辟总结，他认为英国应致力于促成法德和解、重建欧洲市场，尊重国际机制的作用。另有几本专著可以深化我们对这段历史的认识，如阿诺德·汤因比的《国际事务概览，1920~1923》，⑦ 英国皇家事务学会从20世纪20~30年代陆续出版了从1920年到1929年国际事务概览系列，汤因比此书只是其中一本，这套丛书有助于我们了解一些历史细节；梅德利科特的《凡尔赛以来英国的外交政策》⑧ 是一本经典著作，对于我们研究两次世

---

① A. L. Herbert Fisher, "Lloyd George's Foreign Policy: 1918 – 1922", *Foreign Affairs*, Vol. 1, No. 3, 1923.
② Peter Rowland, *David Lloyd George: A Biography*, London: Macmillan, 1976.
③ Martin Pugh, *Lloyd George*, London: Longman, 1988.
④ Ian Packer, *Lloyd George*, London: Macmillan Press Ltd., 1998.
⑤ Chester Ellsworth Sipple, "British Foreign Policy Since the World War", Iowa: University of Iowa, 1932.
⑥ Austen Chamberlain, "The Permanent Bases of British Foreign Policy", *Foreign Affairs*, Vol. 9, No. 4, July 1931.
⑦ Anorld Toynbee, ed., *Survey of International Affairs, 1920 – 1923*, London: Oxford University Press, 1925.
⑧ William Norton Medlicott, *British Foreign Policy since Versailles*, London: Richard Clay Ltd., 1940.

界大战之间英国外交政策史有一定参考价值;《和平的经济后果》① 被部分学者奉为研究英国对巴黎和会外交的必备参考书,该书作者、著名经济学家、曾代表英国参加巴黎和会的凯恩斯因在书中对和平安排鞭辟入里的批判而引起学界广泛关注。

必须指出的是,由于研究时间跨度离历史场景较近,以及由于资料的限制,这些著作不可能对当时英国对法政策有全面的认识。另外,这些国际关系著作虽然在研究方法上具有创新性,但对大国政策动机的分析过于单一,大多局限在以国与国之间利益决定论为出发点来分析外交政策,而没有从国内特殊情况和国际格局变动的大背景,甚至是从具体政治精英人物思想的角度来分析它们的外交政策。事实上,这些因素恰恰是影响一国外交的重要因素,有时甚至是决定性因素。

20世纪50～60年代:这一时期是英国对法政策研究开拓期。一些重要的、确定此后几十年英国对法政策研究话语和研究日程的成果陆续出现,这些成果关注的焦点主要有一战后的欧洲安全问题(在某种程度上也是如何处置德国问题),对于英、法两国外交决策具有重要影响的人物,以及英国在国联的外交政策。代表性作品有:詹姆斯·哈维的《法国的安全议题及其从巴黎到洛迦诺的外交政策,1919～1925》②、约翰·科内尔的《"外交部"——英国外交政策及其制定者研究,1919～1951》③、华莱士·亚当的《安德鲁·塔迪厄和法国的外交政策,1902～1919》④、波奇的《英国和欧洲,1871～1939》⑤、拉里·毕肖普的《英国在国联的外交政策,1920～1923》⑥、安德鲁·罗斯泰因的《英国外交政策及其批评家,1830～1950》⑦

---

① John Maynard Keynes, *The Economic Consequences of the Peace*, New York: Harcourt, Brace and Howe, Inc., 1920.
② James Harvey, "The French Security Thesis and French Foreign Policy from Paris to Locarno, 1919 – 1925", Ph. D. Dissertation from the University of Texas at Austin, 1955.
③ John Connell, *The "office": A Study of British Foreign Policy and its Makers*, 1919 – 1951, London: Allan Wingate, 1958.
④ Wallace Earl Adams, "Andrew Tardieu and French Foreign Policy, 1902 – 1919", Ph. D. Dissertation from the Harvard University, 1959.
⑤ R. C. Birch, *Britain and Europe 1871 – 1939*, Oxford: Pergamon Press, 1966.
⑥ Larry Verle Bishop, "British Foreign Policy in the League of Nations, 1920 – 1923", Ph. D. Dissertation from Washington State University, 1968.
⑦ Andrew Rothstein, *British Foreign Policy and its Critics, 1830 – 1950*, London: Lawrence & Wishart, 1969.

以及罗耶尔·施密特的《凡尔赛和鲁尔——第二次世界大战的温床》① 等。

詹姆斯·哈维的作品触及了英国对法政策的一个核心问题，即欧洲安全问题。该成果系统阐释了法国的欧洲安全战略及其运用：尽量维持在欧洲大陆的支配地位，防止德国东山再起。而此项政策与英国要维持在欧洲大陆的"均势"产生矛盾。华莱士·亚当的作品同样从法国的视角来阐述欧洲安全问题，以及由此产生的英国与法国的合作与冲突。拉里·毕肖普则系统研究了英国在国联问题上的政策演进，尤其关注了英法在国联职能和运作范畴上的合作和分歧，应该说，这是国际学界对国联问题研究的一项重要成果。波奇的著作则是从英国的角度阐释其欧洲大陆政策观及具体部署和实施情况。约翰·科内尔和安德鲁·罗斯泰因的著作并未直接关注英国对法政策问题，而只是对英国的决策体制和机制进行了深度分析，然而，通过他们的分析，我们仍可以看到英国对法政策的一些战略动机及其影响因素。

这一时期发表的相关论文包括：亨利·温克勒的《英国工党外交政策的兴起，1918～1929》，从政党政治的角度论述了英国工党在两战之间外交政策的调整与变化；② 丹尼尔·韦特的《意识形态与法国外交政策，1919～1948》，③ 该论文是其在1950年攻读普林斯顿大学博士学位期间所写，重点研究法国在安全问题上政策的演变，内容包括从对德强硬到与英国的妥协、从加入安全公约到二战中最终败亡、法国安全观念的觉醒等。

事实上，上述著作的学术贡献主要在于进一步充实了英国对法政策研究的一些关键性议题，如欧洲安全问题、赔偿问题、国联的角色问题以及英法各自的决策机制和决策特点等。这些研究议题的设立基本上圈定了未来几十年英国对法政策研究的焦点。

当然，从当代的研究立场看，针对本项研究而言，上述著作也存在一些明显问题。首先是研究的视角不够聚焦，大部分成果均没有专门阐述英国对法政策，而是在阐述英国外交政策时顺便提到对法政策。如卡尔的著作是论述两战之间国际关系的经典之作，但有关英国对法政策的内容不是

---

① Royal Jae Schmidt, *Versailles and the Ruhr: Seedbed of World War Two*, The Hague: Martinus Nijhoff, 1968.
② Henry Winkler, "The Emergence of Labour Foreign Policy in Great Britain, 1918–1929", *Journal of Modern History*, Vol. 28, 1956.
③ Daniel Wit, "Ideology and French Foreign Policy, 1919–1948", University Microfilms International, 1981.

很多。其次是研究风格并不成型，政策性论述和分析较多，研究专注于国际政治的视角，而不是历史学的视角。因此，研究风格上重观点分析与阐释、轻材料选择与运用，大部分著作很少使用一手资料或者档案文献。

20世纪70~80年代：西方学术界对此问题研究进入深化时期。西欧各国在马歇尔计划的资助下，积极恢复生产和进行国内建设，逐渐恢复了元气，学术活动也出现新的生气。同时，肇始于二战之中及以后的欧洲统一浪潮，在这一时期迎来了高峰，有力地推动了这一时期英国对欧洲政策的研究，其中也包括英国对法政策的相关研究。需要指出的是这一时期英国对法政策研究仍不是主流，没有形成大的热点，只是作为英国对欧洲政策的大背景来阐述的。① 但综合考量这一时期的研究，可以看出，由于资料的增加，相关的档案材料陆续整理出来，加上欧洲国家关系已经处于不同的国际背景下，出现了许多有启发性的观点和探索，视角也更加丰富多彩。许多作品透彻地追溯了英国对欧洲大陆的外交传统，并从地理、心理、经济等各方面研究英国外交政策的特点，英国对法政策涉及的篇幅也日益增多。其核心观点仍是：英国为维持欧洲均势，反对法国在欧洲大陆的霸权政策。相关的代表作品有：乔尔·韦尔纳的《英国——外交政策和帝国时代，1689~1971：档案史》、② 安东尼·黑格的《从维也纳会议到共同市场：英国外交政策纲要，1815~1972》、③ 罗伊·约翰的《英国外交政策变化的框架》、④ 斯蒂芬·怀特的《英国和布尔什维克革命：1920~1924年的外交政治学研究》、⑤ 道格拉斯·约翰逊等的《英国和法国：十个世纪》、⑥ 布雷

---

① 早在20世纪50~60年代，在欧洲统一大潮的促动下，西方学术界就出现了英国对欧洲一体化政策的研究，但其中的对法研究只限于当代，而没有涉及20世纪20年代。到了20世纪70~80年代这种一体化研究逐渐深入，才部分涉及20世纪20年代内容，但仍不多。相关著作可参见 Nora Beloff, *The General Says No: Britain's Exclusion from Europe*, London: Penguin Books, 1963; Miriam Camps, *Britain and European Community, 1955–1963*, New York: Princeton University Press, 1964; Ritchie Ovendale, *The Foreign Policy of British Labour Government, 1945–1951*, Leicester: Leicester University Press, 1984。

② Joel H. Wiener, *Great Britain: Foreign Policy and the Span of Empire, 1689–1971: A Documentary History*, Chelsea: Chelsea House Publisher, 1972.

③ Anthony Haigh, *Congress of Vienna to Common Market: An Outline of British Foreign Policy, 1815–1972*, London: Harrap, 1973.

④ Roy E. John, *The Changing Structure of British Foreign Policy*, London: Longman, 1974.

⑤ Stephen White, *Britain and the Bolshevik Revolution: A Study in the Politics of Diplomacy, 1920–1924*, Holmes & Meier Publishers, Inconporated, 1979.

⑥ Douglas Johnson, Douglas W. J. Johnson, François Crouzet, François Bédarida, *Britain and France: Ten Centuries*, Dawson & Son Ltd., 1980.

顿·布奇的《旧外交研究》、① 安东尼·维里埃的《英国外交政策一个时代的困惑》、② 克里斯托弗·巴莱特的《20世纪英国外交政策》③ 以及约翰·弗里斯的《英国战略政策的演变，1919~1926》④ 等。

这一时期相关论文有如下几篇。道格拉斯·古尔德的《英国驻法大使哈定及英法在德国和近东的困境，1920~1922》⑤ 是研究英国对法政策的一个很好的案例分析，该论文中的观点在笔者发表的《第一次鲁尔危机》（《首都师范大学学报》2003年第1期）以及笔者的硕士论文《英国与鲁尔危机1920~1923》第一部分和结论部分多处涉及。其主要观点是英法在处理近东尤其是土耳其问题上产生矛盾，这种矛盾进而对它们处理对德赔款问题产生了影响。战后英国在土耳其问题上寻求与大国尤其是与法国的合作，而法国在对德赔款问题上也遇到麻烦，需要英国的帮助，故而双方达成默契：在欧洲英法联合压制了德国要求减少和延期赔偿的要求，而法国也默认和支持英国消灭土耳其民族解放运动领袖凯末尔的政策。随着土耳其民族解放运动在1923年获得胜利，英、法两国这种利益合作关系才告破灭。而艾兰·卡塞尔的《修复英法协约和新外交》⑥、乔·雅各布森的《一战后法国的外交战略》、⑦ 戴维·弗兰奇的《背信弃义的不列颠如何面对大国：两次世界大战期间的英国外交政策》⑧ 等，则是从中观和宏观角度论述英国外交和法国外交的重要作品。

这一时期存在的问题与20世纪50~60年代的研究仍有相似的地方，即研究主题不够聚焦，多以政策史研究作为关注点。同时，本时期研究中英

---

① Briton Cooper Busch, *Hardinge of Penshurst: A Study in the Old Diplomacy*, Published for the Conference on British Studies and Indiana University at South Bend by Archon Books, 1980.
② Anthony Verrier, *Through the Looking Glass: British Foreign Policy in An Age of Illusions*, London: J. Cape, 1983.
③ Christopher John Bartlett, *British Foreign Policy in the Twentieth Century*, New York: St. Martin's Press, 1989.
④ John Robert Ferris, *The Evolution of British Strategic Policy, 1919-1926*, London: Macmillan, 1989.
⑤ J. Douglas Goold, "Lord Hardinge as Ambassador to France and the Anglo-French Dilemma over Germany and the Near East, 1920-1922", *The Historical Journal*, Vol. 21, No. 4, 1978.
⑥ Alan Cassels, "Repairing the Entente Cordiale and the New Diplomacy", *The Historical Journal*, Vol. 23, No. 1, 1980.
⑦ Jon Jacobson, "Strategies of French Foreign Policy after World War I", *Journal of Modern History*, Vol. 55, No. 1, March 1983.
⑧ David French, "Perfidious Albion Faces the Powers, British Foreign Policy between the World Wars", *Canadian Journal of History*, Vol. 28, Issue 2, Aug. 1993.

国外交政策的关注度得到明显提升，但对于法国外交政策的研究则明显不足。总的来说，档案文献资料开始集中使用，使得对相关政策历史的挖掘有了新的、更深入的发现，极大地推动了研究议题的深入和研究视角的扩展。对大国国际关系的研究也得以凸显，英国和法国、英国和苏联的关系均是本时期研究的焦点。

20 世纪 90 年代：英国对法政策研究进入繁荣期。相关资料的整理和出版极大丰富了这一时期的研究。英国外交政策研究进入细化和考据化时期。20 世纪 20 年代英国外交政策的变化和延续在这一时期得到了充分的研究，因此一些细小的史实得到了充分的认识。代表作品有：安妮·沃德的《一战后英国的外交政策和欧洲重建》、[1] 戴维·威廉姆森的《英国在德国，1918~1930：不情愿的占领者》、[2] 埃里克·戈德斯坦的《赢得和平：英国外交战略和和平会议，1916~1920》、[3] 伊普海姆·梅瑟尔的《外交部及其外交政策，1919~1926》、[4] 威廉姆·克雷恩-阿尔布兰特的《胜利的负担：法国和英国及其实施凡尔赛和约，1919~1925》、[5] 贝内特的《寇松时期的英国外交政策，1919~1924》、[6] 迈克尔·多克里尔和布里安·麦克彻的《外交和世界大国：英国外交政策研究，1890~1950》、[7] 菲利普·贝尔的《法国和英国，1900~1940：友好和疏远》、[8] 保罗·多尔的《英国外交政策，1919~1939：怀最好的希望、做最坏的打算》[9] 和因巴尔·罗斯的《劳

---

[1] Anne Orde, *British Policy and European Reconstruction after the First World War*, London: Cambridge University Press, 1990.

[2] David Graham Williamson, *The British in Germany, 1918–1930: The Reluctant Occupiers*, Berg, distributed exclusively in the US and Canada by St. Martins Press, 1991.

[3] Erik Goldstein, *Winning the Peace: British Diplomatic Strategy, Peace Planning, and the Paris Peace Conference, 1916–1920*, New York and Oxford: Clarendon Press, Oxford University Press, 1991.

[4] Ephraim Maisel, *The Foreign Office and Foreign Policy, 1919–1926*, Sussex Academic Press, 1994.

[5] William Laird Kleine-Ahlbrandt, *The Burden of Victory: France, Britain and the Enforcement of the Versailles Peace, 1919–1925*, University Press of America, 1995.

[6] G. H. Bennett, *British Foreign Policy during the Curzon Period, 1919–1924*, London: Macmillan Press Ltd., 1995.

[7] Michael Dockrill and Brian McKercher, eds., *Diplomacy and World Power: Studies in British Foreign Policy, 1890–1950*, London: Cambridge University Press, 1996.

[8] Philip Michael Bett Bell, *France and Britain, 1900–1940: Entente and Estrangement*, London: Longman, 1996.

[9] Paul W. Doerr, *British Foreign Policy, 1919–1939: Hope for the Best, Prepare for the Worst*, Manchester: Manchester University Press, 1998.

合·乔治联合政府时期的保守主义和外交政策，1918～1922》①等。

　　研究内容的专题化及研究成果和视角的丰富性是这一时期的显著特点。安妮·沃德的《一战后英国的外交政策和欧洲重建》从战后经济和安全角度来论述英国对欧洲和法国的政策；戴维·威廉姆森的《英国在德国，1918～1930：不情愿的占领者》则立足于英国稳定欧洲市场的角度来研究英国对法、对德政策；埃里克·戈德斯坦的《赢得和平：英国外交战略和和平会议，1916～1920》则聚焦于和平会议缔结前英国的战略设想，及其在和平会议缔结期间的具体实施情况；威廉姆·克雷恩-阿尔布兰特的《胜利的负担：法国和英国及其实施凡尔赛和约，1919～1925》则细化到英国以维护其煤炭利益为出发点采取的对法政策。菲利普·贝尔的《法国和英国，1900～1940：友好和疏远》则详细阐释了1900～1940年这一时期英、法两国在欧洲安全、德国赔偿问题、对苏政策上的分歧与合作。另外一些成果，如伊普海姆·梅瑟尔的《外交部及其外交政策，1919～1926》、贝内特的《寇松时期的英国外交政策，1919～1924》、迈克尔·多克里尔和布里安·麦彻的《外交和世界大国：英国外交政策研究，1890～1950》、保罗·多尔的《英国外交政策，1919～1939：怀最好的希望、做最坏的打算》和因巴尔·罗斯的《劳合·乔治联合政府时期的保守主义和外交政策，1918～1922》则分别聚焦了不同时期英国外交政策的具体特点和走向。

　　这一时期的研究成果、视角及其内容虽然丰富，但英国对法政策研究还是相对薄弱，没有专门的著作对此进行论述，而主要以英国的外交战略研究为核心关注点，当然在具体事件上对英国与法国的关系做了相应的论述。由于英国对法政策不是研究的重点，事实上导致本项研究的整体性、系统性有所不足。这一研究状况直到今天仍未有明显改观，从而也为本课题研究留下了空间。

　　2000年以后：英国对法政策研究进入整合和完善期。这一时期是20世纪20年代英国外交政策研究的"收官"阶段，各国学者对相关问题进行了总结和整理，或编成大事记，或写成论文集，以供研究者参考和总结。此外，部分成果仍旧关注英法关系中矛盾的焦点并展开分析。艾兰·法默尔

---

① Inbal Rose, *Conservatism and Foreign Policy during the Lloyd George Coalition, 1918–1922*, London: Frank Cass., 1999.

的《英国：外交和帝国事务，1919~1939》① 关注英国外交政策在维护帝国统治方面的具体做法；约翰·科勒斯的《制定外交政策：英国的想法》② 同样是一本研究英国外交政策制定过程的专著；艾兰·夏普和格里恩·斯通的《20世纪英法关系：竞争和合作》③ 则系统阐释了20世纪不同节点上英国和法国在重大国际问题上的斗争与合作；彼得·门古尔德的《英国外交政策的成功和失败：对历史的评估，1900~2000》④ 则对近100年英国外交政策的得失进行了评估；菲力普·加塞涅等的《英法关系 1898~1998：从法绍达到若斯潘》⑤ 则是一本20世纪英法关系的简史性成果，概要梳理了英法关系的演进。这一时期，对英法关系中的焦点性问题进行深度分析的成果仍有一些。安德鲁·巴罗斯的论文《把裁军作为武器：英法关系和德国执行裁军问题，1919~1928》⑥ 即是代表性作品，文章认为，《凡尔赛条约》虽然对德国的裁军问题做了规定，但是英国和法国针对德国裁军的政策和战略思考存在根本性矛盾，法国所认为的裁军应该是"道德裁军"（moral disarmament），需要明确控制德国发动战争或这个国家想要动用武力的物质能力，而英国所认为的裁军概念更为狭小一些，即迅速解除德国的实际军事武装即可，而不应涉及范围过于宽泛的裁军。不同的裁军政策使得两国关系陷入矛盾和斗争的境地，同时也使得两国对德国实际军事能力和国联的裁军形成不同的看法和立场。乌尔苏拉·古尔尼的论文《寻求和平与稳定：从凡尔赛到洛迦诺的英德关系》⑦ 详细审视了欧洲主要大国英国、法国、德国和苏俄在《凡尔赛条约》之后力图创造欧洲持久和平方面的协调与合作，并深度分析了英国和德国修正主义（revisionism）在重塑战

---

① Alan Farmer, *Britain: Foreign and Imperial Affairs, 1919 - 1939*, London: Hodder & Stoughton Educational, 2000.
② John Coles, *Making Foreign Policy: A Certain Idea of Britain*, London: John Murray, 2000.
③ Alan Sharp and Glyn Stone, eds., *Anglo-French Relations in the Twentieth Century: Rivalry and Cooperation*, New York and London: Routledge, 2000.
④ Peter Mangold, *Success and Failure in British Foreign Policy: Evaluating the Record, 1900 - 2000*, New York: Palgrave, 2001.
⑤ Philippe Chassaigne and Michael Dockrill, eds., *Anglo-French Relations, 1898 - 1998: From Fashoda to Jospin*, Palgrave, 2002.
⑥ Andrew Barros, "Disarmament as a Weapon: Anglo-French Relations and the Problems of Enforcing German Disarmament, 1919 - 28", *The Journal of Strategic Studies*, Vol. 29, No. 2, April 2006, pp. 301 - 321.
⑦ Ursula Gurney, "In Search of Peace and Stability: Anglo-German Diplomatic Relations from the Treaty of Versailles to the Treaties of Locarno", Simon Fraser University, 2010.

后秩序方面的作用。文章认为英国试图重建一个战后"英国式"的和平，该和平由英国控制并尽可能延长和平期，复兴德国。这种政策确保了英国和德国能够手挽手进行合作来反对法国彻底削弱德国的努力。

通过上述总结可以得出，虽然有关 1914～1929 年英国对法政策的研究，国外已经有相关成果，但没有专门论述这一时期英国对法政策的相关专著，而是把这一时期英国对法政策列为整个 20 世纪英国外交政策的重要部分，而且许多著作更偏重于英法关系的互动研究，却很少有著作明确列出这一时期英国对法不同阶段采取的详细的政策。另外，从国际格局变动的角度，系统探讨英国政策的演变，尤其是在重大历史问题上英国对法政策的具体演进，国际学术界的研究同样较为缺乏。

（二）从研究观点看，主要分为三种倾向

第一种观点的代表人物、国际关系理论大师阿诺德·沃尔夫斯认为，每个"战略"最终都隐含着一种方法选择。英、法两国就最终目标而言是一致的，它们都希望维护欧洲和平，而且它们都意识到那些对和平安排不满和愤怒的人的背叛是和平的主要威胁。然而，"关于借助什么方法能最好避免危机它们却未能达成一致"。[①] 也就是说英国在执行对法政策时，在手段方面与法国不能共生，在整个 20 世纪 20 年代英国主要通过扶德抑法来维持欧洲均势，进而维护欧洲和平。而法国则是寻求欧洲安全保证以保护欧洲总体和平，两者手段可谓大相径庭，因此，两者的合作事实上是一种"求同存异"的模式。沃尔夫斯认为，两国这种和平战略的冲突是导致英法在整个 20 年代不和的主要原因。沃尔夫斯认为，从维护欧洲安全与稳定的角度出发，英国在 20 世纪 20 年代的对法政策从短时期看是成功的，而从长时期看是失败的。这种观点代表了西方史学界的主流观点。英国著名史学家乔丹也认为："可以用各种方式对英法政策进行比较。总体来说两者根本区别在于，作为欧洲和平的支柱，一方强调国家间达成一致，一方强调采取强制措施。法国深信，如果权力分配被修改了，欧洲安排当然要变动，甚至可以被推翻。它坚持以新秩序拥护者的身份来维持优势力量。相反，英国深信任何依靠优势力量支撑来维持的安排最终是脆弱的。它坚持应通

[①] Arnold Wolfers, *Britain and France between Two Wars: Conflicting Strategies of Peace since Versailles*, Harcourt: Brace and Company, 1940, p. 5.

过各种手段奠定寻求友好谅解的某种永久基础。"① 乔丹认为,英国对法政策是采取了不合时宜的欧洲均势政策,这种政策是失败的。直到现在仍有很多人追随他的观点。②

不只学术界,在国际政治领域,许多知名政治家也持同样的观点。1989年,德国在经历44年的政治分裂后将要重新统一时,英、法两国首脑在法国斯特拉斯堡参加1989年12月欧洲理事会会议前,曾进行了一个私下会谈。在谈话中,法国总统弗朗索瓦·密特朗建议他和英国首相撒切尔应找到一个应对即将统一的德国的办法。他评论说德国人是"不断变动的民族",他提醒撒切尔"在过去最危险的时刻法国总是与英国建立特殊关系"。密特朗认为"这样的时刻再次来临了"。撒切尔欢迎这个建议。因为一个新的英法同盟不仅能够制衡德国的力量,阻止德国人"随心所欲",而且也能预先阻止现存的法德轴心力量的增强。但在回顾两国合作的历史时,撒切尔又不无悲观地认为:"法英都愿意遏制德国的力量,但仍不得不寻找方法——它们在什么是最好遏制德国的方法上很少达成一致。"③

阿诺德·沃尔夫斯、卡尔等人对英法外交战略冲突的研究是在国际关系理论第一次论战的背景下进行的。这场论战主要是在理想主义学派和现实主义学派之间进行。国际关系理论史上第一次论战开始于第一次世界大

---

① William Nark Jordan, *Great Britain, France and the German Problem, 1918 - 1939: A Study of Anglo-French Relations in the Making and Maintenance of the Versailles Settlement*, London: Oxford University Press, 1943, p. 1.
② 与沃尔夫斯持相同或类似的观点的著作有:Anne Orde, *British Policy and European Reconstruction after the First World War*, London: Cambridge University Press, 1990; Philip Michael Bett Bell, *France and Britain, 1900 - 1940: Entente and Estrangement*, London: Longman, 1996; Alan Sharp and Glyn Stone, eds., *Anglo-French Relations in the Twentieth Century: Rivalry and Cooperation*, London and New York: Routledge, 2000; Anthony Adamthwaithe, *The Lost Peace, International Relations in Europe, 1918 - 1939, Document Collection*, London and New York: Edward Arnold, St. Martins Press, 1981; Inbal Rose, *Conservatism and Foreign Policy during the Lloyd George Coalition, 1918 - 1922*, London: Frank Cass., 1999; Philippe Chassaigne and Michael Docknill, eds., *Anglo-French Relations, 1898 - 1998: From Fashoda to Jospin*, Palgrave, 2002; Christopher John Bartlett, *British Foreign Policy in the Twentieth Century*, New York: St. Martin Press, 1989; Paul W. Doerr, *British Foreign Policy, 1919 - 1939: Hope for the Best, Prepare for the Worst*, Manchester: Manchester University Press, 1998; G. H. Bennett, *British Foreign Policy during the Curzon Period, 1919 - 1924*, London: Macmillan Press Ltd., 1995。
③ 这是史学家克雷恩-阿尔布兰特所引用的一段话,用以说明一些传统的观点。但他本人并不赞同这种观点。见 William Laird Kleine-Ahlbrandt, *The Burden of Victory: France, Britain and the Enforcement of the Versailles Peace, 1919 - 1925*, University Press of America, 1995, forward。

战后，持续至 20 世纪 60 年代。实际上早在一战之前，国际关系研究领域就出现了一种短暂的以欧洲百年均势和平为背景的现实主义观点，有人称之为"古典的均势现实主义"。[①] 而沃尔夫斯对"均势理论"的分析无疑是对这种认识深化的结果，是对旧有成果的一种继承。当时以美国总统伍德罗·威尔逊为代表的理想主义理论流派试图用"十四点"和国际联盟来主导战后世界，促使主权国家放弃强权政治而建立集体安全。但是理想主义没有抵挡住 20 世纪 30 年代希特勒的强权政治和法西斯威胁，席卷西方世界的经济大危机和第二次世界大战爆发宣布了理想主义破产。此消彼长，随着理想主义逐渐失去吸引力，现实主义在 30 年代像野草一样蔓延开来，逐渐在国际关系研究领域占据统治地位，出现了卡尔、沃尔夫斯，还有摩根索、尼布尔、阿隆等先锋派人物。现实主义对权力、国家利益等直截了当的分析指明了国际政治冲突的要害，指出了国际政治处于无政府状态，毫无疑问每个主权国家都为争逐权力和利益而斗争，国际政治的实质就是权力斗争。无论哪一派的国际政治理论研究者，都希望发现一个揭示甚至解决国际冲突的普世法则，沃尔夫斯、卡尔等人无疑进行了大胆的尝试，因而也给学界开创了新的局面，并留下了宝贵的国际关系理论财富。[②]

第二种观点的代表人物克雷恩－阿尔布兰特作为一名新锐历史学家，更加强调经济利益在外交战略中的决定作用，强调英法并未达成实质性合作安排。在他看来，英法政策的分歧绝不仅仅是方法或手段上的差异，而是有着更深层次的背景。他指出，随着 1904 年英法同盟的形成，英法开始共同合作寻找约束德国的办法。但是这种意识总是被各种不断发生的事件抛在脑后。甚至在一战即将爆发和战争期间，双方达到合作的高潮时，英法的关系由于受到传统、地理和政治经济的影响而龃龉不断。面对德国的军事威胁，它们放弃了传统的敌意，但是新奠定的合作并不持久。"正如一战结束 20 年它们的关系所证明的，它们在战争中只是参与者（associates）

[①] 倪世雄等：《当代西方国际关系理论》，复旦大学出版社，2001，第 30 页。
[②] 斯坦利·霍夫曼曾经这样回忆："33 年前（约 20 世纪四五十年代），当我作为一名学生来到这个国家（美国）的时候，我发现的不仅是一种希望脱离传统的国际法和外交史研究，一种企图把国际问题变为原则研究的学术努力，而且是一场理想主义和现实主义之间的吵闹的论战……这次论战看起来离现在已经很远了，而且有些离奇，然而，各方攻击对方的论点至今日都仍然是有意义的。" Stanley Hoffmann, *Janus and Minerva*, *Essays in Theory and Practice of International Politics*, Westview Press, 1987, p. 194.

的关系，而不是合作者（partners）的关系。"① 他认为，整个 20 世纪 20 年代英国对法政策的前提是经济利益，由于失业、工人罢工等问题的困扰，英国更关心的是恢复整个欧洲市场，以便增加出口，恢复和发展受战争破坏的经济。为此克雷恩－阿尔布兰特引用大量经济资料，从经济角度对英国对法政策进行了阐述，认为一战后英国为了恢复经济，不得不采取对法缓和的策略。英国对法国在欧洲的许多无理举动更多是采取协调办法，直到本国利益受到威胁时，英国才断然对法国采取反制措施。扶德抑法是政治上的需要，也是经济上的需要，英国害怕出现一个强大的法国和自己竞争，导致市场萎缩。所以两战之间英法的合作是貌合神离的，是有着许多利益冲突的。持这种观点的研究者也不在少数。②

第三种观点认为英法是真诚合作的，英国在 20 世纪 20 年代采取的对法政策是从维护欧洲安全角度出发，是为了全欧洲的经济利益和发展前途。英国在欧洲矛盾的核心——法德之间作为一个协调者，更倾向支持法国，努力解决两者之间的分歧。英国采取与法国合作政策应被看成一种理性的选择。持这种观点的多是英国传统的史学家或政治家，比如温斯顿·丘吉尔，他在回忆录中写道："英国与她最近的邻邦和积怨最深的敌人——法国——联合起来，结成了休戚与共的伙伴关系，这种关系有可能是既强固又持久的。"③

英国外交大臣乔治·寇松在 1921 年就曾说："作为战争的结果，在欧洲仍旧存在两个真正的大国——法国和我们自己……因此在较长一段时期，

---

① William Laird Kleine-Ahlbrandt, *The Burden of Victory: France, Britain and the Enforcement of the Versailles Peace, 1919 – 1925*, University Press of America, 1995, forward.

② 持这种观点的著作有：Douglas Johnson, *Britain and France: Ten Centuries*, Dawson & Son Ltd., 1980; Ian M. Drummond, *British Economic Policy and the Empire, 1919 – 1939*, London: Allen and Unwin, Barnes & Noble Books, 1972; David Graham Williamson, *The British in Germany, 1918 – 1930: The Reluctant Occupiers*, Berg, distributed exclusively in the US and Canada by St. Martins Press, 1991; Peter Mangold, *Success and Failure in British Foreign Policy: Evaluating the Record, 1900 – 2000*, New York: Palgrave, 2001; Ephraim Maisel, *The Foreign Office and Foreign Policy, 1919 – 1926*, Sussex Academic Press, 1994; Michael Dockrill and Brian McKercher, eds., *Diplomacy and World Power: Studies in British Foreign Policy, 1890 – 1950*, London: Cambridge University Press, 1996; Charles Loch Mowat, *Britain between the Wars, 1918 – 1940*, London: Methuen, 1955; Royal Jae Schmidt, *Versailles and the Ruhr: Seedbed of World War Two*, The Hague: Martinus Nijhoff, 1968。

③ 〔英〕温斯顿·丘吉尔：《第一次世界大战回忆录》第 5 卷《战后》，刘立等译，南方出版社，2002，第 1186 页。

英法的联合将是非常强大的，没有其他类似的联合能成功地抵制这种联合。可以得出结论，两个国家明确而公开地宣布达成一致，彼此相互支持以防止任何一方受到攻击，这将是一种最强有力的和平保证。"[1]

（三）从研究专题和事件划分，相关研究内容较为固定化

从一战结束到现在，西方学术界关于此专题研究所取得的成果包括：赔偿问题[2]、安全问题[3]、国联中的英法关系[4]、经济政策问题[5]、裁军问题[6]、战债问题[7]等，这些成果值得我们关注。[8]

西方学术界对事件研究也获得较多成果，按事件研究可以分为以下几类。

（1）关于和平会议的研究。相较于其他事件，西方学术界对和平会议的研究是最为全面和充分的，涌现出大量的著作。埃里克·戈德斯坦的《赢得和平：英国外交战略，和平会议，1916～1920》[9] 是代表性著作之一。该书全面阐述了英国对战后的战略安排，从战前对和平安排的准备（包括

---

[1] Documents on British Foreign Policy (DBFP), Series I, Vol. 16, p. 862.
[2] Carl Bergmann, *The History of Reparations*, Ernest Benn, 1927.
[3] Wayne Ralph Strasbaugh, *British Foreign Policy-Making in the Locarno Period: The Dilemma of European Security*, New York: Harvard University Press, 1976.
[4] Larry Verle Bishop, "British Foreign Policy in the League of Nations 1920-1923", Ph. D. Dissertation form Washington State University, 1968.
[5] Jay L. Kaplan, *France's Road to Genoa: Strategic, Economic, and Ideological Factors in French Foreign Policy, 1921-1922*, New York: Columbia University Press, 1974.
[6] John Lewis Hogge, *Arbitrage, Security, Disarmement: French Security and the League of Nations, 1920-1925*, New York: New York University, 1995.
[7] Arthur Turner, *The Cost of War: British Policy on French War Debts, 1918-1932*, Portland: Sussex Academic Press, 1998.
[8] 相关的论文有：David Onlton, "Great Britain and the League Crisis of 1926", *The Historical Journal*, Vol. 6, Feb. 1968; P. J. Beck, "From the Geneva Protocol to the Greco-Bulgarian Dispute: The Development of the Baldwin Government's Policy towards the Peacekeeping Role of the League of Nations, 1924-1925", *British Journal of International Studies*, 6, 1980; Philip Williamson, "'Safety First': Baldwin, the Conservative Party, and the 1929 General Election", *The Historical Journal*, Vol. 25, No. 2, 1982; John Ferris, "Treasury Control, the Ten Year Rule and British Service Policies, 1919-1924", *The Historical Journal*, Vol. 30, No. 4, 1987; Gaynor Johnson, "'Das Kind' Revisited: Lord D'Abernon and German Security Policy, 1922-1925", *Contemporary European History*, Vol. 9, No. 2, 2000。
[9] Erik Goldstein, *Winning the Peace: British Diplomatic Strategy, Peace Planning, and the Pairs Peace Conference, 1916-1920*, New York and Oxford: Clarendon Press, Oxford University Press, 1991.

设立谈判机构、组建谈判智囊团等）到大英帝国内部和英国内阁对欧洲和世界和平安排的谋划，以及和平会议召开后英国所采取的政策等。该书为系统阐述英国在巴黎和会上对法政策的权威著作。① 另外，凯恩斯的《和平的经济后果》则从经济角度论述和平会议的弊端，也是一本不错的书。

（2）关于鲁尔危机的研究。埃尔斯皮特·里奥登的《英国与鲁尔危机》②，为研究鲁尔危机中英法关系的最新成果之一。它详细阐述了鲁尔危机发生时英国对法政策由协调到遏制的转变，是一本资料翔实、观点明确的著作。对鲁尔危机的研究也是西方学术界关注的重点，但成果不多。威廉姆森在 1977 年曾发表关于鲁尔危机的论文，此后，学术研究重点开始转向更为微观的部分，包括研究 20 世纪 20 年代鲁尔煤炭生产、法德在鲁尔的竞争、鲁尔基础设施建设、居民住房等。③

（3）关于《道威斯计划》的研究。代表作品为斯蒂芬·舒克的《法国在欧洲优势的终结：1924 年的金融危机和道威斯计划的采纳》④。西方学术界对于《道威斯计划》的研究是相当缺乏的，更不用说在《道威斯计划》上研究英法关系了。斯蒂芬·舒克的著作在一定程度上填补了这项空白。

---

① 相关的论文和著作还有：Robert C. Binkley, "Ten Years of Peace Conference History", *The Journal of Modern History*, Vol. 1, No. 4, 1929; G. Curry, "Woodrow Wilson, Jan Smuts and the Versailles Settlement", *The American Historical Review*, Vol. 66, No. 4, July 1961; L. F. Fitzhardinge, "W. M. Hughes and the Treaty of Versailles, 1919", *Journal of Commonwealth Political Studies*, Vol. 5, No. 2, July 1967; Sally Marks, "Behind the Scenes at the Paris Peace Conference of 1919", *Journal of British Studies*, Vol. 9, No. 2, 1970; Robert McCrum, "French Rhineland Policy at the Paris Peace Conference, 1919", *The Historical Journal*, Vol. 21, No. 3, 1978; M. Trachtenberg, "Versailles after Sixty Years", *Journal of Contemporary History*, Vol. 17, No. 3, July 1982; David Stevenson, "Reading History: The Treaty of Versailles", *History Today*, 1981.

② Elspeth Y. O'Riorden, *Britain and the Ruhr Crisis*, Basingstoke, Hampshire and New York: Palgrave, 2001.

③ T. Angress Werner, "Weimar Coalition and Ruhr Insurrection, March-April 1920: A Study of Government Policy", *The Journal of Modern History*, Vol. 29, No. 1, March 1957; D. G. Williamson, "Great Britain and the Ruhr Crisis, 1923 – 1924", *British Journal of International Studies*, Vol. 3, No. 1, 1977; K. P. Jones, "Stresemann, the Ruhr Crisis, and Rhenish Separation: A Case Study of Westpolitik", *European Studies Review*, Vol. 7, No. 3, 1977; Marc Trachtenberg, "Poincaré's Deaf Ear: the Otto Wolff Affairs and French Ruhr Policy, August-September 1923", *The Historical Journal*, Vol. 24, No. 3, 1981; J. Ronald Shearer, "Shelter from the Storm: Politics, Production and the Housing Crisis in the Ruhr Coal Fields, 1918 – 24", *Journal of Contemporary History*, Vol. 34, No. 1, 1999.

④ Stephen A. Schuker, *The End of French Predominance in Europe: The Financial Crisis of* 1924 *and the Adoption of the Dawes Plan*, Tennessee: The University of North Carolina Press, 1976.

该书从法国财政状况的角度阐述《道威斯计划》出台的必然性。书中涉及一些英美联合压制法国接受《道威斯计划》的过程，但不是重点着墨之处。英法关系在本书中体现得并不是很透彻。马克斯·塞林在1929年出版的小册子可以帮助我们了解《道威斯计划》的一些基础知识。[①] 此外，我们只能从卡尔·伯格曼的《赔偿史》[②]、布鲁斯·肯特的《战利品：有关赔偿的政治、经济和外交，1918～1932》[③] 和查尔斯·道威斯的《赔偿日志》[④] 等著作中了解一些细节了。

（4）关于《洛迦诺公约》的研究。对于《洛迦诺公约》和洛迦诺会议的研究有一位专家我们不能忘记——乔·雅各布森，他的研究[⑤]代表了西方学术界对洛迦诺问题认识的最高成就。该书以德国的外交政策为视点，论述了德国与英法对于欧洲安全，尤其是莱茵边界安全的交涉过程，意在表明德国外交家斯特莱斯曼成功利用了英法在欧洲安全问题上的分歧，进而最大限度地达成了有利于德国的边界安排。同时，英法关于德国边界问题的分歧也由于《洛迦诺公约》的签署而暂时得以解决。另外加诺尔·约翰逊主编的《洛迦诺再思考：欧洲外交，1920～1929》[⑥] 也是研究洛迦诺问题一本不错的著作，内载有乔·雅各布森发表的论文《洛迦诺：英国和欧洲安全》，该论文对于研究英国在《洛迦诺公约》上的立场很有价值。该文一开始就论述了英国对加入西方公约体系的得失评估。70多年后的今天，当回顾这段历史时，部分人认为英国此举弊大于利：英国不但没有很好保障法国的安全，而且更多卷入欧洲事务当中。作者通过对这段历史的考察，得出了相反的结论。此外，《外交和世界大国：英国外交政策研究，1890～1950》一书中发表的埃里克·戈德斯坦的《英国对〈洛迦诺公约〉外交战略的演进，1924～1925》[⑦]，是研究英国在《洛迦诺公约》问题上对法政策

---

① Max Sering, *Germany under the Dawes Plan: Origin, Legal Foundations, and Economic Effects of the Reparation Payments*, London: P. S. King, 1929.
② Carl Bergmann, *The History of Reparation*, Ernest Benn, 1927.
③ Bruce Kent, *The Spoils of War: the Politics, Economics, and Diplomacy of Reparations, 1918 - 1932*, New York and Oxford: Clarendon Press, Oxford University Press, 1989.
④ Charles Gates Dawes, *A Journal of Reparations*, London: Macmillan, 1939.
⑤ Jon Jacobson, *Locarno Diplomacy: Germany and the West, 1925 - 1929*, Princeton: Princeton University Press, 1972.
⑥ Gaynor Johnson, ed., *Locarno Revisited: European Diplomacy 1920 - 1929*, London: Routledge, 2004.
⑦ Eric Goldstein, "The Evolution of British Diplomatic Strategy for the Locarno Pact, 1924 - 1925", in Michael Dockrill and Brian McKercher, eds., *Diplomacy and World Power: Studies in British Foreign Policy, 1890 - 1950*, London: Cambridge University Press, 1996.

的又一代表性文章，但观点上并无超越前人之处。①

《杨格计划》和《非战公约》尚未有专门的论著出版，散见于各种原始文献和论文中。因此，总结出研究者对这两例事件中所体现英法关系的明确观点有些难度。《英国外交政策文件1919～1939》、《英国外交事务文件1919～1939》、《德国外交政策文件1918～1945》、《法国外交事务文件1918～1929》可以为我们对这两个问题的研究提供有力的参考。

从研究专题和事件的角度看，西方学界的研究较为固定化，没有新的突出的话题，而是集中在上述几项重大事件上。

（四）国内研究状况

那么国内学术界的相关研究状况如何呢？

与国际学界研究相比，在话题选择、资料运用、方法分析等方面，国内学界尚难有能够超越前人的成果出现。这也跟世界历史研究的具体情况有关，即研究话题大多掌握在欧美学界手中，他们在研究话语权设定上占据着较大的优势，其研究偏好不同程度上引领着国际学界发展走向。尽管如此，国内学界部分研究成果仍然不乏亮点。

首先，中国的世界历史研究学者较为关注原始文献或者一手文献的使用，进而从一开始就为本课题的研究确立了很好的规范，也保证了研究问题的深度。中国世界历史学界对这一时期英国对法政策或两国外交政策的探讨一开始就具有严谨、求实的特点，出版了一系列的原始资料集。代表性成果有：齐世荣主编的《世界通史资料选辑·现代部分》②、方连庆主编的《现代国际关系史资料选辑》③、吕一民等选译的《世界史资料丛刊·现代史部分：一九一八～一九三九年的法国》④、张炳杰等选译的《世界史资

---

① 相关研究还有：G. A. Grun, "Locarno: Idea and Reality", *International Affairs*, Vol. 31, No. 4, October 1955; F. G. Stambrook, "'Das Kind': Lord D'Abernon and the Origins of the Locarno Pact", *Central European History*, Vol. 1, No. 3, 1968; C. E. Crowe, "Eyre Crowe and the Locarno Pact", *The English Historical Review*, Vol. 87, 1972; Gaynor Johnson, *The Berlin Embassy of Lord D'Abernon 1920–1928*, London: Palgrave Macmillan, 1988.
② 齐世荣主编《世界通史资料选辑·现代部分》第1分册，商务印书馆，1980年。
③ 方连庆主编《现代国际关系史资料选辑》，北京大学出版社，1987年。
④ 吕一民等选译《世界史资料丛刊·现代史部分：一九一八～一九三九年的法国》，商务印书馆，1997年。

料丛刊·现代史部分：一九一九～一九三九年的德国》①、世界知识出版社编的《国际条约集（1917～1923）》②和《国际条约集（1924～1933）》③，以及国际关系学院编的《现代国际关系史参考资料（1917～1932）》④等。尽管这些资料集是综合性的，涉及多个层面国际关系，但英法关系是其重要关注点。

其次，国内学界对英国对法政策中的一系列重大事件均予以了深度分析和聚焦，为相关的决策应用和政治分析奠定了基础。当然，上述产出大多是论文，尚未有专著类成果出现。

一是对20世纪20年代英国对法政策焦点性事件——鲁尔危机的研究。鲁尔危机充分表现了英国、法国对德国和欧洲安全问题的不同思考。英国力图维持欧洲大陆势力均衡，反对法国过分压制德国，因此在法国入侵德国鲁尔后不断对其施加压力并最终迫使法国在压制德国上做出让步。国内研究的代表性成果有：刘作奎的《第一次鲁尔危机》⑤、《试论英国在鲁尔危机中的对法政策》⑥，卫灵的《从鲁尔事件看20年代初德法英美关系》⑦，朱立群的《鲁尔占领——二十年代法国外交政策的重要转折点》⑧，冯梁的《英国与1923年鲁尔危机》⑨，张涛的《1923年鲁尔事件与欧洲格局巨变》⑩，以及王桂琴的《鲁尔危机与德法关系研究》⑪等。

二是对德国赔偿问题的深度研究。赔偿问题无疑是一战后国际关系的焦点问题。国内学界观点为：英国从不能过分压制德国的立场出发，反对法国力图通过赔偿压垮德国的做法，力图让德国具备一定的经济复苏能力，从而达到抑制法国和苏俄、维持欧洲均势的目的。而法国则秉承"欠债要

---

① 张炳杰、黄宜选译《世界史资料丛刊·现代史部分：一九一九～一九三九年的德国》，商务印书馆，1997。
② 世界知识出版社编《国际条约集（1917～1923）》，世界知识出版社，1961。
③ 世界知识出版社编《国际条约集（1924～1933）》，世界知识出版社，1961。
④ 国际关系学院编《现代国际关系史参考资料（1917～1932）》，高等教育出版社，1958。
⑤ 刘作奎：《第一次鲁尔危机》，《首都师范大学学报》（社会科学版）2002年第1期。
⑥ 刘作奎：《试论英国在鲁尔危机中的对法政策》，《北京科技大学学报》（社会科学版）2003年第1期。
⑦ 卫灵：《从鲁尔事件看20年代初德法英美关系》，《晋阳学刊》1992年第6期。
⑧ 朱立群：《鲁尔占领——二十年代法国外交政策的重要转折点》，《史学集刊》1994年第2期。
⑨ 冯梁：《英国与1923年鲁尔危机》，《外交学院学报》1996年第3期。
⑩ 张涛：《1923年鲁尔事件与欧洲格局巨变》，《武汉大学学报》（人文科学版）2001年第3期。
⑪ 王桂琴：《鲁尔危机与德法关系研究》，华中师范大学硕士学位论文，2009。

还"的理念，要求德国不但在物质上，更要在财政上给予法国赔偿，试图维持自身对德国的政治、经济优势。坚决要求赔偿也是法国出于压制德国军事崛起的重要考虑。最终，在英国联合美国的强力压制以及德国在赔偿问题上"阳奉阴违"的务实外交下，法国未达到目的。目前，国内学界在此问题上的代表作品有：杨子竞的《第一次世界大战后德国赔款问题与帝国主义争霸》[①]、胡毓源的《一次大战后的战债问题与美国的对外关系》[②]、朱懋铎的《第一次世界大战后德国的赔款问题》[③]、肖德芳的《德国赔款问题与20年代欧洲政治格局的演变》[④] 等。

三是对《道威斯计划》的深度研究。《道威斯计划》是英国对法政策中的一件大事，这一计划的出台事实上是英美联合"扶德抑法"的外交胜利。但德国的逐渐复兴也危及英国欧洲均势政策发挥效用的前提，加上法国对德国可能重新崛起的恐惧，欧洲安全问题又提上日程。事实上，在《道威斯计划》的研究方面，国内还是相对比较缺乏，尽管涉足的论文较多，但均不是深度研究。代表性作品有：夏季亭的《重评道威斯计划（1924年)》[⑤]、胡果文等的《重评道威斯计划》[⑥]、蒋坷的《从"道威斯计划"到"马歇尔计划"——美国的两次"欧洲复兴计划"比较研究》[⑦]。

四是关于《洛迦诺公约》和欧洲安全其他相关问题的研究。本项研究国内学界产出成果不少，研究的视角也较为丰富，但基本结论是一致的，即《洛迦诺公约》和英国提供的其他类似的安全保证无法解决法国的安全困境，也无法形成欧洲大陆的均势格局，为德国的复兴和纳粹德国上台并最终发动世界大战埋下了伏笔。代表性成果有：马真玉的《关于洛迦诺公约的性质问题》[⑧]、吴孟雪的《论斯特莱斯曼用洛迦诺公约保住莱茵兰》[⑨]、

---

① 杨子竞：《第一次世界大战后德国赔款问题与帝国主义争霸》，《历史教学》1984年第4期。
② 胡毓源：《一次大战后的战债问题与美国的对外关系》，《上海师范大学学报》1985年第4期。
③ 朱懋铎：《第一次世界大战后德国的赔款问题》，《山东大学学报》1990年第3期。
④ 肖德芳：《德国赔款问题与20年代欧洲政治格局的演变》，《历史教学问题》2000年第4期。
⑤ 夏季亭：《重评道威斯计划（1924年）》，《山东师范大学学报》1984年第3期。
⑥ 胡果文等：《重评道威斯计划》，《史学月刊》1986年第6期。
⑦ 蒋坷：《从"道威斯计划"到"马歇尔计划"——美国的两次"欧洲复兴计划"比较研究》，苏州大学硕士学位论文，2007。
⑧ 马真玉：《关于洛迦诺公约的性质问题》，《史学月刊》1981年第6期。
⑨ 吴孟雪：《论斯特莱斯曼用洛迦诺公约保住莱茵兰》，《中山大学研究生学刊》（文）1983年第4期。

于忠的《洛迦诺会议与洛迦诺公约（1925年）》①、于宝有的《论洛迦诺公约的性质》②、冯梁的《洛迦诺会议的起源：英国、德国和法国的安全问题》③、王明中的《评凯洛格非战公约》④、罗会钧的《两次大战之间法国谋求安全尝试的外交失策》⑤以及张艳梅的《20世纪20年代英法在欧洲安全问题上的合作与冲突研究》⑥等。

最后，国内学界对英国均势外交战略的阐释，为本课题研究提供了理论和现实分析基础。代表性作品有：陶樾的《两次世界大战期间英国的外交政策与欧洲均势》⑦、李建伟的《一战后英国均势外交政策在法国安全问题上的运用》⑧、丁英胜的《20世纪20年代的英国军事战略与对欧政策研究》⑨及刘阿明的《一战后初期英国对欧政策及其影响》⑩等。

国内研究的代表性观点如下。朱瀛泉在计秋枫、冯梁等著《英国文化与外交》的序言中指出："两次世界大战之间英国的外交基本是失败的。英国人机关算尽，但不仅没能维持有利于己的现状，相反鼓励了德意日等扩张性国家的侵略野心。"⑪英国对法政策大部分是由德国问题引起的，由于一味扶德抑法，最终造成不可避免的败局。国内论文也有一些涉及英国对法政策的，但并不是论述的中心。目前较具代表性的两篇论文是：时殷弘的《旧欧洲的衰颓——论两战之间的英法外交与国际政治》⑫和揭书安的

---

① 于忠：《洛迦诺会议与洛迦诺公约（1925年）》，《历史教学》1984年第6期。
② 于宝有：《论洛迦诺公约的性质》，《史学集刊》1985年第4期。
③ 冯梁：《洛迦诺会议的起源：英国、德国和法国的安全问题》，《南京大学学报》1994年第3期。
④ 王明中：《评凯洛格非战公约》，《江汉论坛》1980年第2期。
⑤ 罗会钧：《两次大战之间法国谋求安全尝试的外交失策》，《湖南师范大学社会科学学报》1996年第6期。
⑥ 张艳梅：《20世纪20年代英法在欧洲安全问题上的合作与冲突研究》，苏州大学硕士学位论文，2009。
⑦ 陶樾：《两次世界大战期间英国的外交政策与欧洲均势》，《世界历史》1980年第3期。
⑧ 李建伟：《一战后英国均势外交政策在法国安全问题上的运用》，外交学院硕士学位论文，2008。
⑨ 丁英胜：《20世纪20年代的英国军事战略与对欧政策研究》，苏州大学硕士学位论文，2011。
⑩ 刘阿明：《一战后初期英国对欧政策及其影响》，《江西社会科学》2003年第3期。
⑪ 计秋枫、冯梁等：《英国文化与外交》，世界知识出版社，2002，第25页。相似观点可见：吴于廑、齐世荣《世界史·现代史编》，高等教育出版社，1991；蒋湘泽、余伟《简明现代国际关系史》，高等教育出版社，1992；颜声毅等《现代国际关系史》，知识出版社，1984等。
⑫ 时殷弘：《旧欧洲的衰颓——论两战之间的英法外交与国际政治》，《复旦学报》1999年第6期。

《1920～1925年英国对法国政策浅析》①。

二 本书观点和内容

笔者综合以上国内外学界的观点，同时充分利用外国专著和各种原始资料进行详细研究论证，得出结论认为：20世纪20年代英国对法国采取了合作和抑制政策，其间也包含了对法协调政策。仅从20世纪20年代这一时期看，英国对法政策是成功的，不仅达到了维护欧洲和平的目的，也达到自己扶德抑法的目的。但从长期看，这种对法政策隐藏着巨大的危险，含有更多的理想主义色彩。英国与法国摩擦不断，对德国的不同政策是一个重要原因，但从本质上讲它们对安全理解不同，或者说两国对欧洲大战略的不同造成了矛盾。英国从几个世纪形成的经验出发，认为欧洲大陆的均势是其最大安全利益，而法国认为德国是欧洲安全的最大隐患，只有想方设法压制住德国，法国在欧洲的安全才有保证。所以说两国之间手段的冲突即是战略的冲突：扶德抑法和压制德国。在这种冲突的背后，有着巨大的经济和政治利益。英国不想让法国在欧洲形成一国独大的局面，对英国在欧洲的霸权地位造成挑战。英国的经济要渗透到欧洲大陆，挤占欧洲大陆市场，开放和稳定的市场是必要的。法德之间构成均势竞争状态更有利于出售英国的产品，法德经济联合将会对英国造成很大的经济损失。

本书将英国对法政策分为以下几个重要阶段分别加以论述。

第一阶段，1914～1918年。本部分作为20世纪20年代英国对法政策的重要背景予以介绍。1914年第一次世界大战爆发时，英国从"欧洲均势"考虑出发，担心德国战败后法国会成为另一个霸权国家，所以对法国采取有限援助政策，希望法德能在战争中两败俱伤。这种战略构想直接造成了战争初期英法联军由于协调不力而节节败退。随着战争形势的发展，法国和平主义运动和反战运动高涨，前线士兵出现严重厌战情绪，国内政局不稳，法国政府有可能单独与德国缔结和平条约。这极大违背英国的"欧洲均势"原则，故一战后期英国不得不全力与法国合作以赢得战争。

第二阶段，1919～1920年。英法合作赢得战争后，在解决战后问题的和平会议上展开了新一轮的斗争与合作。英国在战后安排上不想让法国过

---

① 揭书安：《1920～1925年英国对法国政策浅析》，《华中师范大学学报》1987年第3期。

分压制德国，力图让德国经济得到一定的复兴。其目的一是从中获取赔偿，二是遏制法国的霸权欲望，从而维护欧洲均势。英国这种战略构想在1919年3月25日的《枫丹白露备忘录》中得到充分体现。但英法在战后仍有许多问题需要合作处理，而且英国经济在全球的利益使它腾不出手来集中处理欧洲事务，所以这一时期英国力求维护与法国的合作关系，积极协调法德之间的矛盾，促使欧洲处于一种暂时的和平稳定状态。

第三阶段，1920~1923年。这一阶段是英国在巴黎和会上所确立的暂时稳定政策逐渐被打破的时期，也是英国对法政策由协调到抑制的转变时期。这一时期，法德矛盾不断激化，法国为获取经济利益、压制德国，三次入侵鲁尔，试图运用武力政策达到政治和经济目的。欧洲均势面临巨大威胁，英国不得不阻止法国的做法。英国从鲁尔危机中得出的经验教训是凡尔赛安排所确立的欧洲均势只是权宜之计，必须从根本上解决法、德两国可能再次出现的冲突。因此，英国借法国在鲁尔危机中陷入困境之时，对法国采取强硬政策，迫使法国在德国问题上做出妥协，把法国纳入英国所规划的战后和平安排体系当中。

第四阶段，1924年。这一阶段是英国努力恢复经济和促进欧洲稳定时期。英国开始修订凡尔赛安排，从经济上复兴德国，维护欧洲稳定，压制法国并使法国走上法德协调的轨道。《道威斯计划》的实施是经济上复兴德国、压制法国的开始。英国利用自己"欧洲仲裁者"和"诚实的掮客"的地位，一步步实现自己规划的战后和平安排。

第五阶段，1925年。《道威斯计划》的签订解决了战后困扰法德的经济问题。由于德国逐渐恢复和强大，法国的安全问题又提上了日程，欧洲均势有可能因为德国的异军突起而有被打破的危险，所以英国又不得不出面解决欧洲安全问题，与法国进行了多次谈判。1925年《洛迦诺公约》的签订使法德之间的安全问题得到一定程度的解决，欧洲和平困境在一定程度上得到了缓解。1928年《非战公约》的签订进一步缓解了法国在安全问题上的担忧，20年代的欧洲安全问题基本得到解决。

第六阶段，1926~1929年。《道威斯计划》和《洛迦诺公约》签署之后，欧洲经历了难得的和平与发展时期。但是就在欧洲国家达到全面恢复的时候，1929年，赔偿问题再度成为国际社会的焦点。这是因为，《道威斯计划》作为一个临时性计划，只规定了1924~1929年德国的年支付额，对以后年份的支付额没有明确规定。此外，法国把从莱茵兰撤军与德国赔偿问题挂钩。最后,在英美的协调下,相关各方签署了《杨格计划》,德国成为该计划的最大受益者。法国则因德国的经济恢复又面临着安全困境。

英国通过不断调整自己的外交政策,解决了自一战结束以来法德之间的赔偿和安全问题,欧洲最终进入"和平与稳定"时期。纵观这一历史时期英国对法政策,可以看出其政策走向是呈波浪曲线变化的(见图 1-1)。

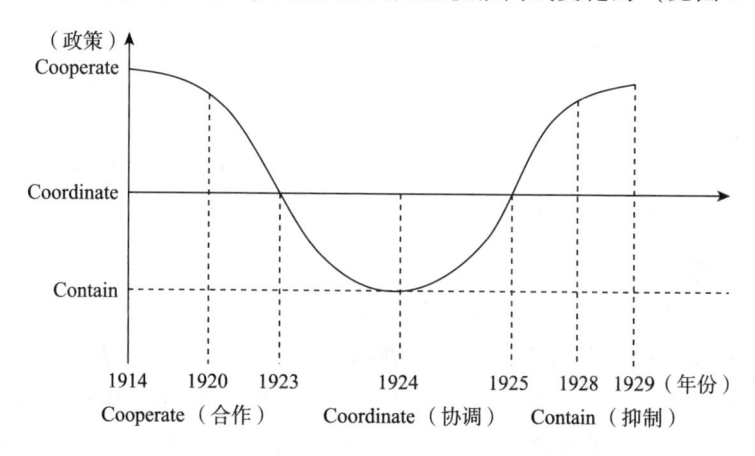

图 1-1 1914~1929 年英国对法国外交政策走势[①]

英国以德国问题为坐标和杠杆,以欧洲均势为目标,以大英帝国经济利益为最终目的,采取与法国合作、协调法德矛盾、抑制法国的政策,最终又用与法国合作的方法来全面解决了欧洲和平与稳定问题。1929 年后资本主义世界经历了大危机,德国走上了法西斯道路,说明"英国治下"的欧洲和平有不少的漏洞,存在不少缺陷,但从总体上看,英国的战后欧洲政策是成功的,它克服了种种困难,成功地扶德抑法,维护了欧洲暂时的稳定,使欧洲走上了英国既定的外交政策轨道,欧洲大陆也确实进入了和平稳定状态。

三 资料运用及研究理论和方法

本书运用了丰富的资料,除参考大量西方研究成果外,力求最大限度

[①] 英国对法政策以德国为主要坐标,合作是指与法国合作压制德国,协调是指妥善处理法德矛盾,而抑制是指抑法扶德。从图中曲线可以看出,1914~1929 年英国对法政策的走向呈波浪曲线变化。从最初与法国全面合作共同赢得战争,到 1929 年英法合作处理解决安全和赔偿问题,其间英国政策经历了与法国的合作、协调和抑制的过程。

挖掘原始、一手资料，包括《英国外交政策文件集》(*Documents on British Foreign Policy 1919 – 1939*，*DBFP*)、《英国外交事务档案》(*British Documents on Foreign Affairs*，*BDFA*)、《英国内阁文件》(*Cabinet*)、奥斯汀·张伯伦的通信集 (*The Austen Chamberlain Diary Letters/ Life and Letters of Austen Chamberlain*)、当时英国驻德大使阿贝农的日记 (*An Ambassador of Peace*) 等。为了进一步丰富研究角度，笔者还大量使用来自法国方面的一手档案文献，如法国外交部的《法国外交文献》(*Quai D'Orsay*，*Ministère des Affaires Etrangères*，*MAE*) 等。

随着网络技术的进步，单纯运用纸质媒介已不能满足现实研究需要，为了迎合新时期新的研究手段，本书还充分运用各种网络资源。其中包括许多珍贵的研究资源：通过 EBSCO 获取了珍贵的当时的各国国会文献 (Congressional Digest)，这些文献大部分是第一时间对当时发生事件的评论；利用 UMI 获取世界各地有关这一问题研究的博士和硕士论文；利用 OCLC 获取各种专业论文。此外，本书还广泛运用中国期刊网、万方数据库等获取大量中文文献。虽然这些中文文献在期刊杂志上也能找到，但运用网络无疑更加方便了文献的索取和利用。

本书采用国际关系理论中的现实主义理论，并汲取西方早期思想中的国家利益至上观念，以及地缘政治理论来论述这段历史。集中从一战结束后新的地缘格局变动的背景入手，以英国对欧洲大陆大战略为主题来论述英国对法外交政策变迁，清晰描绘出英国外交政策变化的轨迹。在论述过程中本书尤其注重以马克思主义为理论指导，强调经济因素对一国外交政策转变的影响。

四　学术创新与现实意义

大国关系是历史学和国际政治研究不可或缺的主题。在大国关系研究中，通常有两种研究路径：一种是历史学的分析方法，通过对大国关系历史的深入研究来总结经验和规律；另一种是国际政治学方法，尤其是将大国关系研究理论化，通过逻辑推理和演绎分析来发掘科学的理论与规律，从而创建一种国际政治理论。这两种分析方法不是互相孤立和排斥的，国际政治学方法的创建常常来自对历史深入而透彻的分析，而历史学研究通过不断引入新的理论概念和分析方法而得以提升自身的研究深度。本书的创新性在于将历史学与国际政治学结合起来、将微观研究与宏观考察结合起来，具体探讨国际格局、国际秩序的构建和演变与大国之间关系变化的互动研究。把大国外交政策放在更为宏观的国际格局变迁框架下加以分析。①

本书的意义在于展示英国这一时期对法国的外交政策，对了解英国外交政策的历史和传统，有一定的借鉴意义。同时，这一时期也是其他重要大国如美国、苏联对外战略发展的重要时期，笔者也将在研究英国对法战略背景下分析这两个国家战略和政策的变化，为学者和决策者提供一个相对清晰的大国外交博弈的图景。

---

① 特别感谢笔者的导师徐蓝教授提供的宝贵的修改论文框架的机会。笔者的博士学位论文完成于 2005 年，主要是对英国对法政策的一些重要问题和事件进行分析和阐释。2012 年，由徐蓝教授牵头的国家社科基金重大招标项目"20 世纪国际格局的演变与大国关系互动"获得立项，本课题成为该重大课题子项目之一。依据招标课题设立的新框架，笔者对论文进行了重新设计和修订，使其尽量反映中国学者对该课题研究的新思考和新尝试，并最终付梓，是为本书。

第二章 英国对欧洲大陆外交战略的地缘政治学分析[*]

一 英国对欧洲大陆外交传统的成因及内容

(一) 地理环境与英国对欧洲大陆外交政策的形成

众所周知，英国是欧洲举足轻重的大国，在欧洲发展史上曾扮演非常

---

[*] "战略"一词，原是一个军事术语，最早出现于公元前5世纪的古希腊，意为"将道"，即指挥艺术。具体是指组织、领导军队，实施作战计划的学问。在古希腊语中，"战略家"即"军队领导者"。随着法国大革命和拿破仑战争的进行，战争形势发生了深刻的变化，"近代战略"概念得以确立。其中著名的代表人物及著作有卡尔·冯·克劳塞维茨及其《战争论》(1832年)、法国的安本·亨利·约米尼及其著作《战争艺术概论》(1838年)。两人为创建近代战略思想做出了重大贡献。其中，克劳塞维茨注重战争同政治、经济、精神等因素的关系。19世纪，马汉写了《海权对历史的影响 (1660~1783)》，标志着海军战略的确立。一战后出现了早期的现代战略学家J.F.富勒、B.H.利德尔·哈特和G.杜黑。富勒和哈特冲破了战略是对战斗的运用的狭隘观念，开始从政治、经济、社会和心理学的角度全面研究战争问题。杜黑1921年发表了《制空权》，标志着空军战略的诞生。20世纪30年代是西方战略学发展的重要时期，战略思想迅速向非军事领域，向军事、政治、经济的相互联系的现代战略的方向发展，"大战略"的概念出现了。哈特和富勒给"大战略"下的定义是："协调和集中国家的全部资源用于实现由国家政策规定的在战争中的政治目标。"在1935年英军野战条令中"大战略"的概念又有所发展，规定"大战略""是为了实现全国性目的而最有效地发挥国家全部力量的艺术。它包括采取外交措施，施加经济压力，与盟国签订有利的条约，动员全国的工业和部署现有的人力，以及使用陆海空三军进行协调作战。这个概念明确表明了战略从战争、军事领域扩大到涉及国家安全的所有方面，成为运用国家全部力量以实现国家目标的艺术。二战期间，"大战略"的思想得到了广泛的运用。同盟国和轴心国都采用军事、政治、经济、外交手段，实现国家战略目标。二战后"大战略"的理论更加完善，"国家战略""发展战略"等各种战略、思想、理论相继出现和迅速发展。以上据楚树龙《国际关系基本理论》(清华大学出版社，2003) 相关内容整理。

重要的角色。但从地理位置上看，英国与欧洲各国并不接壤，北海和英吉利海峡将不列颠群岛与欧洲其他地区隔开来，它是孤悬于欧亚大陆之外的岛国。英吉利海峡和多佛尔海峡是一道天然的屏障，使英国免受了无数场欧洲战火的直接殃及。海洋作为英国的天然屏障曾帮助英国人成功地抵御了来自大陆的入侵者，如16世纪后期的菲利普二世、17～18世纪的路易十四、19世纪初的拿破仑和20世纪30年代的希特勒。英国的地理位置非常有利，进可攻，退可守，这样的地理位置使英国人有一种很深的优越感，进而形成了独特的岛国情结。早在莎士比亚时代，大文豪就对自己的家园充满了无限的自豪，《理查二世》里冈特的老约翰说得明明白白，他说：

> 这大自然为自己营造
> 防止疾病传染和战争踩躏的堡垒，
> 这英雄豪杰的诞生之地，这小小的天地；
> 这镶嵌在银灰色大海里的宝石，
> 那大海就像一堵围墙，
> 或是一道沿屋的壕沟。
>
> ——莎士比亚：《理查二世》，第二幕第一场

岛国情结使英国人感到自己的领土不是欧洲大陆的一部分，只是欧洲的邻居。英国著名史学家伊·勒·伍德沃德曾说，"大不列颠岛孤悬欧洲大陆西部边沿，其发展不在欧洲历史的主线上"。[1] 可以说正是这种独特的地理位置孕育了这种情结，同时对英国的各种传统，如外交传统的形成和延续产生了重大的影响。

在这一问题上，英国外交家朱尔·康邦持认同态度，并明确指出了地理位置对一国外交的现实影响。他曾写过一本分析大国外交政策的论著，在其中关于法国的一章中开篇就指出："一国的地理位置是决定其外交政策的首要因素，也是它为什么必须有一项外交政策的根本原因。"他继续说，地理上的客观事实是最强大的因素。一国可以更换其领导人或政治制度或经济政策，但无法改变自己的地理位置。因此，地理，或者说地缘政治长

---

[1] 〔英〕伊·勒·伍德沃德：《英国简史》，王世训译，上海外语教育出版社，1990，第1页。

期以来一直是研究外交政策或世界政治的根本出发点。① 的确，我们通过对地理环境的考察可以清楚地发现，像英国和日本这样的岛国需要拥有强大的海军保护自己的海岸线。同样，历史上俄罗斯和中国始终拥有庞大的陆军，以保卫本国漫长的边境线。美国为两大洋所隔，得以在19世纪奉行孤立政策。当然决定一国外交政策的还有许多其他不可忽视的因素，比如自然条件、国民、体制、领导人的思想等，它们有时候也会产生很大的作用。

英国史专家帕克斯曼也对这一问题进行了深刻的阐述。他说，有一句格言说：地理创造历史。但是，如果存在民族心理之类东西的话，它或许也是地理创造的。假如德国军队不是如此经常越过法国边境，法国人是不是也会对德国产生那种持久的恐惧心理？假如瑞士不是个多山之国，它能不能保持它不区分是非的繁荣？犹太人正因为缺乏地理概念，所以才创造出犹太复国主义，它是20世纪最强大的思想之一。英格兰人生活在一个海岛上，这对他们来说是最基本的、最深远的影响。②

实际上，在欧洲的主要国家当中，英国由于地理位置的优势而不需要一支常备军来防御可能的入侵。欧洲大陆国家无法使自己的军队越过本国的疆界，除非结成联盟或进行战争，而保卫不列颠群岛的英国海军可以想去哪里就去哪里。一旦他们投身大海事业，英格兰人便把欧洲的其他地方看作麻烦。丘吉尔曾对下议院说：

> 任何欧洲大国首先都得维持一支庞大的陆军，而我们生活在这个幸运的、快活的海岛上，岛国地位免去了我们的双重负担，我们可以集中努力和注意力发展舰队。我们干吗要牺牲一种我们肯定能赢的游戏，而去玩一种我们注定要输的游戏呢？③

英吉利海峡在一定程度上切断了英国跟邻近的和遥远的国家的联系。任何入侵英格兰的计划，都牵涉庞大的组织工作——船只配备，无风天气。英国不存在让侵略者可以径直越过的边界。与世隔绝的位置也提供了有选

---

① Jules Cambon, "The Foreign Policy of France", in Council on Foreign Relations, ed., *The Foreign Policy of the Powers*, New York, 1985, pp. 3 – 24.
② Jeremy Paxman, *The English: A Portrait of a People*, London: Penguin Books Ltd., 1998, p. 24.
③ Jeremy Paxman, *The English: A Portrait of a People*, p. 25.

择地参加战争、结成联盟和参与阴谋活动的机会。一旦英国开始筹划建立一个帝国,只有海路才可以通向这一帝国的各个部分,而欧洲大陆的纷争就变得毫无意义了。① 也就是说,在地理位置相对隔绝的情况下,如果英国积极发展海上力量,它就可以通过四通八达的水路航道发展同周边或远方国家的贸易关系,壮大自己的力量。于是,英国便自然而然地形成对欧洲大陆的"孤立政策"——对欧洲大陆的纷争由于不存在既得利益而漠不关心。这一点正如美国国际关系理论家约翰·米尔斯海默所认为的,"一国是否临近海洋、缓冲国或威胁性大国影响到其对联盟方式的选择与扩张倾向"。②

英国采取孤立政策,其中的好处是显而易见的。1866年,普鲁士军队在萨多瓦战役中击败了奥地利人,从而为德意志帝国奠定了基础,这被当时欧洲历史学家看成欧洲大陆国际政治迅速发展的标志。10天以后,当时的英国首相迪斯累利发表了这样的看法:"英格兰发展得比欧洲大陆还快。"他觉得,"英格兰没有必要介入欧洲事务,不是它的势力衰落的结果,而是它实力增长的结果。英格兰不再仅仅是个欧洲大国;它是一个伟大的海洋帝国的宗主国……它不仅仅是个欧洲大国,实际上更是个亚洲大国"。③ 迪斯累利的话侧面表明对欧洲孤立可促进英国的长足发展。

只要我们回顾一下历史,便可以更清晰地看到这种好处。自16世纪以来的几百年间,岛国的地理位置使英国蒙受了历史过多的垂青和眷顾。随着地中海贸易区的衰落和新航路的开辟,不列颠群岛一下子成为大西洋航线的交通要冲,英国迅速成为欧洲资本主义工商业的中心。制度与政策上的革命和不断改革,也成为英国资本主义发展的有力保证。先是工业革命起源于斯,在全球工业化的过程中,英国做了整整200年的火车头;然后是海外殖民,庞大的舰队和商船队舳舻相继,转运千里,进而塑造了"日不落帝国"的神话。在这种情况下,英国对欧洲大陆采取孤立态度,进而对欧洲大陆采取"孤立主义"政策就不难理解了。

但是,英国与欧洲大陆的隔离不应被无限夸大,因为英国是欧洲大陆的"邻居",而且是"近邻"。将英国与欧洲大陆隔离开的水域并不很宽,即使是在航海技术低下的时代也并非不可逾越:北海最宽处只不过300英

---

① Jeremy Paxman, *The English: A Portrait of a People*, p. 31.
② 〔美〕约翰·米尔斯海默:《大国政治的悲剧》,王义桅、唐小松译,上海人民出版社,2003,第20页。
③ Adolphus William Ward, George Peabody Gooch, eds., *The Cambridge History of British Foreign Policy, 1783–1919*, Vol. 3, New York: Cambridge University Press, 1983, pp. 9–10.

里，英吉利海峡的最宽处约为120英里，而其最窄处的多佛尔海峡只有21英里。在11世纪以前，由于自身防御的虚弱，英格兰经历了无数次大规模的外来入侵。比如，公元前700年，克尔特人诸部落侵入不列颠；公元前55年，罗马大将尤利乌斯·恺撒（Julius Caesar）远征不列颠，公元43年罗马皇帝克劳狄（Claudius，公元41~54年在位）再次入侵不列颠，公元82年罗马帝国将不列颠彻底征服并作为45个行省之一。在罗马帝国经略不列颠的同时，从5世纪开始，一些"蛮族"（包括苏格兰人、盎格鲁人、撒克逊人、弗里斯人、朱特人）也开始大规模侵入不列颠。入侵者把不列颠群岛当作了自己的家园。18世纪初期，英国已经是一大强国，并且在西班牙王位继承战争中大捞了一把，而当时执政的托利党首相博林布鲁克勋爵（Lord Bolingbroke）还是说："我们的民族居住在一个海岛上，而且是欧洲的主要民族，但要保持大国的地位，我们就必须利用这种地理形势，这一点我们忽略了近半个世纪。我们必须永远记住我们不是大陆的一个部分，但也不能忘记，我们是他们的邻居。"[①] 因此，英国对欧洲大陆采取"孤立"态度并不代表欧洲大陆对英国也采取"孤立"态度，只要是有利可图，入侵者的铁蹄是不会在乎大陆和海洋的阻隔的。英国的安全在很多情况下是相对的，只要在欧洲大陆出现一个强大的国家，英国的岛国安全就不会令人放心。所以，即使英国在近代历史上风光无限，也没有抛弃对欧洲大陆的保持"均势"的传统——依靠欧洲国家之间互相制衡防止出现一个力量足以威胁海岛安全的国家。"荷兰对岸的一个小岛，它为四分之一人类的幸福负有责任"，[②] 这句话可以反映英国当时的举足轻重，同时也说明英国对欧洲大陆的干预是很明显的。正如英国史学家约翰·劳尔（John Lowe）所说："英国曾被描绘成'航海之国'，虽然这只是一种错觉，但对位于欧洲大陆边缘的岛国英国来说，这一地理位置却对其外交政策有着深远影响。简单地说，这意味着英国与其邻国不同，它似乎有这样的选择：要么积极参与欧洲大陆事务，要么采取从欧洲'孤立'出来的立场。后者往往并非其真正的选择。"[③] 实际上，"均势外交"一直是英国对欧洲外交政策的基本出发点，孤立主义外交原则很多时候是服从"均势"的。"孤立"与维持

[①] 田德文、靳雷：《为什么偏偏是英国》，世界知识出版社，1995，第77页。
[②] 〔美〕亨德里克·威廉·房龙：《人类的家园：我们生活的这个世界的故事》，何兆武等译，东方出版社，1998，第162页。
[③] 〔英〕约翰·劳尔：《英国与英国外交（1815~1885）》，刘玉霞、龚文启译，上海译文出版社，2003，第29~31页。

"欧洲均势"并不矛盾，两者是一个有机的整体。

历史上，英国曾多次利用纷争不已的欧洲列强之间的矛盾达成一种力量均衡的状态。维也纳会议期间，当时的英国外交大臣卡斯尔雷认为，既然英国有足够的实力抵御欧洲任何强国的威胁，那么在欧洲事务中倒不如扮演这样一种角色：当欧洲领土均势被破坏时，它能进行有效的干预，但是同时它又绝不在任何"具有抽象性质的问题上承担义务"。这是因为，欧洲列强的均衡状态一旦被打破，就会形成超霸型的强国，就会立即威胁英国的利益，英国不能不管。但是，如果这种均势维持得很好，欧洲列强的力量主要消耗在其内部均势上，无暇危及英国的利益，那么英国也绝不主动去招惹它们，因为英国的主要利益在海外。这样，在很长的时间里，英国一直扮演着欧洲的"操纵者"角色，保留制衡欧陆列强的自由，而使自己处于进退自如之境。罗伯特·A. 帕斯特说，英国外交政策是"防止任何一国主宰欧洲大陆。英国认为，任何有能力主宰欧洲的大国会倾其力量威胁英伦三岛。为了实现这一外交政策目标，英国扮演了平衡者的角色，利用自身的重量保持天平的平衡，阻止欧洲大陆上崛起这样一个大国"。[①] 英国历史上知名外交家艾尔·克劳也不断提醒英国人："制止从（欧洲霸权）地位出发滥用政治支配权的唯一途径，在于利用实力相当的对手，或若干国家组成的防卫联盟的反对力量。以这种力量组合形式建立起来的平衡在技术上称为'均势'。英国安全政策的目的始终是维持这种均势，这几乎成为历史常识。英国维持均势的方法是把自己置于天平的这一边或那一边，但总是放在与当时最强大的国家或国家集团的政治独裁相对抗的那一边。"[②]

（二）"均势外交"政策的形成和演变

英国"均势外交"政策的形成经历了一个漫长的历史过程，实际上它的外交政策在不同阶段有不同的内容。到第一次世界大战爆发前，英国对欧洲大陆外交政策可以分为三个阶段。

第一阶段，从 10 世纪到 17 世纪中期，是英国积极向大陆扩张时期。

大陆在中世纪英国外交中占据相当重要的地位，英国外交中有一种浓

[①] 〔美〕罗伯特·A. 帕斯特编《世纪之旅：七大国百年外交风云》，胡利平、杨韵琴译，上海人民出版社，2001，第 38 页。

[②] G. P. Gooch and Harold Temperley, *British Documents on the Origins of the War, 1898 – 1914*, Vol. 2, HMSO, 1928, p. 403.

郁的"大陆情结"。这种"大陆情结"起源于此前一千多年里来自大陆的历次入侵，1066 年征服者威廉作为诺曼底公爵征服英格兰更加深了这种情结。随后威廉的外孙，金雀花王朝建立者亨利二世于 1154 年入主英格兰，并向大陆大规模征服。亨利二世的儿子"狮心王"理查在当政 10 年中一直与欧洲大陆各国君主混战，抢夺地盘。14 世纪，在英王爱德华三世治下，英国"大陆情结"再度勃发，在征服了威尔士、爱尔兰和苏格兰后，英国军队将目标转向新的战场。1337 年，英国与欧洲大陆的法国爆发了争夺大陆控制权的百年战争。在从 1337 年到 1453 年长达百年的战争中，英国遭到法国军队的强有力阻击而失败，再也无力向欧洲大陆发起有效的进攻。此后 100 年，英国固守加来港和敦刻尔克，试图保留这种"大陆情结"，直到这两块领地最终丧失。英国被迫放弃对大陆的扩张，开始积极经营周边海洋这一天然资源。1558 年，年仅 25 岁的伊丽莎白登上英国王位，英国开始大力向海洋发展。① 通过战争和海外贸易，英国很快发展起来，终于成为欧洲举足轻重的强国。1688 年"光荣革命"标志着近代英国历史进入一个崭新的时期。

第二阶段，从 17 世纪中期到 19 世纪中期，英国大力向海洋扩张，与此同时，英国对欧洲大陆采取"孤立"和"维持均势"并举的政策。

在第二阶段，英国首要的是采取孤立政策，对欧洲大陆事务基本无暇顾及，积极发展自己的海上力量，同一些大国争夺海上利益，并最终确立了在海洋上的霸权。早在 1723 年，罗伯特·沃波尔（Robert Walpole）首相就说过："我的政策是尽可能长久地不受条约束缚。"② 博林布鲁克勋爵在 1743 年简洁地总结了英国考虑何时负担义务："我们应该很少卷入大陆事务，更不会从事一场地面战争，除非出现这种可能，非要英国出面才能阻止平衡局面被颠覆。"③ 19 世纪美国海军理论家和历史学家阿尔弗雷德·马汉（Alfred Thayer Mahan）在《海权论》一书中对近代英国的战略做出过精辟的分析："如果一个国家的位置既不是被迫在陆地上保卫本国，也不是被诱使利用陆地来设法扩充领土，那么与以大陆作为部分边界的民族相比，

---

① 计秋枫、冯梁等：《英国文化与外交》，世界知识出版社，2002，第 64~69 页。
② Felix Gilbert, *To the Farewell Address: Ideas of Early American Foreign Policy*, New York: Princeton University Press, 1970, p. 22.
③ Richard Pares, "American versus Continental Warfare, 1739–1763", *The English Historical Review*, Vol. 51, No. 203, July 1936, p. 430.

这个国家可以通过将其目标集中地指向海洋而取得优势。"① 马汉的论述明确地指出了英国在此阶段的大战略中一个非常重要的方向，也就是所谓的海洋战略。

为了发展海洋事业，英国耗费了巨额资金来建立一支强大的海军，在18世纪50年代英国就有多达120艘船只的舰队，英国的国债从1700年的1400万英镑增加到1815年的7亿英镑。② 但是英国建立海军的巨额投入获得丰厚的回报，英国的财政负担因海外贸易的增长而得以减轻，而英国海军的主要任务之一就是保护英国的海外贸易。因此，在18世纪50年代，英国坚持认为"贸易与海军力量是相互依存的"。③ 在发展海洋事业过程中，英国对欧洲大陆的孤立主义与其相伴而行。

但是，正如前面所述及的，英国对欧洲大陆的孤立也并不是绝对的。18世纪以后，法国、德国、意大利等国逐渐强大，轮番向英国的海洋霸权发起冲击，并直接威胁英国的本土安全。这使英国认识到单纯经营自己的海洋路线还不足以保障自己的安全与发展。于是，在承接以前的孤立主义传统基础上，英国还积极采取干预手段来维持欧洲大陆的均势。

1688～1815年，英国多次介入欧洲大陆的争斗以反对出现的霸权国家，尤其是法国，并从中获得巨大利益，使不列颠帝国日益发展壮大。与此同时，它还借助对欧洲大陆的孤立，利用自己的海上霸权地位，积极经营自己在世界的利益。1803～1901年，近100年间英国进行了50次大的殖民战争。④ 通过暴力战争，英国夺占了非洲、亚洲和拉丁美洲大片土地，最终创造了"日不落帝国"的神话。英国的外交大臣们在19世纪时总结了英国外交的基本原则：对和平的渴望、全球贸易的扩张、对比利时海岸线"中立"的关注，以及对某一大国独霸欧洲大陆的抵制。⑤

第三阶段，从19世纪中期到20世纪初，英国在扩大自己的帝国的同时，面对欧陆列强的挑战，逐渐放弃孤立政策，实行积极的均势政策，最终采取了与法国结盟的政策。

---

① 〔美〕阿尔弗雷德·马汉：《海权论》，萧伟中、梅然译，中国言实出版社，1997，第29页。
② 〔英〕约翰·劳尔：《英国与英国外交（1815～1885）》，刘玉霞、龚文启译，第2页。
③ 〔英〕约翰·劳尔：《英国与英国外交（1815～1885）》，第3页。
④ 〔英〕安东尼·吉登斯：《民族－国家与暴力》，胡宗泽等译，三联书店，1998，第269～279页。
⑤ C. J. Bartlett, *Defence and Diplomacy: Britain and the Great Powers, 1815–1914*, Manchester: Manchester University Press, 1993, preface.

19世纪末20世纪初，当西方资本主义国家先后向帝国主义过渡时，国际关系格局发生了巨大改变。以美国、德国为首的新兴强国后来居上，逐渐赶超英国，并向英国的全球利益发起了强有力的挑战。这一时期英国暂时放弃传统孤立政策，而采取结盟政策，联合法国来制衡德国力量的增长。这种制衡导致第一次世界大战的爆发。

这一时期，资本主义政治经济发展不平衡加剧，后起国家向英国发起了强有力的挑战。英国在霸权地位受到严重威胁的情况下，不得不放弃孤立政策，寻求同盟。1902年，为了阻止沙俄在远东的扩张，英国与日本结成同盟，这是英国放弃孤立政策的标志。但是英国的主要目标是在欧洲寻求同盟者，以对付德国。由于此时英法在西非、东非和东南亚的利益矛盾逐渐缓解，而德国一直是法国的死敌，于是，法国就成了英国争取的对象。1903年，力主英法接近的英王爱德华七世（King Edward Ⅶ）访问法国，开启了两国合作的新时代。同年7月，法国总统埃米尔·卢贝（Émile Loubet）回访英国。随同访问的法国外长德尔卡塞（Lord Delcassé）和英国外交大臣兰斯多恩（Lord Lansdowne）进行了谈判。经过半年多磋商，1904年4月8日双方正式签订了英法协约。随后，英法在第一次大战中结成同盟击败了德国。

第一次世界大战使英国许多优势都在炮火中化为灰烬，自己一百年来苦心经营的成果有拱手让给美国的趋势。因此战后的英国力图维持已取得成果，更加关注联合王国和帝国的事务，希望全面恢复商业、经济和市场的正常运转，防止出现地区霸权而破坏稳定与和平，使英国的商品在日益稳定和规范的欧洲市场上有好的销路。于是，英国对欧洲大陆继续采取均势政策，并从这一政策中衍生出一战后英国对欧洲的所谓"和平战略"。

二 法国对欧洲大陆外交传统的成因及内容

（一）地理环境与法国外交政策的形成

在漫长的历史时期里，英、法两国分别代表海洋的王者和大陆的主宰。[①] 法国与英国都有辉煌的历史，存在许多的共性，但历史上两国为什么

[①] Richard Mayne, Douglas Johnson, Robert Tombs, *Cross Channel Currents*, *100 Years of the Entente Cordiale*, London and New York: Routledge, 2004, Preface.

矛盾不断，进而结下了百年仇怨呢？这也与地理环境有关。

就地理环境而言，英国对欧洲大陆具有封闭的特点，而法国正好相反，它对欧洲大陆是完全开放的。

法国地处欧洲大陆西部，隐约呈六角形，因而它常被人们用"六角国"或"六边形"一词代替。① 法国南部濒地中海；西部沿比利牛斯山与西班牙交界；由北部至东南部分别与比利时、卢森堡、德国、瑞士、意大利接壤。可以说法国大部分国境线都暴露在几个曾经强大的国家（西班牙、意大利和德国）面前，它在相当长历史时期中都疲于应付边境安全问题。尤其是东北地区，即与比利时、卢森堡、德国相连的部分，其间地势平缓，无任何天然障碍，来往畅通无阻。便利的自然条件虽有利于法国与邻国人民的相互交往，但也为它带来了巨大的灾难。公元前2世纪末，罗马人越过阿尔卑斯山侵入高卢，继而开始了对高卢长达500年的统治，这对法兰西文明产生了十分重大和深远的影响。到中世纪，匈奴人曾经越过莱茵河侵入法国国土约达30次之多。更有甚者，在近代德国人在一个多世纪内五次（1814、1815、1870、1914、1918）让巴黎人民听到了自己大炮的轰鸣，他们还三次让法国人目睹自己的军队穿过巴黎的街道。无怪乎法国著名地理学家阿勒贝尔·德芒戎说："法国肯定是欧洲各国中最少与世隔绝、最不'闭塞'的国家之一。"② 一战后，戴高乐在阻止法国政府修建马其诺防线时，就曾向当局指出法国领土的"弊端"，他在《建立职业军》这部著作中分析说："英国和美国由于海洋阻隔，敌人难以进攻；德国的权力中心和工业中心十分分散，不易一举摧毁；西班牙有比利牛斯山为屏障；意大利有阿尔卑斯山的保护。而法国四周边境缺乏天然屏障保护，几乎是'一马平川'；尤其是首都巴黎，对任何来犯之敌都敞开着大门，更是无险可守。"③

地理位置的完全开放性造成法国屡遭侵犯，促使法国一直在欧陆寻求维护本土安全与稳定的"天然边界"（natural frontier），即尽量把国家边界延伸到更远的地方，以便为保卫法国本土获得更多的纵深，同时把这一边界观念作为一种传统的外交理念来坚决执行。这成为法国历代统治者的追求。也就是说，对"天然边界"的追求贯穿了法国外交政策的主线。

---

① 法国"六角国"概念的演进，参见刘作奎《论法国疆界变迁的政治学》，《欧洲研究》2005年第6期。
② 〔法〕菲利普·潘什梅尔：《法国》，漆竹生等译，上海译文出版社，1980，第19页。
③ Charles de Gaulle, *Vers l'armée De Metiér*, Paris: Les Lettres françaises, 1944, p. 14.

（二） 法国追求和确保"天然边界"的"安全战略"政策

16 世纪前，"天然边界"在法国人心中只是一种模糊的意识。当时历代法国统治者只是下意识向国土外扩充，来保证国土安全。正如乔丹所说："法国曾有过征服天然边界的政策，但把法国推向'天然'边界的概念，在法国大革命前，只是对法国外交政策影响不大的几个思想家的幻想罢了。"[①] 1519 年，西班牙国王、哈布斯堡王室查理一世当选为神圣罗马帝国皇帝，称为查理五世，当时他已经统治着一个规模空前的大帝国。法国则是一个领土基本统一且颇具雄心的中央集权国家。神圣罗马帝国的强大，使法国处于哈布斯堡王室领地的包围之中，法国同时在南方、东方和北方受到查理五世的威胁。对此，法国政府准备采取一切手段来反对查理五世。法国国王弗朗索瓦一世说了一句简明扼要的话来阐述他的理由："你知道从这儿到他（指查理五世）的国土的边界有多少英里吗？40 英里！"[②] 他反对查理五世的目的是：争夺对意大利的控制权，确保法国东部和东北部的安全，构筑有利于法国的欧洲大陆均势，并从中寻求维护法国安全的"天然边界"。[③] 这时，法国的"天然边界"还是一个有点模糊的概念，即尽量拒敌于国门之外更远的地方，让入侵者互相争斗而无力对法国边界进行侵犯。至于这个"天然边界"应划到哪里，当时还没有成熟的想法。

在反对查理五世称霸欧洲的过程中，法国始终是最主要也是最持久的力量，弗朗索瓦一世的决心和行动最为显著。继任国王亨利二世不仅继承了弗朗索瓦一世的政策，并且逐渐把保卫法国安全的重点放在东部边界上。1552 年，法军进入洛林地区，并占领了梅兹、图尔和凡尔赛三个主教区，从而使法国边境向东大大推进，使巴黎得到了更大的地理纵深保护，并由此改变了法国此前半个世纪内将战争和外交重点集中于意大利的做法。[④] 《奥格斯

[①] William Mark Jordan, *Great Britain, France and German Problems, 1918 – 1939: A Study of Anglo-French Relations in the Making and Maintenance of the Versailles Settlement*, London: Oxford University Press, 1943, p. 170.

[②] ［英］G. R. 埃尔顿：《新编剑桥世界近代史·2：宗教改革 1520～1559》，中国社会科学院世界历史研究所译，中国社会科学出版社，2003，第 440 页。

[③] Garret Mattingly, *Renaissance Diplomacy*, Boston: Houghton Mifflin, 1955, pp. 150 – 3.

[④] ［英］G. R. 埃尔顿：《新编剑桥世界近代史·2：宗教改革 1520～1559》，第 466 页。

堡和约》① 签订后，法国继续推行同哈布斯堡西班牙进行战争的政策，以尽量消除后者在南、东、北三个方向对法国安全的威胁。1559 年，法国通过意大利战争②击败西班牙，两国终于在《卡托－康布雷齐和约》中罢兵言和，法国的安全与独立得到保全，法、西两大欧洲强国之间确立了一种均势。

1618 年欧洲爆发了三十年战争③，1620 年 11 月，哈布斯堡军队和德国军队攻入捷克领土，使捷克境内四分之三封建领主的土地落到德国手中，严重威胁法国的安全。法国再次成为反对哈布斯堡王朝的主角，并逐渐形成具体而又明确的国家利益观。法国当时著名的政治家黎塞留主教（Cardinal Richelieu）指出，法国的国家利益就是：法国社会安定，政治团结，内部没有独立于国王的权威；国家强大，外部没有威胁法国安全的敌人。④ 随

---

① 1555 年神圣罗马帝国皇帝查理五世同德意志新教诸侯在奥格斯堡帝国会议上订立的和约。路德宗教会因之在德意志取得合法地位。16 世纪宗教改革中，德意志一些信奉天主教的诸侯禁止臣民信奉新教。另一些诸侯则反对天主教而支持宗教改革，以维护自己在运动中的既得利益。他们在领地内建立路德宗教会，并自任教会的实际首脑。各派诸侯、诸侯与皇帝、皇帝与教皇之间的矛盾复杂而激烈。1531 年，德意志新教诸侯组成反对皇帝和天主教诸侯的士马卡尔登联盟。查理五世因忙于对法战争，无暇顾及，1546 年回国时，士马卡尔登联盟已因分裂而渐见削弱。次年查理五世战胜新教诸侯，萨克森选侯约翰·弗雷德里克被俘，士马卡尔登联盟瓦解。1550 年，查理五世颁布"血腥诏令"，严禁宗教改革宣传，同时镇压再洗礼派。但是，皇权的增长也引起了教皇和天主教诸侯的不安和嫉视，他们组成反皇帝同盟，北方路德宗诸侯也积极备战。1552 年查理五世战败，1555 年被迫签订《奥格斯堡和约》。当时查理不在德意志境内，委托其弟费迪南代行。和约规定教随国定原则，即承认天主教和路德宗诸侯同样有权决定其臣民的宗教信仰，不接受所规定信仰者可以出卖其产业后离境。和约只承认路德宗的合法地位，而不包括其他新教教派如归正宗和再洗礼派。和约还规定凡在 1552 年前为路德宗诸侯所占有的教产，由其继续占有。原天主教的大主教、主教、修院院长如改信路德宗，即丧失原来的教职和权力，另选持天主教正统信仰者继之。
② 意大利战争（1494～1559），法国、西班牙和神圣罗马帝国（在其他国家干预之下）为争夺意大利而进行的封建战争，后来演变为法、西两国争夺欧洲霸权的战争。战争主要在意大利领土上进行。意大利政治上的分裂状态和境内各国间的纠纷使外国列强的侵略计划易于得逞。1559 年，经过长期在意大利争夺，法、西两国签订了《卡托－康布雷齐和约》。这一和约结束了法国对意大利的扩张，巩固了西班牙在米兰公国、那不勒斯王国、西西里和撒丁的统治地位，并使意大利仍处于政治上分裂的局面。
③ 欧洲历史上第一次大规模国际战争。1618～1648 年，欧洲两个强国集团——哈布斯堡王朝与反哈布斯堡王朝集团为争夺欧洲霸权而展开了一次全欧国际性大混战，起初，战争是围绕德国新旧教矛盾进行的，但不久就演为各国争夺权力和领土的混战，西欧、中欧及北欧主要国家几乎全部先后卷入，其结果使德国四分五裂，法国等迅速崛起，从而给西欧各国关系带来了重大影响。
④ Armand Jean du Plessis duc de Richelieu, translated by Henry Bertram Hill, *The Political Testament of Cardinal Richelieu: The Significant Chapters and Supporting Selections*, Wisconsin: Wisconsin University Press, 1961, pp. 34–50, 45, 71–5, 76–9, 94–102, 118–9.

着战争的继续，黎塞留开始为法国设计最终的战争目标，其中最重要的是实现法国的"天然边界"：为使法国的安全得到充分保证，除比利牛斯山脉应永远是法、西边界外，应使法国边界向东推进至莱茵河，特别是要控制梅兹、洛林和斯特拉斯堡这些对防御法国和攻击德意志至关重要的门户。[1] 这时法国对"天然边界"的要求已经有了大致的界线，"天然边界"日益清晰。

1636年，欧洲一些国家酝酿召开一次欧洲国际性会议来结束三十年战争。1644年正式开始谈判，1648年达成两个条约，总称《威斯特伐利亚和约》。该和约结束哈布斯堡王朝的霸权地位，使法国成为无可争辩的欧洲最强大的国家。法国通过《威斯特伐利亚和约》大体上实现了弗朗索瓦一世以来历代君主所追求的"天然边界"的最理想目标。其一，洛林地区的三个主教区梅兹、图尔和凡尔登永远并入法国版图，由此确保了法国东北边境的安全。其二，法国强迫奥地利哈布斯堡将阿尔萨斯绝大部分地区割让给法国，仅斯特拉斯堡除外。法国还获得了在莱茵河右岸的布里撒克和菲利普斯堡永久设防和驻军的权力。这样，法国就占据了通往德意志的战略通道，形成了压制德意志的有利地位。历史学家卢尔德（Evan Luard）得出结论说，法国由此成为威斯特伐利亚和平秩序的保证人，从而获得了"干预德意志事务的一项公认权力"。[2] 如果说黎塞留的主要目标是通过打击哈布斯堡王朝确保法国安全，那么他的继任者的政策则是通过击败奥地利和西班牙实现法国的"天然边界"，并由此确立法国的欧洲大陆优势。1661年，"太阳王"路易十四（Louis XIV）亲政，开始通过对外扩张确立法国的霸权。这时法国"天然边界"内容又有所变化，路易十四最重要的目标是有效控制莱茵地区以及法德边境上的战略要点，从而形成压制德意志的绝对优势。

法国的霸权侵略遭到新兴国家如英国、荷兰等的坚决反对。1678～1697年，路易十四的扩张目标从北部转向东部，企图占领法德边境上的战略要地，为法国建立起稳固的北部和东部边境，进而提升法国在欧洲大陆的政治影响。这一阶段，"太阳王"通过和平与战争双管齐下的手段，使法国

---

[1] K. J. Holsti, *Peace and War: Armed Conflicts and International Order, 1648 – 1989*, London: Cambridge University Press, 1991, p. 30.

[2] Evan Luard, *The Balance of Power: The System of International Relations, 1648 – 1815*, London: Macmillan Publishing Ltd., 1992, p. 57.

"在和平时期征服的土地比路易十四以前的十个国王通过战争征服的土地还多"。① 然而到17世纪下半叶,欧洲国家已经认识到均势的重要性,一国的绝对优势必然遭到其他国家的联合反对。英国带头反对法国的霸权。1713年,路易十四的霸权努力在以英国为首的欧洲国家同盟打击下宣告失败,其后两年间,法国相继与英国、荷兰、普鲁士等签订条约,这一系列条约称《乌特勒支和约》,该条约体现了英国的意志,它实现了欧洲大陆的均势。法国政策遭遇阻击,"天然边界"政策也不得不暂时搁置。

1789年法国爆发大革命,革命洪流以不可阻挡之势冲击旧的君主政权。在这种情况下,欧洲大陆封建国家俄国、普鲁士和奥地利等纷纷来干涉革命。1793年雅各宾派专政后,革命领袖们开始大规模向外扩充领土,一方面转移国内对雅各宾派专政的不满,另一方面阻挡欧洲封建势力的进攻,维护国家的安全。在法国军队进入瓦尔密和美茵茨后,革命队伍内部出现了争议:一旦这些领土被占领了,应该对它们采取什么措施呢?应该采取什么保证措施来反对它们重新沦入仇视革命的旧统治者手中呢?难道通过吞并达到目的?但革命的法国已经放弃吞并,许多领导人——罗伯斯庇尔、卡诺特(Carnot)、德斯穆林(Desmouline)——都反对吞并政策。这时候,革命领袖丹东综合各方观点,发表了著名的演讲,其中提到:"共和国的边界是天然划定的。我们应该达到地平线上所有四个角落,以莱茵为方向,以海洋为方向,以阿尔卑斯为方向。共和国必须达到这些边界,没有人的力量能阻止我们到达那里。"② 于是,"天然边界"成了各方都普遍接受的办法,从此带上革命的烙印而深入人心。乔丹说:"天然边界作为一种革命传统由此孕育……由此,法国关于莱茵等的'天然边界'原则并不是君主政策的产物,而是法国大革命的遗产。"③ 历史学家萨赫林斯(Sahlins)也曾专门论述17世纪以后法国的外交政策,法国大革命是其重点论述的内容之一。他在文中说:"法国的'天然边界'思想在法国的历史教科书中和学者们对法国旧制度和大革命研究的专著中是一个人所共知的话题。正如法国革命史学家艾伯特·索雷尔(Albert Sorel)在1885年写到的:"这一思想就是'地理环境决定法国政策':从16世纪开始,法国就持久和延续不断地

---

① 〔法〕伏尔泰:《路易十四时代》,吴模信等译,商务印书馆,1982,第172~173页。
② Georges Jacques Danton, *Discours*, *Paris Ausige de la Socit*, Comly & Cie, 1920, p. 268.
③ William Mark Jordan, *Great Britain*, *France and German Problems*, *1918 – 1939*: *A Study of Anglo-French Relations in the Making and Maintenance of the Versailles Settlement*, pp. 170 – 1.

向大西洋、莱茵、阿尔卑斯山脉、比利牛斯山脉扩张。'这些边界是天然划定的',黎塞留这么说过。法国革命家丹东也说这是'自然所分割的'。"①

革命政权通过武力将法国边界向尼德兰、莱茵和北意大利全面推进。不久,法国宣布它有权实现新的"天然边界",即获取比利牛斯山、阿尔卑斯山以及莱茵河以内所有的领土。② 革命政权随后在萨伏依、尼斯和比利时采取的同化政策表明,法国将永久占领上述地区,这意味着法国打破了威斯特伐利亚和约以来欧洲的政治版图。1795 年 4 月,法国与普鲁士签订《巴塞尔和约》,获得了后者在莱茵河左岸的所有领土。8 月,法国吞并萨伏依和尼斯;10 月,比利时和莱茵河左岸正式并入法国版图。1797 年 10 月,法国在意大利北部建立一个依附于法国的阿尔卑斯共和国,从而为法国称霸意大利奠定了基础。此后法国开始在东部构建势力范围。

雅各宾派专政被推翻后,1799 年拿破仑掌权。他不仅继承了革命党人扩大法国边界的政策,而且将法国的对外扩张上升为夺取欧洲霸权。

拿破仑的对外扩张野心较之路易十四更为宏大,其中最主要的体现是进一步实现法国的"天然边界",并永久兼并莱茵河和阿尔卑斯山地区的领土。1802 年缔结的《亚眠条约》③ 实现了法国的天然边界,并确立起法国在欧洲事务中的绝对优势。拿破仑达到了他命运的顶峰,整个欧洲无力反对法国对"天然边界"的要求。但是亚眠的胜利激起了拿破仑更大的对外扩张欲望,他要越过"天然边界"来保护法国的"天然边界",即通过扩大征服来保护法国的所谓民族利益。此后通过侵略扩张,拿破仑帝国版图不断扩大。由于法国无限制地超越其"天然边界",遭到以英国为主的欧洲国家反对和抵抗,并最终击败了拿破仑。1815 年,战胜国召开维也纳会议,会

---

① Peter Sahlins, "Natural Frontiers Revisited: France's Boundaries since the Seventeenth Century", *The American Historical Review*, Vol. 95, No. 5, December 1990, p. 1423.

② Derek McKay and Hamish Scott, *The Rise of the Great Powers*, *1648 – 1815*, London: Longman, 1983, p. 282.

③ 1802 年 3 月 27 日,法国及其盟国西班牙、巴达维亚共和国(荷兰)同英国在法国北部的亚眠签订的和约。该条约共 22 条,主要内容有:英国近年来占领的殖民地除保留特立尼达岛和锡兰岛上的荷兰属地外,归还法国及其盟国;英国退出它在地中海和亚得里亚海占领的所有港口和岛屿,并专门规定,英国应从马耳他撤军,将该岛归还给圣约翰骑士团,由法、英、俄、奥、普、西 6 国保证马耳他的独立和中立;法国则同意从那不勒斯、罗马和厄尔巴岛撤军,埃及归还奥斯曼帝国。双方都承认爱奥尼亚七岛共和国。该和约是拿破仑统治时期英、法长期战争中的一次暂时休战,也是英、法两国在 1793~1814 年的战争中所缔结的唯一和约。双方虽然都做了让步,但都没有认真履行自己承担的条约义务。1803 年 5 月英、法之间又恢复了战争状态。

议对法国领土做了大的修改,欧洲又恢复了均势。此后法国安全问题频频告急,其"天然边界"不断遭到新兴国家德国的挑战和侵犯。

法国作为一个传统的欧陆大国,其外交政策和军事战略总是时时面对英、俄、德、奥匈以及意大利等欧洲强国。但从1870年普法战争以来,其核心一直是德国。法国同英国有争夺海外殖民地和欧洲霸权的矛盾,同俄国有争夺东南欧和中近东的矛盾,同奥匈帝国有争夺巴尔干的矛盾,同意大利有争夺地中海势力范围的矛盾,等等。可是,由于历史和地理因素,法、德之间就不仅仅是争夺殖民地势力范围、争夺欧洲大陆霸权的问题,而首先是国家安全问题。法德是近邻,并且近代以来德国各邦强大时,由于两国接壤,其间又没有天然的障碍,所以入侵法国最为容易和频繁,对法国安全构成重大威胁。尤其是1870年普法战争,使法国蒙受了巨大耻辱。19世纪末20世纪初法国与英国结盟,在第一次世界大战中艰难击败德国,总算缓解了安全压力。

表面看来,一战的胜利和凡尔赛体系的建立,法国压制了宿敌德国,"天然边界"一定程度上得以恢复。但是法国在战争中付出了惨重代价。人力资源与工业能力,作为近代国家战争潜力的基本要素,法国与德国相比从19世纪以来就一直处于劣势。一次大战法国的"惨胜",没有改变两国这种战争潜力要素对比的天平。德国虽然受到了割地、赔款和解除军备等苛刻条款的捆绑,但其人力和工业优势的基础却未受到触动,一旦重整旗鼓,必将构成对法国安全的严重威胁。正如英法关系研究专家贝尔指出的,法国外交政策有时曾试图与德国寻求协调,有时想压垮它。这表明法国对德国采取的政策是灵活的。"但在有一点上它是无法灵活的:法国的地理状况是无法变更的。1919年以后美国退回到孤立主义状态,英国同样想这么做,以逃避给它带来灾难的欧洲大陆义务。因为,英国与欧洲大陆的海峡即使不算宽,也足以保证英国全身而退。而法国却不能有这种想法:法国紧邻德国,时刻受到复兴的德国控制欧洲大陆的威胁。法国因此需要安全。"[1]

阿诺德·沃尔夫斯曾总结了一战结束后法国外交政策的特点,他说,自一战以来,"安全"(sécurité)成为法国外交政策的主旨。至少,这是政治家们一致和持续声称的。这个词语本身不能说明法国政策的特殊性,毕

---

[1] Philip Michael Hett Bell, *France and Britain, 1900 – 1940: Entente and Estrangement*, London: Longman, 1996, p. 133.

竟，世界上几乎所有国家都寻求和平、稳定和安全。当法国谈到它希望得到"针对德国入侵的安全保证"时，它的具体含义才变得明显。法国对德国会发动一场新的战争的恐惧持续存在，凡尔赛没有缓解这种恐惧。①

一战后，莱茵兰②问题是法国国家安全战略的一个要点，也是它寻求"天然边界"的底线，或者用沃尔夫斯的话说："法国要求其战略边界在莱茵兰。"③ 法国的工业和重要矿产资源分布在北部，这里出产法国75%的煤、95%的铁、90%的布、80%的毛制品，所有汽车和飞机制造业以及大部分化学工业也集中于此。这一地区紧接德国的莱茵兰，缺乏天然屏障，如果法国能够控制河道宽阔、堤岸高耸的莱茵河左岸，就进可以威胁德国的鲁尔重工业基地，退可以屏护自己北部的工业发达区。因此，法国一直试图把莱茵兰作为寻求新的"天然边界"的突破口，来维护本国的安全。1925年3月1日，法国出版了关于法国安全的黄皮书，其中就将战略安全评估的重点放在莱茵兰。法国政府认为任何的条约和书面保证都不足以使法国安全，法国需要实实在在的保证，根据评估这种保证应是无限期保持对莱茵兰的控制，下一场战争将会在莱茵兰甚至更东面的地方打响，而不是在法国。黄皮书认为最好的安全保证是控制莱茵兰沿线及桥头堡，保持莱茵兰的非武装和非军事化状态。④

因此，法国在第一次世界大战结束后，希望继续实行压制德国以确保其"天然边界"的"安全战略"。

三 英国"欧洲均势"与法国"天然边界"两种欧洲外交大战略的对抗及其理论意义

由于地理上的原因，英法在欧洲大陆也呈现一种富有深刻内涵的外交关系，概括来说就是"欧洲均势"和"天然边界"的尖锐冲突。历史学家道格拉斯·杰罗尔德一语道破："关于英法关系，我最了解的就是中间隔着

---

① Arnold Wolfers, *Britain and France between Two Wars*: *Conflicting Strategies of Peace since Versailles*, Harcourt, Brace and Company, 1940, p. 201.
② 莱茵河左岸地带旧称，拿破仑帝国时代其北段并入法国，1815年维也纳会议后归普鲁士。
③ Arnold Wolfers, *Britain and France between Two Wars*: *Conflicting Strategies of Peace since Versailles*, p. 14.
④ BDFA, Part Ⅱ, Series F, Vol. 17, p. 306.

大海。"① 乔丹也认为:"影响英法外交政策的因素主要集中于两点:首要的是地理上,其次是心理上的,然而心理本身在某种方式上也受到地理位置不同的影响。"② 在一战后召开的巴黎和会上,法国总理克里孟梭也反复向英国首相劳合·乔治强调:"你们的民族和我们的民族有不同的心理:你们居住在岛上,以大海为堡垒;我们居住在大陆上,边界形势严峻。"③

如上所述,历史上英法一直在为争夺霸权而进行激烈的对抗。英国由于岛国情结一般不卷入欧洲大陆的纠纷,而是采取置身事外的态度。只有当欧洲大陆出现一个霸主,并足以威胁英国的海洋利益时,英国才挺身而出,联合欧洲大陆其他力量来消灭这种霸权,并使欧洲大陆处于"均势"状态。法国无疑是欧洲大陆冲击霸权频率最高的国家,因此它就成为英国多次"平衡"的对象。法国之所以屡次破坏欧洲大陆的"均势",是因为它认为地理位置使其处于一个最不安全的境地,因此必须不停地寻求自己的安全和"天然边界"。因此两国的矛盾爆发率是最频繁和最持久的。尽管英法的矛盾不像法国与其他邻居的矛盾那样直接,但是双方的每一次冲突都是激烈的,甚至超过了法国与陆上邻国的碰撞。这一点只能这样解释,即由于两国独特的地理特点而形成的外交战略导向使得两国矛盾不可调和。

"天然边界"政策是法国外交政策的一把标尺,法国保守的看法是为了维护国家的安全,这也是无可非议的。但法国对"天然边界"过于执着的追求往往变质成侵略和霸权。对此历史学家安东尼·亚当斯维特一语道破:"对法国来说,安全和霸权是同义词……只有霸权才能确保持久的安全。"④这一点尤为英国所忌讳。早在19世纪初,英国资深外交大臣帕麦斯顿时常站出来提醒英国人民说,法国的势力已突破它的"天然边界"——以居民语言为界限的边界,这说明它的目的并不是要维持欧洲"均势",而是要称霸整个欧洲。⑤

这种矛盾在僵持当中找到缓和的契机。当法国不对英国海洋霸权构成

---

① 〔英〕杰里米·帕克斯曼:《英国人》,严维明译,上海译文出版社,2000,第24页。
② William Mark Jordan, *Great Britain, France and German Problems, 1918–1939: A Study of Anglo-French Relations in the Making and Maintenance of the Versailles Settlement*, p. 1.
③ Arthur S. Link, trans. and ed., *The Deliberations of the Council of Four: Notes of the Official Interpreter, Paul Mantoux*, Vol. 2, New York: Princeton University Press, 1992, p. 1440.
④ Anthony Adamthwaite, *Grandeur and Misery: France's Bid for Power in Europe, 1914–1940*, London: Arnold, 1995, p. 14.
⑤ 辛晓谋、宫少鹏编著《外交家》,晨光出版社,1995,第158页。

威胁，并且在欧洲大陆又出现一个霸权国家时，法国和英国反而能够站在一起，共同维护各自的利益，这一点在欧洲历史上并不鲜见。不过英国外交政策的实质仍是不变——联合一个或几个国家反对霸权以维护均势。尤其是在一战前，德国成为新兴欧洲大陆霸权国家时，英法就结成同盟，并最终在第一次世界大战中击败了这个霸权国家。对于一战爆发问题，英国学者洛斯·迪金森（Lowes Dickinson）在《欧洲无政府状态》一书中深刻指出，第一次世界大战的根本原因"既不是德国也不是其他大国，真正的罪责在于欧洲的无政府状态为国家获得高于其他国家的优势力量酿造了巨大诱惑"。①

迪金森的论述让我们认识到英法外交政策背后的本质，即"欧洲均势"和"天然边界"所包含的深刻的国际关系理论原则。

英国和法国在漫长历史中都经历过强盛和衰弱，它们都知道国际政治的现实游戏规则，也深深懂得现实外交的意义。英、法两国外交是与现实主义外交一脉相承的，两国的外交家们在思想上继承了近代外交学之父意大利人马基雅维利的现实主义外交思想，崇尚国家实力，这种思想经过黎塞留、拿破仑、霍布斯等人的不断完善，形成完整的"国家利益至上观"，并对英、法两国乃至整个欧洲产生深远的影响。

作为当代西方现实主义外交代表的米尔斯海默在回顾英法几百年的外交时总结道："国际政治从来就是一项残酷而危险的交易，而且可能永远如此。虽然大国竞争的烈度时有消长，但它们总是提防对方、彼此争夺权力。每个国家压倒一切的目标是最大化地占有世界权力，这意味着一国获取权力是以牺牲他国为代价的。然而，大国不止是为了争当大国中的强中之强，尽管这是受欢迎的结果；它们的最终目标是成为霸主，即体系中的唯一大国。"他尤其强调，"生存的最高保证是成为霸主，因为再没有其他国家能严重威胁此类巨无霸。""霸权是任何国家确保自己生存的最佳手段。"② 一战后英、法两国都深刻认识到这一点，即利用战胜国的身份来获得最大的安全——国际体系中的霸权。

众所周知，一战后法国的安全问题是战胜大国中最突出的一个问题。战后法国虽然损失惨重，但它掌握欧洲大陆规模最大的陆军，有潜在的成

---

① Goldsworthy Lowes Dickinson, *European Anarchy*, New York, 1916, pp. 14, 101.
② 〔美〕约翰·米尔斯海默：《大国政治的悲剧》，王义桅、唐小松译，上海人民出版社，2008，第2~4页。

为霸权国家的可能。一战中巨大的损失和英国潜在的遏制倾向令法国有些放不开手脚，但对不安全状态的恐惧及求生的本能使法国屡次铤而走险。米尔斯海默说："求生存本身是一个绝对无害的目标……为大国萌发并采取针对他国的进攻行为创造了强大的动力，尤其可能出现三种总的行为模式：畏惧（fear）、自助（self-help）和权力最大化（power maximization）。"① 法国就是这种写照，一战后它在寻求安全未果的情况下，与英国缔结保证条约又遭失败，所以它力图冲破英国的均势遏制而单独寻求欧洲的优势地位。法国之所以多次采取主动行动，是因为"缺乏一个使受威胁的国家向其寻求帮助的中央权威，因此，国家彼此间具有更大的防范动机。另外，除了有第三方的可能利己因素，没有任何机构可以惩罚侵略者。因为有时很难遏止潜在的侵略者，所以国家很不信任他国，而是做好与它们战争的准备"。② 法国从未放弃获取保卫本国生存的安全边界，甚至是欧洲霸权。

英国情况正好相反，虽然战争使它也受到损失，但大英帝国所获海外利益已达到扩张时期的巅峰。作为几个世纪以来一个具有浓厚"商业扩张和领土扩张"色彩的民族，它已经获得了自己想要的一切，作为战争中走出来的受益者，英国要做的就是维护好现状，不被那些不满意的胜利者和战败者颠覆，尽量维护自己在欧洲的霸权，这是它在国际政治斗争中压倒一切的目标。

其具体做法就是，英国政治家更关注自己的切实利益，而忽视道德义务。这种做法在外交大战略上的表现就是让自己做不负责任的"离岸平衡策者"③：既要维护霸权又要阻止潜在的可能出现的霸权。卡尔早在1939年就说过，欧洲大陆国家把讲英语的民族看成"在善良的外衣下掩盖他们自私的国家利益的艺术大师"，"这种伪善是盎格鲁－撒克逊人思维中的特有怪癖"。④

英国首相鲍德温在1923年11月的讲话很准确地概括了战后英国人的想法："不列颠帝国在外国的利益首先是经济的和商业的。当我们谈到和平是最大的英国利益时，我们指的是英国的商业和贸易，这对我国人民的生活

---

① 〔美〕约翰·米尔斯海默：《大国政治的悲剧》，第44页。
② 〔美〕约翰·米尔斯海默：《大国政治的悲剧》，第45页。
③ 〔美〕约翰·米尔斯海默：《大国政治的悲剧》，第364页。
④ Edward Hallett Carr, *The Twenty Years' Crisis, 1919–1939: An Introduction to the Study of International Relations*, London: Macmillan, 1939, p. 79.

是重要的，并在和平的条件下最为兴旺。"[1] 那么英国又采取了什么样的政策呢？1926年英国外交部的一份备忘录中写道："我们已经得到了我们想要的一切——或者更多一些。我们唯一的目标是保持我们所要的东西并平平安安地过日子……事实是战争和关于战争、争吵和摩擦的谣言，无论发生在世界上哪一个角落，都会给英国的贸易和财政利益带来损失和损害……英国的贸易和英国的财政是如此多方面和无处不在，以致不论扰乱和平的后果此外还有哪些，我们终归将是遭到损失的人。"[2] 因此，英国对大陆法德矛盾，尽量以协调为主，平息矛盾，保证欧洲和平，同时坚决反对法国的霸权企图。

---

[1] 齐世荣主编《绥靖政策研究》，首都师范大学出版社，1998，第8页。
[2] 齐世荣主编《绥靖政策研究》，第8页。

第三章 第一次世界大战中的英国对法政策

一 英德矛盾上升和英法结盟

在迈入20世纪之前，英法曾经是最主要的竞争对手。它们是当时世界上最强大的国家——英国是海洋霸主，法国拥有最强大的陆军。为了争夺霸权，双方自然而然会产生矛盾。但19世纪末20世纪初主要资本主义国家向帝国主义过渡时，这种两强相争的格局发生了改变。

20世纪初，美国、德国作为后起的、新兴的强国，在工业、交通运输和对外贸易上发展迅速，逐渐超过老牌的资本主义强国英国和法国。英德矛盾的尖锐化，表现在德国已成为英国强大的经济对手。19世纪70年代以后，英国的工业发展速度逐步迟缓，失去了50、60年代的"世界工厂"地位，英国在世界贸易中的垄断地位，遇到了德国商品的强有力竞争。德国在工业、商业和陆海军方面进一步发展的绝对速度和程度令人吃惊，到第一次世界大战前夕，它的国力不仅分别是意大利和日本的3倍和4倍，而且还超过了法国或俄国，很可能还赶上了英国。① 于是，一战前国际力量版图是：美国的实力已经跃居世界第一位，德国也超过了英国，跃居世界第二位、欧洲第一位，而英、法则退居第三、第四位。资本主义发展不平衡的加剧，给国际关系旧有格局带来了颠覆性冲击，直接导致这些国家重新分割世界权益的斗争空前加剧。在这些斗争中，英德矛盾上升为主要矛盾。

19世纪末，德国加紧了对外侵略掠夺，矛头直指英国的殖民地和势力

---

① 〔美〕保罗·肯尼迪：《大国的兴衰：1500~2000年的经济变迁与军事冲突》，王保存等译，求实出版社，1988，第254页。

范围。1898年德国强租中国的胶州湾，并企图夺取乌克兰和高加索，再从高加索经过伊朗到达印度。德国从土耳其获得了修筑巴格达铁路的权利，使得中近东地区成为英德争夺的又一重点地区。如果铁路修筑成功，必将严重威胁英国在北非、西亚，特别是在印度的利益。英德矛盾的尖锐化，还表现在双方的海军军备竞赛上。1898年，德国开始执行巨大的海军军备扩充计划，帝国议会通过了第一个扩建海军的法案，计划到1904年的7年内，建造主力舰7艘、重巡洋舰2艘和轻巡洋舰7艘；届时德国舰队将拥有主力舰17艘、重巡洋舰9艘、轻巡洋舰26艘，还有相当数量的驱逐舰和其他小型舰艇。1900年，帝国会议通过第二个海军法案，规定到1915年德国海军将拥有主力舰34艘、重巡洋舰11艘、轻巡洋舰34艘以及近百艘驱逐舰。1906年，德国通过第三个海军扩建法案，开始造巨型无畏舰。德国通过全面的扩军备战，力图重新划分世界利益版图，这无疑对当时在全球利益最多的英国冲击最大。英国海军部于1902年制订了第一个对付德国的计划，该部高级官员在10月提醒内阁："新的德国海军是以与我国交战为基点精心建设起来的。"①

英国十分清楚德国扩充军备对英国造成的威胁。1905年底起任外交大臣的爱德华·格雷爵士认为："我们不仅必须考虑德国海军，而且也必须考虑德国陆军。如果德国舰队力量有一天超过我们的话，德国陆军就能够征服我国。而德国人就没有同样的危险，因为无论我们的舰队力量如何占优势，任何海上获得的胜利都不能使我们接近柏林。"②温斯顿·丘吉尔也有同感，他说如果海军对德国是一种"奢侈"的话，那么对英国就是一种必需。因此，虽然英国在1909年很难维持"两强标准"，但仍订出了主力舰超过德国60%的目标。自由党政府增加军费，给海军的拨款从1900年的2920万英镑，增加到1910年的4040万英镑和1914年的4740万英镑。而德国的海军军费在1900年折合740万英镑，1910年增至2060万英镑，1914年为2240万英镑，不及英国。③

英国在霸权地位受到德国严重威胁的情况下，不得不放弃孤立的政策，寻求同盟者。1902年，为了阻止沙俄在远东的扩张，英国与日本结成同盟，这是英国放弃孤立政策的标志。正如亨利·基辛格所说："二百年来，英国

---

① Kenneth Bourne, *The Foreign Policy of Victorian England, 1830 – 1902*, London: Oxford, 1970, p. 478.
② G. P. Gooch and Harold Temperley, *British Documents on the Origins of the War, 1898 – 1914*, Vol. I, HMSO, 1930, p. 779.
③ 〔英〕A. J. P. 泰勒：《争夺欧洲霸权的斗争》，沈苏儒译，商务印书馆，1987，第27页。

一直不停地变换盟国，要她突然间对无限度在全球范围内承担起义务感兴趣是不可能的。然而，面对德国的威胁，英国渴望占上风的决心是如此之大，其外交大臣不惜建议奉行最无限度地承担起义务的集体安全主义。"①

但是，英国的主要目标是在欧洲寻求同盟者，以对付德国，因为选择欧洲之外的国家对付德国会有"远水解不了近渴"之虞。这样，法国就成为英国寻求的最主要合作对象。英法对立本来是很尖锐的，特别是在对西非、东非北部和东南亚的争夺中矛盾很深。但是，到19世纪末，这些矛盾已经缓解；而法国又是德国不可调和的敌人，争取同法国结盟，可以使英国有个坚定的同盟者。因此，在英国看来，法国是个理想的同盟国。

从法国方面看，它也有与英国接近的愿望。这是因为，第一，法德矛盾在20世纪初进一步尖锐。德国不仅霸占阿尔萨斯、洛林不放，而且进一步想得到法国东北部铁矿蕴藏丰富的地区。而法国不仅要收复阿尔萨斯、洛林，而且要夺取德国的鲁尔和萨尔煤矿。第二，德国推行重新分割殖民地的"世界政策"，对占有殖民地数量仅次于英国的法国来说，是个严重的威胁。第三，法国自普法战争失败后，在国际上一直是孤立的，它需要同盟者。尽管经过20年的经营，在19世纪90年代初法俄建立了同盟关系，但是自1895年中日甲午战争起直至日俄战争，俄国的主要力量陷在远东，如果德法发生战争，法国不能指靠俄国强有力的支援。因此，法国愿意与英国接近。

1903年5月，力主英法接近的英王爱德华七世访问法国，他在巴黎一再宣称，英法敌对的时代已经过去，友好的时代应该到来。他还对法国人民做了热情洋溢的演讲，他说："我相信，我们两个国家之间冲突的日子令人高兴地结束了，我希望将来的历史学家在提到过去世纪的英法关系时，能够记载的只是在工商业发展领域的友好竞争，在未来，就像过去一样，英国和法国可以被看成和平进步和文明的拥护者和先锋，也可以被看成文学、艺术和科学最发达、最高贵的家园。"② 同年7月，法国总统卢贝回访英国。随同访问的法国外长德尔卡赛与英国外交大臣兰斯多恩进行了谈判，双方就消除殖民地问题上的矛盾交换了意见。随后，法国驻英大使康邦（Paul Cambon）继续就此问题与兰斯多恩谈判。经过半年多的努力，1904年4月8日，双方正式签订了英法协约。英法协约共分三个文件，以第二个文件"关于埃及和摩洛哥的声明"最为重要。英法表示无意改变埃及和摩

---

① 〔美〕亨利·基辛格：《大外交》，顾淑馨、林添贵译，海南出版社，1997，第200页。
② Sidney Lee, *King Edward Ⅶ: A Biography*, Vol. Ⅱ, Macmillan and Company, 1927, p.237.

洛哥的政治地位。法国承认了英国对埃及的保护权,英国则承认了法国在摩洛哥的特权地位。

英法协约并不是同盟条约,在条约中并未提到共同反对德国问题,但是,由于英、法两国的矛盾,尤其是在非洲的矛盾得到解决,就为两国共同对付相同的敌人德国创造了条件。

二 "均势"战略背景下的英国对法政策

虽然英法在一战爆发前缔结了条约,但是英国在一战中具体对法国实施了什么政策呢?目前学术界还缺乏系统和深入的研究。① 笔者将在此章节

---

① 目前,关于第一次世界大战中的英国对法政策研究,中国学者涉及的很少,许多都是笼统地阐述。这些阐述多见于一些教材当中,而在关于第一次世界大战的专著中也只是笼统论述战争整体进程,没有专门论及英国在战争中的对法政策。国外学者对这一方面的研究很多,但明显深度不够,只是把英法的合作作为影响战争进程的一个因素来考察。目前主要英文著作有: G. P. Gooch and H. W. Temperley, *British Documents on the Origins of the War*, *1898 – 1914*, HMSO, 1926 – 1938; C. E. Callwell, *Field-Marshal Sir Henry Wilson*: *His Life and Diaries*, Vol. 1, London: Cassell, 1927; Joseph Huguet, *L'intervention Militair Britannique en 1914*: *Avec 10 Croquis en Couleurs Hors Texte*, Paris: Berger-Levrault, 1928; Sir Edward Spears, *Liaison 1914*: *A Narrative of the Great Retreat*, New York: Stein And Day, 1930; Sir Edward Spears, *Prelude to Victory*, J. Cape, 1939; R. Blake, eds., *The Private Papers of Douglas Haig*, *1914 – 1919*: *Being Selections from the Private Diary and Correspondence of Field-Marshal the Earl Haig of Bemersyde*, Eyre & Spottiswoode, 1952; John Barnes, ed., *The Leo Amery Diaries*, Vol. 1, London: Hutchinson, 1980; Michael Brock, Eleanor Brock, eds., *H. H. Asquith*, *Letters to Venetia Stanley* (*from Herbert Henry Asquith*, *Venetia Stanley Montagu*, *Michael Brock*, *Edwin Samuel Montagu*), London: Oxford University Press, 1982。二手材料有: F. Maurice, *Lessons of Allied Co-Operation*: *Naval Military and Air*, *1914 – 1918*, London: Oxford University Press, 1942; Neville H. Waites, ed., *Troubled Neighbours*: *Franco-British Relations in the Twentieth Century*, Weidenfeld, 1971; Richard Holmes, *The Little Field-Marshal*: *Sir John French*, Jonathan Cape, 1981; R. J. W. Evans and H. Pogge von Strandmann, *The Coming of the First World War*, London: Oxford, 1988; D. Stevenson, *The First World War and International Politics*, London: Oxford University Press, 1988; David French, *The Strategy of the Lloyd George Coalition*, London: Oxford, 1995; Philip Michael Bett Bell, *France and Britain*, *1900 – 1940*: *Entente and Estrangement*, London: Longman, 1996; W. J. Philpott, *Anglo-French Relations and Strategy on the Western Front*, *1914 – 18*, London: Macmillan, 1996; David Dutton, *The Politics of Diplomacy*: *Britain and France in the Balkans*, *1914 – 1918*, New York: I. B. Tauris&Co Ltd., 1998; Alan Sharp and Glyn Stone, eds., *Anglo-French Relations in the Twentieth Century*: *Rivalry and Cooperation*, New York and London: Routledge, 2000。论文有: T. H. Bliss, "The Evolution of the Unified Command", *Foreign Affairs*, Vol. 1, 1922; D. Dutton, "The Balkan Campaign and French War Aims in the Great War", *The English Historical Review*, Vol. 94, 1979; David French, "The Meaning of Attrition, 1914 – 1916", *The English Historical Review*, Vol. 103, 1988。

进行深入探讨。

早在第一次世界大战爆发前，英国执政党和大多数政客就坚持认为，敌对而不是合作是英法关系的主旋律。对英国一方来说，它仍保留对法国的孤立和警惕态度。当时的国务大臣基切纳（Lord Kitchener），竟花费他早期生涯的大多数时间来研究防卫与法国和俄国等的边界问题。[1] 1904 年缔结的英法协约到战争爆发时还没有根据形势需要转变成一种联盟，它并没有决定英国将站在法国一方参加欧战，共同反对德国。英国外交部常务次官尼科尔森（Arthur Nicolson）在 1912 年谈到英国外交政策的原则时，做了十分明确的阐述："我们的政策并不复杂，即不被任何人以任何方式束缚我们的手脚，要独立对自己的行动做出评判，继续与法俄保持密切的关系，这些是和平的最佳保证。与此同时，与德国保持完美的友好关系，准备与之友善地讨论任何悬而未决的问题。"[2] 当 1914 年 7 月底欧洲大陆的外交状况急剧恶化时，英国首相阿斯奎斯（Herbert Asquith）仍旧没有改变对欧洲大陆"孤立"政策的论调，他说："很高兴，看起来不需要解释为什么我们是许多军事冲突的旁观者的理由。"[3] 甚至英国外交大臣格雷（Sir Edward Grey）对这种论调也给予最大的支持，1914 年 6 月 11 日，在斐迪南大公被刺两周前，格雷对下议院做出保证："英国没有法定义务要加入法、俄这一边作战：若欧洲列强间发生战事，没有任何公开的协定，可限制或约束政府或国会决定英国是否应参战的自由。"[4] 7 月 31 日，他对同事坦诚说："没有一种正式的联盟，英国就不会受到法国对俄国担负的忠诚义务那种相同的义务的束缚。"[5] 他主张，在危机发生早期不加入哪一边，可令英国保持不偏不倚的地位，这或有助于英国介入协调解决战争。过去的经验也支持这种策略。[6] 而在格雷讲话的同一天，德国向法国发出最后通牒，要求法国"在德俄之间发生战争时保持中立"。此后，法国和德国于 8 月 1 日几乎同时进行总动员。法国答复德国的最后通牒说，它将"根据自己的利益采取行动"。[7] 德

---

[1] David French, "The Meaning of Attrition, 1914 – 1916", p. 388.
[2] G. P. Gooch and H. W. Temperley, *British Documents on the Origins of the War, 1898 – 1914*, HMSO, 1926 – 1938, Vol. 6, pp. 738 – 9.
[3] Michael Brock, Eleanor Brock, eds., *H. H. Asquith, Letters to Venetia Stanley (from Herbert Henry Asquith, Venetia Stanley Montagu, Michael Brock, Edwin Samuel Montagu)*, p. 123.
[4] 〔美〕亨利·基辛格：《大外交》，第 190 页。
[5] J. Morley, *Memorandum on Resignation, August 1914*, New York, 1928, p. 10.
[6] 〔美〕亨利·基辛格：《大外交》，第 191 页。
[7] 〔法〕皮埃尔·米盖尔：《法国史》，蔡鸿滨等译，商务印书馆，1985，第 486 页。

国驻法大使冯·舍恩于8月3日向法国总理维维亚尼（Viviani）递交了本国的宣战书，借口是一连串的侵犯边界事件和所谓一架法国飞机轰炸纽伦堡。但直到1914年8月2日，阿斯奎斯还坚持说："我们没有任何给法国或俄国提供陆军或海军帮助的义务……虽然我们千万不能忘记与法国所确立的关系和亲密友谊。"①

这样，在欧洲大陆情势急剧恶化的情况下，英国还抱着不掺和进任何一方的犹豫暧昧态度，死守着传统的"孤立"政策，不想明示其立场，这在一定程度上助长了德国发动战争的信心。基辛格对此时英国的态度有精辟的阐述：最终能够阻止连锁反应的国家英国，却犹豫不决。英国若能明确宣示其立场，让德国了解英国会参与全面大战，威廉二世很可能会规避正面作战。这也是当时俄国外相萨索诺夫（Serge Sazonov）的后见之明："余对此亟欲一吐为快，若一九一四年时格雷爵士，依余坚决之敦促，及时确切地宣示英与法、俄同心同德，或可挽救人类免于如此悲惨之灾难，免于足以令欧洲文明难以为继之后果。"② 丘吉尔在回忆录中也很坦率地承认："实事求是地说，我们与法国的协约关系以及从1906年起出现的双方陆海军商谈，令我们陷入只有承担同盟的义务、却没有享受同盟好处的一种境地。一个公开的联盟，倘若能在较早的时候和平缔结，它会在德国人内心起抑制作用，或至少能改变他们军事上的如意算盘。而现在我们在道义上有责任支援法国，当然这样做对我们有利，可是事实上，从谈判的内容而言，我们对法国的帮助似乎不很肯定，以致它对德国人的影响没有它应起的作用大。"③

8月3日，德国对法宣战，并执行施里芬计划，入侵比利时。8月4日，英国对德宣战。

那么是什么原因促使英国参战呢？丘吉尔对此一语道破："我过去和现在一贯深信，为了我们自己的安全与独立，我们不能允许德国的侵略行为将法国征服，从最早时候开始我始终集中注意我们对比利时的道义责任，我坚信德国人一定不可避免地通过比利时入侵法国。"④

---

① M. Brock, "Britain enters the war", in R. J. W. Evans and H. Pogge von Strandmann, eds., *The Coming of the First World War*, p. 145.
② 〔美〕亨利·基辛格：《大外交》，第190页。
③ 〔英〕温斯顿·丘吉尔：《第一次世界大战回忆录》第1卷（1911~1914），吴良健译，南方出版社，2002，第113页。
④ 〔英〕温斯顿·丘吉尔：《第一次世界大战回忆录》第1卷（1911~1914），第111页。

但最终促使英国决心加入战争，并同法国一道打击德国的最重要动因，正如史学家菲尔伯特（Philpott）所说："英国最终决定干预这场欧洲冲突，很少是基于十年前曾经确立密切关系后对法国的一种'道德'义务，甚至很少是基于作为比利时中立保证者而对比利时的一种'光荣'义务，它更多的是基于一种可计算的本民族的利益。"① 英国史学家斯蒂芬森认为，在某种意义上，英国介入战争是为了援助法国，同时也是为了控制法国。因为如果在没有英国的支持下让法国和俄国在对德战争中获胜，在未来可能造成一种在英国和胜利的国家之间对抗的局面。② 如果法国战败，情况也将再度回到战前，英国从中也不会获得任何好处。英国外交部常务次官尼科尔森坚持干预就是基于这种原因。③ 就在德国入侵比利时不久，格雷就在下院发表演说，也印证了上述说法："鉴于我们在印度和帝国其他部分或在英国占领下的其他国家已承担巨大责任，鉴于存在着各种晦暗不明的因素，因此，在考虑从国内派出一支'远征军'问题时，我们必须审慎从事……对比利时条约的义务、在地中海可能出现的某种损害英国利益的局面、法国由于我们不给予支持而可能遭遇变故——倘若我们说这一切都完全无足轻重，我们要作壁上观，那么我相信，我们必定在全世界面前失去他人的尊敬，丧失良好的声誉，而且无法逃避最严重的经济后果……"④ 丘吉尔更是直言不讳地说："只有英国能够恢复平衡，能保卫世界的公正。不管其他任何的失败，我们必须在那里，我们必须及时赶到那里（指比利时）。"⑤ 这样，英国要与法国合作参加欧战的真正动机还是"欧洲均势"：英国联合欧洲大陆其他国家反对另一个霸权国家从形式上和内容上都没有发生实质性变化。正如美国史学家阿尔布兰特所精辟指出的："毕竟尽可能地利用大陆盟国作为代理人打一场欧洲大陆战争是英国长期的传统。"⑥

这就决定了英国参战的性质不是为了对某个国家的义务。英国之所以在交战初期出现短暂的犹豫，其原因正如基辛格所分析的："令格雷头痛的

---

① W. J. Philpott, *Anglo-French Relations and Strategy on the Western Front, 1914–18*, p. 13.
② D. Stevenson, *The First World War and International Politics*, p. 37.
③ M. Brock, "Britain Enters the War", in R. J. W. Evans and H. Pogge von Strandmann, eds., *The Coming of the First World War*, p. 147.
④ 〔英〕W. N. 梅德利科特：《英国现代史（1914~1964）》，张毓文等译，商务印书馆，1990，第14页。
⑤ 〔英〕温斯顿·丘吉尔：《第一次世界大战回忆录》第1卷（1911~1914），第111页。
⑥ William Laird Kleine-Ahlbrandt, *The Burden of Victory: France, Britain and the Enforcement of the Versailles Peace, 1919–1925*, University Press of America, 1995, p. 73.

是英国民意压力与外交政策传统相互矛盾。一方面,民意不支持因巴尔干问题而加入战争,英国应该设法调停。但另一方面,若法国战败或对英法同盟失去信心,德国便可称霸,这正是英国极力反对的。因此很可能到最后,即使德国不曾入侵比利时,英国也必须参战,以免法军全军覆没,但要英国民意接受战争恐怕尚需要时间。在此酝酿期间英国可能已尝试调停。然而,德国决定挑战英国最确定的外交政策原则之一,即绝不可让低地国家落入任一强国之手,却解决了英方的疑虑,使战争再无妥协的余地。"①

我们可以这样认为,战争爆发前不久,英国仍一直以"均势"为其安全之所恃。到1914年,英国对平衡者的角色越来越不安。有感于德国已强盛于欧陆其他国家,英国觉得无法再置身事外。由于英国认为德国有独霸欧洲之危险,因此认为恢复过去的状况无助于解决欧洲均势这一基本问题。所以英国也不肯再妥协而坚持要求获得其本身的"保障",即永久地削弱德国,尤其要大幅削减德国的大海舰队(High Sea Fleet),这是德国除非战败而绝不会接受的。②

英国的上述意图决定了它在战争初期的立场:要扶持法国打败德国,但为了战后的均势,它还必须做到让欧洲大陆各国互相残杀,以达到两败俱伤的效果。因此它虽援助法国,但出工不出力,仍将主要力量收缩于英伦一隅,把保卫本国的安全放在第一位。对此阿尔布兰特指出,英国在战争初期的真正意图是皇家海军控制海域并阻止敌人的入侵。同时,英国用财富帮助它的盟国取得战争的胜利。③ 可见,英国还没有完全摆脱自己的岛国情结和孤立主义情绪。这一点从英国派往大陆支援法国的军队的数量上可以看出来。只有4个步兵师和1个骑兵师的英国远征军,表明英国仅仅是象征性地援助法国的欧陆战争。这支派往法国的远征军连法国陆军的一个集团军的一半规模都不到。④ 英国史学家梅德利科特迎合英国政府的立场:"英国如果把自己的贡献局限于提供一支规模较小的远征欧陆的部队并且有效地利用在别处的多样化资源,也许仍不失为上策。"⑤ 也就是说在战争发生时,英国对法采取有限援助政策,并没有竭尽全力。在这种情况下,负

---

① 〔美〕亨利·基辛格:《大外交》,第191页。
② 〔美〕亨利·基辛格:《大外交》,第197页。
③ William Laird Kleine-Ahlbrandt, *The Burden of Victory*: *France, Britain and the Enforcement of the Versailles Peace, 1919–1925*, p. 73.
④ F. Maurice, *Lessons of Allied Co-Operation*: *Naval Military and Air, 1914–1918*, p. 5.
⑤ 〔英〕W. N. 梅德利科特:《英国现代史(1914~1964)》,第14页。

责英、法两国军队联络的法国军事代表联络官胡格特（General Huguet）抱怨说："英国想要在人数上牺牲最少，让法国承受主要的伤亡来赢得战争。"[1]而俄国驻英军事代表杰西诺指出："我的印象是：英国人和法国人各行其是，目的在于以最少的兵力损失和最大的方便来保卫自己的国家，力图把其余的担子都推在我们身上。"[2]

正因为英国在战争初期采取了上述设想和政策，所以虽然早在大战爆发前十多年英法就联合起来为战争做好了准备，但当第一次世界大战真的爆发时，英法合作的进程远远落后于战争的发展进程。阿尔布兰特说："两国带着它们之间没有结盟甚至是友好的传统于1914年进入战争。"[3] 由于合作不足，加上两国共同作战的西线是德国倾力重点击破的地方，[4] 造成战争初期英法联军节节败退，损失惨重。

德军同法军在8月20日展开了战斗，德军在沙勒卢瓦战役中取得了胜利。德军一面追逼后退中的英法联军，另一面不停地向巴黎推进。德军主力在9月初向右移动，直逼巴黎以西，法国政府和议会在9月3日仓皇逃往波尔多。

1914年9月6日，德军和霞飞将军（General Joseph Joffre）统帅的法军开始了马恩河大会战。战争结果法军获得胜利，德军闪电战破产，西线稳定下来，双方转入阵地战。那么马恩河战役的胜利是英法合作的结果吗？不然，这一次是俄国人拉了法国一把。[5] 德国军需总监鲁登道夫（Ludendorf）后来指出："要是没有俄军，巴黎、不伦、加来早就被占领，而且等不到英国组成几百万大军，甚至等不及美国想到参战，战争早就结束了。"[6]

---

[1] J-B. Durosell, "Strategic and Economic Relations during the First World War", in Neville H. Waites, ed., *Troubled Neighbours: Franco-British Relations in the Twentieth Century*, p. 48.

[2] 〔苏〕亚·德·柳勃林斯卡娅等：《法国史纲》，北京编译社译，三联书店，1978，第682页。

[3] William Laird Kleine-Ahlbrandt, *The Burden of Victory: France, Britain and the Enforcement of the Versailles Peace, 1919–1925*, pp. 71–2.

[4] 德国在西线和东线开始的军事行动，都是以1891~1905年担任德国总参谋长的施里芬的战略计划为依据的。这个计划的主旨是通过闪电战依次击溃德国在大陆上的敌国：先击溃法国，然后在几周之内击溃俄国。

[5] 早在1914年8月底，俄军就进入东普鲁士，这使得德国总参谋部大为惊恐；俄军在西乌克兰又战胜了奥匈军队。俄军的推进，迫使德军司令部赶忙把一部分兵力调到东线，这就毫无疑义地削弱了德军在法国的阵地。

[6] 〔苏〕亚·德·柳勃林斯卡娅等：《法国史纲》，第679页。

1915年，德军司令部把主要注意力转移到东线。即使在这种情况下，英法在西线也没有军事进展。两国1915年在西线的香槟地区和佛兰德斯屡次进攻，但毫无结果，没有突破德军防线，也无法改变战争的进程。

三 英法在战争前期的合作：从联络官到战时最高委员会

战争爆发时，英国派遣到法国的远征军由约翰·弗兰奇爵士（Sir John French）指挥，1914年8月9日英国远征军开始渡过英吉利海峡，8月22日与德军初次交锋。按原计划，远征军将与法国第五集团军的10个师一道大举挺进，包抄德军右翼；但不久后德军右翼便集结了34个师，计划包抄英法联军。法军主力部队迅猛突进，在与德军推进的相反方向投入战斗，致使德军十分顺利地长驱直入比利时国土。虽然霞飞指挥的法国4个集团军于8月14日至25日在洛林和卢森堡展开"边界战役"，伤亡达30万人，但比利时边境大体守住了。英军向前推进，22日进抵蒙斯，却获悉右翼的法国的朗雷扎克（Lanrezac）将军在沙勒卢瓦被击退。次日发生的蒙斯战役是一场阻滞战，英国由于缺乏援助而不得不后撤，因为法军为避免遭到新来自东线的德军的包围，未通报英军便径自撤退了。

从上述内容看，英法于战争初期的合作是十分松散的。战争爆发时，英法联盟（当英法俄签订巴黎和约时，联盟于1914年9月5日正式形成，三方同意不与敌方缔结单独和约，也不单独确定和平条款）竟没有正式机构来联合制定外交政策或军事战略，各自为战。据英方后来的联络官斯皮尔斯（Edward Spears）回忆说："在1915年战斗激烈进行时，完全反常的是法国的连队无视这样的事实：英国的军队正在距离他们1公里以内区域战斗。两国军队的分界线被严格地维持着，并且甚至是实际接触点大家也几乎不混在一起。"① 战时英国海军大臣丘吉尔也在1915年6月强调协约国在行动中缺乏真正的协调，这被人们认定是导致1915年几次战役失败的主要原因。②

---

① William Laird Kleine-Ahlbrandt, *The Burden of Victory: France, Britain and the Enforcement of the Versailles Peace, 1919–1925*, p. 83.
② Alan Sharp and Glyn Stone, eds., *Anglo-French Relations in the Twentieth Century: Rivalry and Cooperation*, pp. 77–8.

面对日益严峻的形势,英、法两国领导人才不得不认真对待。1915年下半年,通过反复的磋商,两国终于就如何加强战争状态下的合作达成谅解。1915年11月,两国政府领导在巴黎会晤,并达成了设立一个常务委员会协调盟国军事行动的原则。① 两个月后,在伦敦两国领导人同意建立这样一个委员会。② 但是后来发展的事实证明,这个方案仍旧停留在纸面上。

在没有官方协调机构的情况下,英、法两国的作战协调工作开始以私人接触方式进行。这种私人接触主要是以各国部长或大臣通过各种渠道去探询双方的意见,然后再私下达成一致。然而,没有政治上的担保,这种形式的协商很难得到伦敦和巴黎两国的内阁或议会的赞同。逐渐地,官方外交代表——法国驻伦敦大使康邦和英国驻巴黎大使博尔蒂(Bertie)作为联络官开始接触,加强战时沟通。双方各在对方军队中派遣一名联络官来加强两国间的战时联系。一战中两个重要的军方联络官是斯皮尔斯和胡格特,他们两人在战后写的回忆录成为研究一战中英法关系的最直接和最重要的史料。

英国方面派遣的联络官斯皮尔斯1886年生于巴黎,1914年8月当他担任英国远征军和法国第五军的联络官时还不到28岁。他在法国长大成人,熟悉法国风土人情。他也是顽固的亲法分子。1930年他出版了个人回忆录《联络官1914:有关大撤退的回忆》,温斯顿·丘吉尔在该书序言中高度评价此书,赞扬了斯皮尔斯在维持两国军队的信任和接触方面的功绩。在他为自己作的序言中,斯皮尔斯强调他"深切地崇敬法国民族",并尊重法国战士。③

法国方面派遣的联络官是胡格特。1928年胡格特出版了回忆录,标题是《1914年英国的军事干预》④。从1904年到1914年初,胡格特担任法国驻伦敦的军事专员,他是战前英法军事会谈法方主要代表。战争爆发后不久,他被任命担任霞飞与英国远征军司令弗兰奇将军进行联络的联络官,常驻英国远征军司令部。

---

① F. Maurice, *Lessons of Allied Co-Operation: Naval Military and Air, 1914–1918*, p. 23.
② Maurice Hankey, *Diplomacy by Conference: Studies in Public Affairs, 1920–1946*, London: Putnam, 1946, p. 16.
③ Edward Louis Spears, *Liaison 1914: A Narrative of the Great Retreat*, W. Heinemann, 1931, p. 331.
④ Joseph Huguet, *L'intervention Militair Britannique en 1914: Avec 10 Croquis en Couleurs Hors Texte*, Paris: Berger-Levrault, 1928.

不过这种通过联络官提供的信息还是具有很强的个人色彩,对于促成两国间谅解和协同作战作用有限。因为联络官很少有能力和权力确保双方军队思想和行动的统一。正如斯皮尔斯所解释的:"他们可以安排协调一些细节问题,但是他们不能打破两个司令部工作方式上的隔阂,他们很多时候也无法弄清两个司令部在理念上存在哪些分歧。"①

两国间的第一次政府正式首脑会议直到1915年7月6日才召开,当时阿斯奎斯在贝尔福(Arthur Balfour)、基切纳和克劳(Lord Crew)的陪同下,来到加来会晤了法国内阁总理维维亚尼、米勒兰(Millerland)、德尔卡赛等人。自此以后才促成一系列协约国间的重要会议的召开。阿斯奎斯认为这些会议在"消除"摩擦,加速而不是阻碍协约国车轮运转是有作用的。② 然而,英、法两国并不把这些会议看成一个可以达成一致和协调的机会,而是作为一个让对方采纳自己观点的平台。两国领导人只是希望简单地协调一下不同的想法而已。

在这种人为的拖延下,西欧大陆的战争形势越发严峻了。在西线,统一指挥问题越发紧迫。早在1914年9月英远征军统帅弗兰奇就抱怨说:"由于缺乏统一指挥,我们损失惨重。"③ 具有讽刺意味的是,在战争头9个月,法国实际上认为英国远征军在听从他们的总司令霞飞的指挥。事实上,弗兰奇明确表示不会遵从任何其他外国将领的命令。④

这种脆弱的联合使联盟步入一个噩梦般的开始。1915年期间,法国战时部长反复要求一个统一的司令——自然在霞飞指挥下。但霞飞对此却无能为力。无论如何,英国远征军指挥官想尽可能掌管英国的武装力量,希望逐渐使整个协约国的战争力量处在英国控制下。当英国将军道格拉斯·海(Douglas Haig)取代弗兰奇成为远征军司令时,他仍遵循以前的合作传统:不与法国进一步合作,并坚持在1916年和1917年战争开始之前两国不

---

① Edward Louis Spears, *Liaison 1914: A Narrative of the Great Retreat*, W. Heinemann, 1931, pp. 119 – 20.
② Michael Brock, Eleanor Brock, eds., *H. H. Asquith, Letters to Venetia Stanley (from Herbert Henry Asquith, Venetia Stanley Montagu, Michael Brock, Edwin Samuel Montagu)*, p. 391.
③ Lawrence Freedman, Paul M. Hayes, Robert John O'Neill, eds., *War, Strategy, and International Politics: Essays in Honour of Sir Michael Howard*, Clarendon Press, 1992, p. 124; Richard Holmes, *The Little Field-Marshal: Sir John French*, Jonathan Cape, 1981, p. 202.
④ Lawrence Freedman, Paul M. Hayes, Robert John O'Neill, eds., *War, Strategy, and International Politics: Essays in Honour of Sir Michael Howard*, p. 124; Richard Holmes, *The Little Field-Marshal: Sir John French*, pp. 201 – 2.

必为联合军事行动形成总体计划。

根据斯皮尔斯回忆,在西线的英法关系实际上在 1916 年 12 月 12 日法国军队指挥官霞飞下台后更加恶化了:当法国承担了战争主要压力时,他们开始觉得他们早期的努力正在被英国忘却,相比于法国的力量迅速被消耗,英国却越来越多地提出各种要求。法国发现,当最终来彻底解决国家间的交流合作时,法国自己是无助的。①

霞飞下台后,由尼维尔(Robert Nivelle)继任他的职位。1917 年 2 月,劳合·乔治顶住国内军方的反对在加来会议上同意把英国军队置于法国司令部领导之下。这样,西线的联合司令部得以建立。但不幸的是,尼维尔春季攻势失败,由于军事损失惨重而遭到舆论一致谴责,最终又使联合司令部夭折。直到 1917 年 11 月,当时的法军总司令贝当(General Philippe Pétain)仍旧反对设立一个协约国总司令的想法。9 月末,劳合·乔治和新任法国总理潘勒维(Paul Panlevé)承认:需要召开一些更为持久而不是阶段性的会议来协调协约国的战略。1917 年 11 月,意大利在卡巴雷托(Caporetto)催促协约国必须加强联合。同月初在拉巴诺,英法在建立战时最高委员会上达成一致,一个协调协约国间命令的常设机构将在凡尔赛建立。虽然这没有解决协约国间合作的所有问题,也没有替代当时的协约国司令们和他们的总参谋部,但是它是一个良好的团体,由各国总理或首相以及各成员国其他代表构成,通过每月召开会议以期"监督战争的总体指导原则"。② 英、法两国的联合作战直到这时才走上正轨。

四 英法在战争中后期的合作

那么,英国最终为什么下决心与法国合作,并且让自己的军队服从于法国的指挥呢?这又是因为英国的"欧洲均势"政策。随着战争后期局势的发展,英国意识到,如果它不更加全身心地奉行对欧洲大陆作战的义务,协约国不可能取得与德国战争的胜利。

---

① Sir Edward Spears, *Prelude to Victory*, p. 61; A. Prete, "Joffre and the Question of Allied Supreme Command, 1914–1916", *Proceedings of the Annual Meeting of the Western Society for French History*, Vol. 16, 1989, pp. 334–5.

② T. H. Bliss, "The Evolution of the Unified Command", p. 6; F. Maurice, *Lessons of Allied Co-Operation: Naval Military and Air, 1914–1918*, pp. 101–4; David French, *The Strategy of the Lloyd George Coalition*, p. 164.

1917年，由于战局迟迟没有进展，英国已明显看出英法军队的厌战情绪，而且法国政局开始不稳，联合内阁要求与德国缔结和平条约以走出战争的呼声越来越高，并且由于4月美国参战，英国控制盟友的能力进一步受到削弱。英国一直害怕新上台的法国政府时刻准备着直接寻求与敌人达成和平协议，维持现存的法国政府稳定自动成为英国战时外交的关键目标。英国对法国背叛盟友的忧虑可能被夸大了，但是从战争开始到结束，这始终是英国关注的问题。

法国参战时，其政府是在以维维亚尼为首的温和左派内阁领导下。在全国掀起战争热潮时，内阁扩大成所有党派的"神圣联合"，在后来的三年当中，法国就是以各派联合的方式，跟跄地走过来的。然而，1917年春夏间出现的失败主义情绪使这个联合内阁四分五裂。如果战争再继续下去，以卡约（Joseph Caillaux）为首的激进派就不能再同社会主义者和保守派联合执政了。卡约一直认为不能以牺牲法国为代价坚持作战，应该谋求与交战国的和平以尽快走出战争。以普恩加莱为首的保守派则坚持战斗到底。"神圣联合"面临四分五裂，法国无法持久坚持下去，国家必须做出抉择。

在战争大多数时间，英国的战略很大程度上受到法国政治状况的影响。其实早在1915年夏天，熟悉前线战争境况的基切纳已决定英国必须倾其所有力量，尽最大的努力帮助法国。为了做到这一点，即使英国遭受非常大的伤亡也不惜。① 促成基切纳政策转变的因素是：如果法军总司令霞飞不能获胜，法国的厌战可能导致该国突然退出战争。1915年3月，基切纳在法国的私人代表埃舍尔（Lord Esher）就警告说："如果这场战争以一种不令人满意的和平而结束，那将是因为我们错误对待法国盟友，并且误解了法国的脾性。"② 弗兰奇在1915年7月强调，除非英国做出一些继续奉行它的义务的积极表示，否则法国将脱离协约国并独自与交战国缔结和平协定。③ 英军指挥官威尔森（Henry Wilson）甚至更明确地说："（要想最终获得战争的胜利）很大程度上取决于我们能否拉一把处于困境中的法国战士和人民。"④

---

① R. Blake, ed., *The Private Papers of Douglas Haig, 1914–1919: Being Selections from the Private Diary and Correspondence of Field-Marshal the Earl Haig of Bemersyde*, p. 102.
② Lawrence Freedman, Paul M. Hayes, Robert John O'Neill, eds., *War, Strategy, and International Politics: Essays in Honour of Sir Michael Howard*, p. 124.
③ Richard Holmes, *The Little Field-Marshal: Sir John French*, p. 298.
④ David French, "The Meaning of Attrition, 1914–1916", p. 394.

埃舍尔早就对法国军队士气状况产生悲观的看法，他认为，当时法国国民议会激进社会团体领导人卡约可能是巴黎政治危机最大的受益人，并且卡约的首选将是与德国缔结和平。基切纳因而要求英国政府应该培育与法国战时部长米勒兰的密切关系。因为米勒兰与霞飞合作形成现存法国政府的坚固核心——两人都坚决执行战争到底的政策。如果米勒兰倒台了，埃舍尔警告说，对法国失败主义者来说，它将代表一种胜利，"我们将自己同德国结束这场战争"。①

对法国有可能与对手缔结和约这种担心随着战争的延续，在英国战略家脑海中没有完全消失过。1916年5月，埃舍尔提醒英国指挥部说："卡约和和平群体正悄然增强它们的地位，法国对战争失去信心和试图获取任何可以忍受的和平的危险在秋天可能增大了。"②英远征军司令约翰·海的日记也暗示，法国军队的状况，至少是他对法国军队状况的印象，是促动他发动1916年索姆河攻势的因素之一。他在5月写道："我彻底审视各个方面，如果我们不支持法国将会发生什么，我得出的结论是上前去支持法国。"③同时，在交战双方的著名政治家中间听到的关于单独媾和、协议媾和的谈论，越来越频繁了。④海在1917年7月说："我们能够看着意大利甚至是俄国退出战争，而仍旧与法国和美国继续这场战争。但是如果法国退出这场战争，我们不仅不能够继续在欧洲大陆的战争，而且我们在法国的军队将处境艰难。"⑤

而事实也证明了英国的担心。持续的战争使法国国内形势越来越恶化。1917年春天，在法国国内首次出现了争取摆脱战争而要进行革命的呼声。1917年5月1日的群众大会，变成了自发的、旨在反对持续战争的示威。更为糟糕的是，反战情绪越来越广泛地渗入法国军队。西线在施曼-德-达姆赫苏瓦松地区进行的"尼维尔攻势"使法国死伤了几万名士兵，这次军事失利为法军中声势浩大的反战运动奠定了基础。1917年5月，反战运

---

① Lawrence Freedman, Paul M. Hayes, Robert John O'Neill, eds., *War, Strategy, and International Politics: Essays in Honour of Sir Michael Howard*, pp. 127–8.
② John Barnes, ed., *The Leo Amery Diaries*, Vol. 1, p. 129.
③ R. Blake, ed., *The Private Papers of Douglas Haig, 1914–1919: Being Selections from the Private Diary and Correspondence of Field-Marshal the Earl Haig of Bemersyde*, p. 53.
④ 〔苏〕亚·德·柳勃林斯卡娅等：《法国史纲》，第682~683页。
⑤ R. Blake, ed., *The Private Papers of Douglas Haig, 1914–1919: Being Selections from the Private Diary and Correspondence of Field-Marshal the Earl Haig of Bemersyde*, p. 247.

动波及75个步兵团、22个骑兵团、12个炮兵团、两个殖民地步兵团、一个塞内加尔人组成的营和两个后备部队。1917年5月20日，反战的各部队的士兵拒绝开往前线，并组织群众集会和示威游行，要求立即停止战争和签订不割地不赔款的和约。士兵们制定的一个叫《十诫》的特别文件在前线和后方普遍散发，士兵们坚决要求根本改善他们的处境：使官兵的生活方式平等，禁止动手打人，废除毫无意义的机械训练，规定定期休假，废除死刑，最后一条是，在冬季来临以前停战。① 在后方，工人们的反战罢工如火如荼，1917年6月的罢工人数比1916年全年的罢工人数多一倍半。1917年5月30日，第36团和第129团的士兵离开阵地，赶赴巴黎援助首都举行罢工的劳动者。1917年6月，坚持战斗的普恩加莱总统在日记中写道："前线的情况不佳，反对指挥部、反对政府、反对我的运动在继续中。星期日我本当到兰斯去授予勋章……但是人们对我说：恐怕有人会向我乘的火车上扔石头。"②

随着战争的继续，法国政府日益动荡不安。1916年1月29日晚，德国第一次派"齐普林"飞艇空袭巴黎。2月7日，法国参议院军事委员会就空袭事件指责负责航空的副国务秘书内·贝纳尔监视不力。第二天贝纳尔宣告辞职。不久受到波及的白里安内阁也出现信任危机。1916年12月13日，白里安改组内阁，在23个部长中留任10个，总司令霞飞也因指挥凡尔登战役失误被撤职，代之以尼维尔。不久，白里安内阁纷争加剧，1917年3月17日，白里安辞职。9月13日，潘勒维上台组阁，但只维持了两个月，11月13日，政府就被国民议会推翻。法国不到一年就更换了三个总理，这反映了国内政局的严重动荡。

在这种情况下，英国不得不加紧对法国的援助，以期尽快结束战争。英国放弃以前在军事上对法国的有限援助政策，开始大量征兵，并源源不断派遣到法国前线。英国政府从1914年8月到1916年1月采取自愿参军政策，参军人数不多，军队规模较小，总军力才70.33万人。到了1916年后随着形势恶化，为了加强对法国的援助，从1916年到战争结束英国政府采取了征兵法。这一政策的实施使援法军队数量大为改观。它从1914年8月英国一支小规模远征军发展到1917年英国在西线投入的兵力史无前例地达到200万人，加上自治领武装已经达到270万人。连英国军事史专家邦德也

---

① 〔苏〕亚·德·柳勃林斯卡娅等：《法国史纲》，第692页。
② 〔苏〕亚·德·柳勃林斯卡娅等：《法国史纲》，第692~693页。

感叹："这是一种巨大的军事努力。"① 在批准1917年帕森达勒（Passchendaele，比利时）攻势时，英国内阁战时政策委员会仍警惕如果英国不进攻，在法国可能产生的政治影响。② 英方联络官斯皮尔斯坚持认为，不能冒着法国里博（Alexandre Ribot）政府崩溃的危险，如果他倒台了，"唯一的选择……法国会选择和平结束战争"。③ 直到1918年，英国驻法国大使德比（Lord Derby）认真地说出法国失败对英国可能意味着什么："在我看来，劳合·乔治似乎一点也没有意识到这儿的危险是什么，那就是令人满意的条件将被提供给法国，法国将接受它们，并且是我们不得不随时准备付出代价。如果克里孟梭掌权，我认为不必担心会缔结单独的和平条约，但是如果德国真的提出一个令人满意的要求……我认为我们以后不可能让法国士兵去战斗或发动这个民族去继续这场战争，因为他们会说为我们（英国）的利益而战太单纯了。"④

阿斯奎斯认为在交战双方大国中，法国政府是最不稳定的。⑤ 当调查维维亚尼的神圣联盟政府时，他发现像法国这样一个国家的奇怪之处，即"富有资源、人和其他东西"，却无法产生一个比较有政治影响的领导集团。⑥ 约翰·海曾写到，法国是"拥有一个有点神经的参议院的政治骗子政府"。⑦ 正是在这种担心下英国才被迫全身心支持法国。

在英国政府强有力的军事支援下，法国总统普恩加莱采取强硬政策，克里孟梭也积极活动。在里博内阁和潘勒维内阁危机重重时，克里孟梭利用各种丑闻和叛变事件攻击政敌。他指控内政部长马尔维是"内奸"，迫使他辞职。前总统卡约受到相同的指控而辞职。随后潘勒维也辞职。1917年11月，普恩加莱用克里孟梭组阁，克里孟梭内阁是主战派。克里孟梭加强

---

① Briand Bond, *British Military Policy between the Two World Wars*, London: Oxford, 1980, p. 3.
② Lawrence Freedman, Paul M. Hayes, Robert John O'Neill, eds., *War, Strategy, and International Politics: Essays in Honour of Sir Michael Howard*, pp. 151–2.
③ Lawrence Freedman, Paul M. Hayes, Robert John O'Neill, eds., *War, Strategy, and International Politics: Essays in Honour of Sir Michael Howard*, p. 151.
④ Alan Sharp and Glyn Stone, eds., *Anglo-French Relations in the Twentieth Century: Rivalry and Cooperation*, p. 76.
⑤ Michael Brock, Eleanor Brock, eds., *H. H. Asquith, Letters to Venetia Stanley (from Herbert Henry Asquith, Venetia Stanley Montagu, Michael Brock, Edwin Samuel Montagu)*, p. 422.
⑥ Michael Brock, Eleanor Brock, eds., *H. H. Asquith, Letters to Venetia Stanley (from Herbert Henry Asquith, Venetia Stanley Montagu, Michael Brock, Edwin Samuel Montagu)*, p. 422.
⑦ R. Blake, ed., *The Private Papers of Douglas Haig, 1914–1919: Being Selections from the Private Diary and Correspondence of Field-Marshal the Earl Haig of Bemersyde*, p. 214.

同协约国合作，打击和平主义情绪，指控卡约与"失败主义者"勾结，与中立和敌对一方进行"和平谈判"。1918年1月卡约被捕，马尔维也以同样的罪名被驱逐出境5年。法国坚持战斗的决心因领导人的更换而坚定起来。

在法国的这种努力下，英国加强了同法国的合作。随着1918年德国春季攻势已使英法军队处于被各个击破的危险境地，协约国家同意任命福煦（General Ferdinand Foch）作为西线总司令。作为英国远征军司令的约翰·海在此事件上表现出了真正的大将风度，他表示完全服从法国总司令的指挥。1918年3月26日和4月3日，英法联军先后召开两次重要会议，会议任命福煦为总司令，并在随后的第二次马恩河战役中成功击溃德国，协约国取得战略主动权，福煦因指挥有功被晋升为法国元帅。随后协约国步调一致，统一行动，经过一系列战役终于取得战争的胜利。

五 英法间持续存在的战略猜忌

这场战争推动了英国人和法国人的密切接触。对许多人来说，它是一种新的经历。在1914年之前，在上层和中层，英德接触比英法接触更普遍和易于接受。[1] 英法互相接触提供了一个感知彼此作用的机会。就英国而言，它倾向于把法国看成不可靠的人。[2] 约翰·海的日记满是关于法国的翔实记录，其中许多内容在他1935~1936年出版的官方个人传记中被故意删掉了，担心它会破坏英法关系。大多数英国指挥官认为，法国是如此不可靠，总之你不能相信法国人所说的每个字。他们的领导人是能力平平的离奇团体，对战争的实际方面一无所知。总之，对他们来说，英国是太绅士了。英国指挥官罗伯逊判断说："与协约国司令们相处是一件大事情，你不得不狠狠克制自己，经受极大的忍耐。"[3] 弗兰奇更加尖锐，他得出的结论是，一生当中与法国结盟一次就足够了。[4] 这种情况完全是相互的。用法国

---

[1] R. Cobb, "France and the Coming of War", in R. J. W. Evans and H. Pogge von Strandmann, eds., *The Coming of the First World War*, p. 126.

[2] Edward Louis Spears, *Liaison 1914: A Narrative of the Great Retreat*, W. Heinemann, 1931, p. 341.

[3] R. Blake, ed., *The Private Papers of Douglas Haig, 1914 – 1919: Being Selections from the Private Diary and Correspondence of Field-Marshal the Earl Haig of Bemersyde*, p. 122.

[4] Lawrence Freedman, Paul M. Hayes, Robert John O'Neill, eds., *War, Strategy, and International Politics: Essays in Honour of Sir Michael Howard*, p. 124; Richard Holmes, *The Little Field-Marshal: Sir John French*, p. 283.

联络官胡格特的话说，英国人是"残忍的、无情的，有点无道德原则的，有时是诡诈的"。①

在这种情况下，相互怀疑和斥责的气氛几乎不可避免地滋生起来——任何一方都觉得另一个国家一直没有对共同事业尽恰当的或充分的义务。② 每个国家都需要一个替罪羊来为他们时常缺乏军事进展而产生的不断失望与挫折顶罪。结果它们都成为对方的这种替罪羊。

显然，将战时联盟紧紧握在一起的最重要因素是打败德国的共同目标。然而，即使在这一点上，英法做得也不尽如人意。两国毕竟是独立的大国，有它们长期的传统、目标。老一代英法人之间的仇恨和竞争可能已被新的反德联盟掩盖，但是它们从来没有完全消失。德国暂时是共同的敌人，但是这种情况能持续多久就值得怀疑，很可能它将最终被重新出现的更为传统的国际竞争模式取代。寇松在停战前一个月强调："我真的很害怕，我们将来最为担心的大国是法国。"③ 英国的根本目的是通过同德国交战来维持欧洲大国的平衡，而不是在大陆上创建一个占压倒性优势的法国。而法国对英国同样保持戒心：随着德国军队在法国土地上挖壕沟，法国本土面临着最大的危机。然而具有讽刺意味的是法国方面最关心的却是巴尔干问题，这部分是由于它希望在东地中海划分一块战后势力范围。④ 没有一方觉得应该忽视战时伙伴所获得的优势。法国一定要参加达达尼尔海峡战役（1915年3月18日，英法联军对达达尼尔海峡的远征遭到失败），它害怕英国在决定战后东方问题的安排上处于有利位置。为了与英国可能单方进入叙利亚相对抗，法国战争部长坚持"英国不能单独登陆那里"。⑤

尽管如此，英国和法国——在美国的大量援助下——确实打赢了这场战争。约翰·海确信，英国不得不采取必要的步骤自己赢得战争，因为法国"既缺乏道德品质又缺乏赢得胜利的手段"。⑥ 相反，法国看重统计数

---

① Philip Michael Bett Bell, *France and Britain, 1900–1940: Entente and Estrangement*, p. 105.
② Alan Sharp and Glyn Stone, eds., *Anglo-French Relations in the Twentieth Century: Rivalry and Cooperation*, p. 83.
③ P. M. Kennedy, *The Realities behind Diplomacy: Background Influences on British External Policy, 1865–1980*, London, 1981, p. 211.
④ D. Dutton, "The Balkan Campaign and French War Aims in the Great War".
⑤ C. M. Andrew and A. S. Kanya-Forstner, *France Overseas: The Great War and the Climax of French Imperial Expansions*, London, 1981, p. 70.
⑥ R. Blake, ed., *The Private Papers of Douglas Haig, 1914–1919: Being Selections from the Private Diary and Correspondence of Field-Marshal the Earl Haig of Bemersyde*, p. 234.

字——130万法国死亡人数对比702300人的英国死亡人数，它得出一个完全不同的结论。① 尽管战争取得胜利，但是它是以一种相互斥责的方式结束的。乔治·克里孟梭对劳合·乔治说："我不得不告诉你，从停战的那一天起，我就发现你是法国的一个敌人。"劳合·乔治回答说："噢，难道它不是我们的传统政策吗？"② 双方没有关于下一步应该怎么走的协定。法国在面对德国时仍需要英国的支持，即使德国战败，法国仍不安地把它看得很强大。在英国方面，"从此不再"（never again）思想似乎排除了战时盟友关系延续下去的可能性。战争的胜利并不预示未来是美好的。这种情况对战后国际关系产生了巨大影响：双方没有夯实战后进一步合作的基础，而是留下了无尽的分歧。无须惊讶，当二战前夕，英国皇家国际事务学会邀请一战英国指挥官莫里斯（General Sir Frederick Maurice）准备一篇关于协约国在一战中合作的研究文章时，他这样做了，文章认为要避免重复1914年和1918年犯下的错误，一战的合作经历无法为后人提供一个可资模仿的先例。③

---

① Philip Michael Bett Bell, *France and Britain*, 1900 – 1940: *Entente and Estrangement*, p. 92.
② Georges Clemenceau, *Grandeur and Misery of Victory*, G. Harrap, 1930, p. 113.
③ Alan Sharp and Glyn Stone, eds., *Anglo-French Relations in the Twentieth Century: Rivalry and Cooperation*, p. 85.

第四章 战后国际格局的新变动和英国外交战略的调整

一 一战后主要国际力量的消长状况

第一次世界大战深刻地改变了旧有的国际关系体系，大国力量对比发生巨大变化，深刻影响了战后国际格局的形成。原有的四个欧洲大帝国——德意志帝国、俄罗斯帝国、奥匈帝国和奥斯曼帝国垮台，一战前形成的英、法、美、俄、德、日六国争霸格局，由于俄国因革命退出，德国彻底失败，变成美、英、法、日、意的争夺。不过，就欧洲范围看，主要是美、英、法三大国之间的争夺。那么英国在这一变化的国际序列中处于什么样的地位呢？

第一次世界大战使英国的经济损失惨重，经济秩序失衡。在战争年代，英国为战争支出了124.54亿英镑，相当于国家财政收入的44%。[1] 大量从国外购买军需物资和生活资料使英国贸易逆差不断增加，1914年英国贸易逆差是1.704亿英镑，1915年增加到3.679亿英镑，1918年更猛增到7.839亿英镑。[2] 就船运收入而言，更是损失惨重。由于战前世界贸易体系遭到破坏以及德国潜水艇在公海袭击英国船队，英国的国际贸易额急剧下降，失去700万只吨位的船只，这个数字大约相当于1914年其商业船队的38%。有形贸易同样遭受重创。1918年，进口在数量上比1913年下降27%，出口

---

[1] Keith Hutchison, *The Decline and Fall of British Capitalism*, New York: Scribner, 1950, p.134.
[2] Alan S. Milward, *The Economic Effects of the Two World Wars on Britain*, London: Macmillan, 1984, p.55.

下降幅度更是惊人,达到 63%。① 为了平衡国际收支,英国不得不卖掉 10% 的海外资产,② 并向美国借债,1919 年英国欠美国的债务已达 8.5 亿英镑,占美国对协约国贷款的 45%。③ 英国从美国的债权国变成美国的债务国,失去了金融垄断地位。战后的债务负担使国内通货膨胀极其严重,英国不得不于 1919 年 3 月放弃金本位。经济的不景气造成大批工人失业,1921 年失业率高达 12.9%,整个 20 世纪 20 年代失业率平均为 10% 左右。④ 英国工业生产到 1919 年仍显著低于战前水平,由于临近战争结束时军事工业生产严重过剩,从 1918 年开始,与军工生产直接相关的钢铁工业等部门生产急剧下降。同时,英国政府继续用增发纸币来弥补财政赤字,造成了物价猛涨,批发价格指数上升。英镑购买力仅及战前的 1/3。⑤

与此同时,英国通过这场大战也达成自己的目的。德国战败,它的舰队沉没在斯卡帕湾(Scapa Flow)附近的海底。德国再也不能像 1914 年以前那样对英国构成威胁了。⑥ 同时,在大战期间,英国趁机夺取了德国的许多海外殖民地和奥斯曼帝国的大片属地。英国的殖民地比以前更大了,而且这时它仍拥有世界上最强大的海军。大战结束时,英国的海军数量达到 121600 人,远远超过法国的 25500 人和德国的 15000 人。⑦ 英国的舰队和舰只数量也是优势明显。与当时海军力量居于世界第二位的美国相比:英国吨位为一千万吨以上的主力舰 43 艘,而美国吨位不到 500 万吨的主力舰只有 22 艘;英国近 500 万吨的轻级巡洋舰 99 艘,而美国吨位不到 60 万吨的轻级巡洋舰只有 13 艘;英国有 90 万吨的航空母舰和航空运输舰 8 艘,美国则没有航空母舰和航空运输舰;美国在铁甲巡洋舰、向导舰和驱逐舰数量

---

① Alfred F. Havighurst, *Britain in Transition: The Twentieth Century*, Chicago: Chicago University Press, 1985, p. 132.
② M. W. Kirby, *The Decline of British Economic Power since 1870*, London: Macmillan, 1981, p. 28.
③ Keith Hutchison, *The Decline and Fall of British Capitalism*, New York: Archon Books, 1966, p. 142. 1919 年美国对协约国的总贷款为 18.9 亿英镑。
④ R. F. G. Alford & A. B. Atkinson, *The British Economic: Key Statistics, 1900 – 1970*, London: Times Newspapers Ltd. , 1970, p. 8.
⑤ 宋则行、樊亢主编《世界经济史》中卷,经济科学出版社,1998,第 89 页。
⑥ Philip Michael Bett Bell, *France and Britain, 1900 – 1940: Entente and Estrangement*, London: Longman, 1996, p. 134.
⑦ William Laird Kleine-Ahlbrandt, *The Burden of Victory: France, Britain and the Enforcement of the Versailles Peace, 1919 – 1925*, University Press of America, 1995, p. 295.

和吨位上勉强与英国持平。① 鉴于英国在军事实力上的优势地位，一战后英国所追求的战略目标仍然是世界霸权。

法国方面，法国在大战期间一直是欧洲大陆的主战场，经济遭到极其严重的破坏，生产减少了一半。物质方面的破坏极其巨大。由于德国人在占领区有计划地撤走工业器材，破坏更为严重。法国有 1/4 的产业遭受"战争损失"。战时全国所受的物质损失高达 2000 亿法郎。战争使法国丧失了 1/10 的人口：140 万人死亡或失踪，约 300 万人受伤！国家必须向平民和军人支付 250 万法郎补助金。在农村劳动力特别缺乏，因为战争所需人力主要来自农村。工农业生产严重衰退：1919 年工业生产仅达到战前水平的 57%，农业生产也只达到战前水平的 66%。1914~1918 年法国对外贸易入超总额共计 600 亿法郎。由于财政状况不断恶化，法国不得不再三向国外借款。战争结束时，法国负债累累，欠美国 160 亿法郎，欠英国 130 亿法郎。外部动荡使很多昔日繁荣的投资场所烟消云散，给俄国贷款化为乌有（1914 年此项损失达 120 亿法郎），给墨西哥和中欧的贷款也都不复存在。②

但是在战争中，法国的世仇和劲敌德国被打败了。1920 年法国拥有大约 90 万陆军，且法国拥有世界上最强的空军。③ 法国成为欧洲第一陆军强国和第二大殖民帝国，但它的军事能力投放主要在欧洲大陆，称霸欧洲大陆显然是法国比较切合实际的想法。法国已经无法胜任世界强国地位，只是区域（欧洲）强国。即使在欧洲，它虽是欧洲大陆霸主，但无法与海峡另一端的英国相提并论。从动态发展来看，法国处于实力相对下降的趋势。一战后，在美英的钳制下，法国一直未能摆脱对德国的安全困境，并且随着时间发展成为美英操纵欧洲格局的棋子。

美国参战较晚，战场远离美国本土，战争中损失较小，并借战争大发横财。1917 年，美国对外投资达 70 亿美元，借给欧洲 17 个国家战争债务 100 亿美元，由战前债务国变成战后的债权国，并取代英国成为世界财政金融的中心。欧洲财政已经完全依靠美国支配。美国军事力量也取得迅猛发展，战前美国军队只有 30 万人，战争结束时增加到 450 万人，已经

---

① 〔苏〕耶·马·茹科夫主编《远东国际关系史（1840~1949）》，世界知识出版社，1959，第 342 页。
② 〔法〕皮埃尔·米盖尔：《法国史》，第 506~507 页。
③ Philip Michael Bett Bell, *France and Britain, 1900–1940: Entente and Estrangement*, p. 133.

足以与欧洲任何列强掰手腕。经过一战，美国对全球事务以及欧洲事务的支配能力日益提升。经过华盛顿体系的安排，其海军力量已经与曾经的霸主英国平起平坐。随着一战结束后经济和军事实力比之欧洲列强相对增强，美国的全球支配性地位越来越明显，它在国际格局中逐渐占据首要大国地位。

意大利原本实力就弱，参战后又连吃败仗，损失极大。战争结束时，它共负债44亿美元。这些损失，意大利希望在宰割战败国中得到弥补。为此，它要求兑现1915年4月26日《伦敦协定》中许给它的领土，最主要的是亚得里亚海东岸的一些地区和原属土耳其的一些领土。一旦实现了这些愿望，它就可以独占亚得里亚海，建立在东地中海的霸权。意大利追求的仍是区域强国地位，它基本上算是三等强国。

日本在战争中是仅次于美国的第二个暴发户。战争期间，日本经济急剧膨胀，又趁西方列强忙于欧洲战事无暇东顾之机，尽力在亚太地区扩张。它占领了原德国在太平洋上的加罗林群岛、马绍尔群岛和马里亚纳群岛，并夺取了德国在中国山东的权益。战后日本的战略构想就是力图保持大战期间夺取的赃物，进而称霸远东和太平洋地区。日本逐渐成为名副其实的区域强国，尽管战后暂列三等强国地位，但上升势头迅猛，逐渐成为全球体系中重要的一极。

二 英国在变动的国际格局中的地位

尽管受到战争重创，英国仍具备较强的实力，能够左右欧洲大陆乃至全世界部分格局走向。由于战争的胜利，英国的战略地位反而得到了一定程度上的提升，"英国在世界上拥有的相应的势力和影响，并未因大战而减弱。"[①] "德国已经战败，法国已经虚弱并全神贯注于欧洲大陆事务，美国战后又回到孤立主义传统中，苏俄则专心于内部事务，日本仍然只是一个地区性大国……只有英国具备全球帝国的实力，而且海军有足够的力量进行帝国的防御。"[②] 其优势力量具体体现在：首先，英国仍对欧洲诸国保持着

---

① 〔英〕W. N. 梅德利科特：《英国现代史（1914~1964）》，张毓文等译，商务印书馆，1990，第115页。
② Paul W. Doerr, *British Foreign Policy, 1919-1939: Hope for the Best, Prepare for the Worst*, Manchester: Manchester University Press, 1998, p. 91.

债权国地位，英国在国际市场上仍然控制着国际财政金融体系，支配着庞大的殖民帝国资源；其次，在战争中英国夺取了大部分德国的海外殖民地，仍是最大的殖民帝国；最后，英国仍然拥有最为强大的海军。所以，英国仍是战后初期世界最强国之一。

然而，从动态发展看，相比于其他日益崛起的力量（如美、日），英国则处于下行通道，由于民族解放运动和殖民地独立运动消耗了英国太多精力，其对国际格局甚至欧洲格局的控制力日益下降。由于战争英国被迫变卖了 10 亿英镑的国外投资，并向美国借了 42 亿美元债务，由美国的债权国变为债务国，丧失了在资本主义世界中的经济优势地位。1922 年华盛顿《五国海军协定》规定，美、英、法、日、意战列舰吨位之比控制为 5∶5∶3∶1.75∶1.75，则使美国巩固了在军事领域的领头地位，英国进一步丧失了海上霸权地位。因此，英国的战略地位虽然得到了极大的提升，但是，这种提升却凸显了与其持续下降的力量的不对称性。从欧洲角度来看，欧洲大陆的现状要求英国必须承担起战后欧洲大陆稳定的责任，但无论是从经济现状还是历史传统而言，战后英国根本无力也不愿独自承担起这一责任。从帝国方面来看，史无前例的庞大帝国成为战后英国战略家们的困扰，战后的英国经济根本无力承担如此规模的帝国经济负担。由此导致在一战后，英国的帝国政策与对欧政策又出现了某种矛盾，在当时的情况下，两者只能选择其一。在英国不愿插手战后欧洲大陆事务的社会心理影响下以及对帝国利益的优先考虑下，其军事战略只能优先照顾帝国，在对欧政策上只能寄希望于外交本身的效果，即通过娴熟运用各种力量的博弈来求得欧洲大陆的均势，具体体现为"扶德抑法"政策的实施，当其无法完全操控这一局面时，只能通过适时地邀请美国介入来达到目的。

三　英国外交战略的调整

基于上述国际力量消长的变化，国际体系又经历新的调整，英国一国独大的格局面临终结，同时欧洲的安全困境使得英国在考虑其全球利益时，又不得不重点考虑欧洲安全与稳定、经济的复兴，进而保住其利益攸关的市场和战略投放区。英国的战略势必将从经济、政治和军事三方面开始做出重要调整。正如史学家罗伯特·J. 利伯所说："英国的岛国地理位置和遍及全球的帝国利益奠定了它的宏大战略，即外交政策的总方针。这一方针基于它的重大利益，这些利益面临的潜在威胁以及如何利用现有的经济、军事和政治实力保护这些利益的决策。"①

英国国家利益的核心是经济或者说是商业利益，在外交上的表现即为恢复受到战争影响和破坏的经济状况。为达到此目的，英国必须实现全欧洲乃至世界的和平与稳定，因此英国要努力在欧洲贯彻其"和平战略"。② 英国外交部顾问海德拉姆·莫内（Headlam Morley）在二战爆发前 10 年，潜心研究对英国外交产生影响的因素，他认为英国外交政策受到广泛分布于世界各地的英国利益的影响。"像所有其他国家一样，英国有有限的力量、财富、公众信誉和政治影响，成功则需要苦心经营经济资源。正因为这个国家利益遍布世界范围，正因为它的政治势力和企业经营的领地遍布世界各个大陆，因此它比其他任何国家都更多地暴露在追求可能存在冲突的目标和引发政治对抗的危险中……因此和平与稳定就显得弥足珍贵。"③ 英国外交官员、后来担任德国赔偿问题第二专家委员会主席的莱基纳德·麦克纳（Reginald McKenna）说："欧洲经济恢复是时下我们首要关注的，如果我们忽视了它，我们整个对外贸易将减少或消失。……欧洲现在需要的是和平！不仅仅是条约上的和平，而且是根源于精神上的和平，这时需要所有的国家都应该化剑为犁。"④

要"复兴"欧洲经济，德国是关键，这是由德国在欧洲经济中所处的核心地位所决定的，而且德国也曾是英国货的重要主顾，德国在战前就吸

---

① 〔美〕罗伯特·A. 帕斯特：《世纪之旅：七大国百年外交风云》，胡利平等译，上海人民出版社，2001，第 37 页。
② 对于英国战后的外交战略，许多著作有所涉及，如乔丹在 Great Britain, France, and the German Problem, 1918 – 1939: A Study of Anglo-French Relations in the Making and Maintenance of the Versailles Settlement 一书中总结英国战后对欧外交战略为"均势"（the balance of power）；克雷恩 - 阿尔布兰特在 The Burden of Victory: France, Britain and the Enforcement of the Versailles Peace, 1919 – 1925 中则总结为"协调政策"（policy of coordination）；更有著作如施密特在 Versailles and Ruhr: Seedbed of World War Two 中总结英国战后对欧洲外交战略是"绥靖政策"（policy of appeasement）。笔者认为，国际关系理论大师阿诺德·沃尔夫斯对英国战后对欧战略的总结最为精当、全面，即"和平战略"（peace strategy）或"和平政策"（policy of pacification），并采用此说法。见 Arnold Wolfers, Britain and France between Two Wars: Conflicting Strategies of Peace since Versailles, Harcourt, Brace and Company, 1968, pp. 207, 245。戈德斯坦 Winning the Peace: British Diplomatic Strategy, Peace Planning, and the Paris Peace Conference, 1916 – 1920 一书中也有此说法。但笔者认为"和平战略"与"均势战略"是互为表里的，"和平战略"某种程度上是"均势战略"所要达到的目的。
③ Headlam Morley, Studies in Diplomatic History, London, 1930, p. 3.
④ The Economist, 7 May, 1921.

收了英国出口商品的 8.3%。① 约翰·凯恩斯在《和平的经济后果》一书中谈到德国与欧洲的关系时指出，欧洲的经济系统是以德国为中心的，欧洲大陆的繁荣取决于德国企业的繁荣。② 德国被看成"欧洲的工厂"，因此，恢复德国经济，发展包括德国在内的邻国贸易以增加对英国的购买力，"比收入一批赔款紧要得多"。③ 于是，在巴黎和会召开前，英国就进行了以扶持德国为重点的战后欧洲战略构想的准备，并积极付诸实践。

那么，英国战略是如何做出调整的呢？笔者认为，均势战略作为一种恒定的设计在战后英国外交中并没有发生本质的变化，发生变化的是均势战略框架下具体内容的调整，即从原来的英法联合抵制欧洲新兴霸权国家德国，转变为英国反对法国过分压制德国，以维持法、德两国在欧洲大陆的势力均衡。

---

① Sally Marks, *The Illusion of Peace: International Relations in Europe, 1918 – 1933*, Macmillan Press Ltd., 1976, p. 44.
② John Maynard Keynes, *The Economic Consequences of the Peace*, New York: Harcourt, Brace and Howe, Inc., 1920, p. 136.
③ 〔美〕A. C. 柯立芝:《二十五年来英法关系》，中译文见《国闻周报》第 5 卷第 24 期，台北文海出版社，1985。

第五章　英国在战后和平安排上的对法政策

一　英国对战后和平安排的战略设计

早在欧洲战场激战正酣时，英国就在着手准备战后和平安排。1916年8月13日，时任英国首相阿斯奎斯召集内阁的战时委员会委员考虑战争结束后在和平协商过程中可能出现的情况。英国海军部首席大臣贝尔福（Arthur Balfour）、帝国总参谋长罗伯逊（General Robertson）、军需部长蒙塔古（Edwin Montagu），以及外交部的佩吉特（Sir Ralph Paget）和蒂勒尔（Sir William Tyrrell）这些外交核心人物纷纷表达了自己的看法。这些看法包括：把民族自决加入战后和平解决方案中，尤其是在东欧；未来的欧洲大国要保持均势，尤其是在西欧；支持和反对惩罚性赔偿的辩论也开始出现。这些看法是在争论中逐渐形成统一的结论，并在和会上为劳合·乔治所实施。争论主要在以下两派中产生。

一派主要是把英帝国作为一个整体来看待的人。其中包括传统的帝国主义者寇松，以米尔纳（Lord Milner）为代表的改革家们和一贯支持扩张主义的人物如蒙塔古。他们对欧洲的安排不感兴趣，对欧洲均势实施的细节或可能产生的结果也很少关注。这个群体首要关注的是欧洲以外的安排。他们认为大英帝国主要利益在欧洲以外的地区，因此，帝国保持通往世界各地的航道以及对产品市场的控制是至关重要的，这是保持大英帝国霸权的稳定剂。①

---

① Erik Goldstein, *Winning the Peace: British Diplomatic Strategy, Peace Planning, and the Paris Peace Conference, 1916–1920*, London: Oxford University Press, 1991, p. 4.

另一派是坚持以欧洲安排为中心的人，被称为新欧洲集团（New Europe Group），代表人物是西顿-沃森（R. W. Seton-Watson）。他们把欧洲看成一个整体，他们关心的是由于旧的多民族帝国的崩溃，在东欧确定新的边界的必要性。新欧洲集团希望以民族自决为基础划分欧洲边界，借助新建立的国际机构来保住未来的均衡。他们认为这一点是欧洲未来稳定和均衡的保证，而欧洲的稳定与均衡毕竟是英国的传统目标。英国应该把恢复经济的重心放在欧洲，通过与欧洲市场的深度融合来恢复和带动大英帝国的经济。①

外交部的佩吉特和蒂勒尔综合了上述观点，整理成备忘录，提交给英国政府，并为英国政府广泛运用于以后的外交实践中。首相劳合·乔治认为这个备忘录是"一个印象深刻的文件，见识广，大胆而有远见"。②

备忘录中提出了英国在战争结束后应该遵循的总体战略：领土安排应该遵循民族原则，基于民族的安排将会更稳固和持久，拒绝对战败国采取严厉的财政惩罚。佩吉特和蒂勒尔主张强制实施民族自决原则，但建议"我们不应该把民族原则无限制地扩展到任何国家，这有可能是危及未来欧洲和平的一个危险的动因"。③ 佩吉特和蒂勒尔还提出，一个英-法-比的永久性联盟将取代比利时的中立，因为这是唯一对德国将来可能从事入侵的可以看得见的障碍。他们认为英国孤立于盟友的时代现在看只是过去的事情。阿尔萨斯—洛林将返还给法国，这一点大家都能接受，但对于法国对德国的领土要求将不予支持。丹麦收回石勒苏益格（Schleswig），但不能收回荷尔斯泰因（Holstein）。波兰重新组成一个国家，英国政府对波兰的未来投入了极大的关注，他们有一些担忧，即俄国可能控制整个波兰，并且他们强调协约国要适时地反对俄国在欧洲边境的扩张。佩吉特和蒂勒尔认为一个独立的波兰能够在德国和俄国之间充当缓冲国的角色。

需要说明的是，英国在对和平会议的准备过程中，它的外交战略在很多时候也并不是一致的。尽管佩吉特和蒂勒尔的备忘录是其指导原则，但是一些资深大臣的观点仍时刻影响着英国外交政策的走向。最有代表性的是老牌反俄分子罗伯逊、海军部首席大臣贝尔福、军需部长和资深外交事

---

① Erik Goldstein, *Winning the Peace: British Diplomatic Strategy, Peace Planning, and the Paris Peace Conference, 1916–1920*, p. 4.
② CAB 29/1/P-5（CAB 代表英国内阁文件，29/1/P-5 是文件编号），缩微胶卷，藏于首都师范大学历史系图书馆。
③ CAB 29/1/P-5，缩微胶卷。

务专家蒙塔古。

罗伯逊的观点相比较而言是十分保守的。他要求战后的国际政治返回战前的体系,包括恢复欧洲均势,维持英国的海上霸权,维持低地弱小国家的原状。罗伯逊的备忘录坚决反斯拉夫和拉丁人,他宁要德国,不要斯拉夫。他认为任何斯拉夫国家注定要亲俄。他的结论是:"英帝国的利益是使德国在陆地上适当地强大,但在海洋上削弱它。"①

贝尔福更多关注的是欧洲的安排。他建议把阿尔萨斯—洛林返还给法国,创建一个大塞尔维亚和大罗马尼亚国家,以及一些类似捷克和波兰的国家。德国和奥匈帝国可用资源的减少将削弱它们发动未来战争的能力。他预言:"一场革命会颠覆霍亨索伦王朝,一个新的德国会从军国主义废墟上出现。"② 因而他建议协约国不要对德国内部事务进行任何干预,以避免整个德国民族的强烈反对。

蒙塔古支持"迦太基式"的和平,他十分敬畏德国的能力,认为德国是危险的对手。他不关心英国盟友的要求,他唯一明确的建议是关于赔偿:"德国已伤害我们的感情,这使我决定,无论以后是什么结果,也要尽可能从它身上榨取每一样东西。"③

总而言之,英国政府经过精心准备,到战争结束时,它对战后国际形势和和平会议的外交战略基本形成。英国从传统的均势立场出发,以大英帝国利益至上为原则,大致勾画出了英国在和平会议上所要达到的目标:继续维护欧洲大陆势力均衡、保持英国海洋霸权、恢复发展英国经济、促进欧洲稳定和遏制苏俄是其战略思想的核心内容。这些内容经由几代政治家的坚持而日益明晰和坚定。

1918 年是英国大选年,11 月 22 日自由党领袖劳合·乔治在竞选宣言中说:"(战后)我们的首要任务是缔结一个公正和持久的和平,借此来确立一个新欧洲的基础,战争永远会被避免。"④ 寇松在英国准备和会过程中反复强调:"为保留住我们所获得的,我们有时几乎是违背我们的意愿,我们

---

① CAB 29/1/P-4,缩微胶卷。1916 年 8 月 31 日,根据首相指示递交总参谋部的备忘录,劳合·乔治评价说:"他对所有的外国人都怀有深深的、烦躁不安的怀疑。"
② CAB 29/1/P-7,缩微胶卷。
③ Erik Goldstein, *Winning the Peace: British Diplomatic Strategy, Peace Planning, and the Paris Peace Conference, 1916–1920*, p. 5.
④ John Maynard Keynes, *The Economic Consequences of Peace*, New York: Harcourt, Brace and Howe, Inc., 1920, p. 139.

不再寻求任何其他的东西，要协调而不是对抗，要和平而不是征服。"[1] 1923 年担任下院议员的安东尼·艾登（Anthony Eden）说："作为一个国家，我们的和平成本可能比世界任何其他国家都大。"[2] 1925 年，英国外交大臣奥斯汀·张伯伦（Austen Chamberlain）宣布："由于我们所从事的义务，我们已经与欧洲命运紧密联系在一起，无论是为了正义还是邪恶，我们的安全不在于试图无视那些义务，不在于寻求不可能的孤立，而在于明智而审慎地运用我们的影响和力量来维护和平，阻止战争再次爆发。"[3] 英国外交部在 1926 年的一篇总结中强调："首先应该强调的是我们的外交政策和许多其他国家有根本的不同。很明显德国、匈牙利、俄的目标是恢复在战争中失去的领土，这种目标如果不是直接的，那么也是最终的。意大利盯在爱琴诸岛和小亚细亚上。日本希望有一天获得满洲里。相反，我们没有领土野心，也没有扩张的愿望。我们已经得到了我们想要的一切——或许还多。我们唯一的目标是维护好我们所拥有的，并平安地生活。我们腾出自由之手以便把我们的砝码加在有利和平的天平上。维持力量均势和维持现状多年来一直是我们的指示灯，并且继续照亮下去。"[4]

二 法国对战后和平安排的战略构想

战后法国最重要的外交目标是重新确立欧洲大陆霸权，重建法国的"天然边界"，实现这个目标的关键环节是最大限度地削弱德国。为此法国从经济上和政治上力主对德采取最严厉的惩罚措施。

法国对于和平会议也做了精心的准备，在这一过程中克里孟梭起了很大的作用。早在大战正酣的 1916 年 9 月，法国便将确保莱茵河西岸自治、收回阿尔萨斯—洛林和吞并萨尔河谷作为对德作战的三大主要目标。1917 年 1 月 12 日，法国外长阿里斯蒂德·白里安（Aristide Briand）致信法国驻英大使保罗·康邦，在这封信件中白里安说："对法国来说最重要的不是获

---

[1] Earl of Ronaldshay, *The Life of Lord Curzon*: *Being the Authorized Biography of George Nathaniel Marquess Curzon of Kedleston*, Vol. III, E. Benn Limited, 1928, p. 225.
[2] Arnold Wolfers, *Britain and France between Two Wars*: *Conflicting Strategies of Peace since Versailles*, Harcourt, Brace and Company, 1968, p. 206.
[3] Arnold Wolfers, *Britain and France between Two Wars*: *Conflicting Strategies of Peace since Versailles*, p. 254.
[4] *DBFP*, *1919 – 1939*, Series IA, Vol. 1, p. 846.

得一场'辉煌和压倒式的胜利',而是确保欧洲和我们自己拥有一种保证,这种保证要服务于我们的边界防御。在我看来,德国以后必定还会一脚跨过莱茵兰。莱茵这一地区的领土安排,是中立,还是有条件占领,必须在协约国间得到讨论。法国是与这一区域安排最直接相关的国家,在考虑这个严肃的问题时必须'发出主导性声音'。"① 同年2月14日,法国和俄国签订了秘密条约,这份秘密条约没有知会英国。秘密条约规定,如果法国同意把君士坦丁堡和海峡划给俄国,并承认它有自由划定其西部疆界的权力,那么俄国同意法国划定德国边界的计划。根据这项条约,法国将得到阿尔萨斯—洛林以及萨尔全部矿区,德国的疆界退到莱茵河右岸,莱茵河左岸地区与德国本部分离,成立若干中立的自治国家。法国在军事上占领这些地区,直到将来德国完满地履行和约中规定的各项条件与保证为止。②

1917年11月克里孟梭担任法国总理,他全面继承法国战时目标,并变本加厉。克里孟梭认为协约国的胜利是脆弱的。他首先对法德人民能够和睦相处不抱有幻想。自普法战争结束以后,他几乎每年访问德国一次,每次返回巴黎时他都深信德国人性格有缺陷,缺乏基本的正义感。③ 克里孟梭一度担心除非协约国军挺进柏林,否则德国不会签订这个条约。

德国的战败使法国迎来了新的契机,法国决定不惜任何代价来达到自己的安全目标,那就是不仅要收复在1871年失去的阿尔萨斯—洛林,而且要取得盛产煤炭的鲁尔,将莱茵河作为法国东方的"天然边界",在莱茵河左岸建立同德国分离的莱茵共和国,并向德国索取巨额赔款。在东部建立一个包括波兹南和但泽(格但斯克)在内的"大波兰",来削弱和防御德国。在政治、经济和军事上全面压制德国,使德国永远构不成对法国的威胁,进而实现法国欧洲霸权的目标。

以莱茵河为边界一直是法国所要求的。1919年,福煦将军与《泰晤士报》记者谈话时,用铅笔指着地图上的德法东部边界说:"这里整个疆界没有任何天然的屏障,假使德国人再向我们攻击,我们是否还得在这里制止,

---

① William Mark Jordan, *Great Britain, France and German Problems, 1918 – 1939: A Study of Anglo-French Relations in the Making and Maintenance of the Versailles Settlement*, London: Oxford University Press, 1943, p. 171.
② 详见王铁崖《一九一四~一九一八年的第一次世界大战》,商务印书馆,1982。
③ Paul Mantoux, *Les Délibérations du Conseil des Quatres*, Vol. I, éditions du Centre National de la Recherche Scientifique, 1955, p. 44.

再度地予以打击吗？不，那里！那里！那里！"① 福煦用铅笔沿着莱茵河画了好几次。法国要求以莱茵河为界，这是它维护本国安全要求的底线。在巴黎和会上，面对英国的反对，福煦曾抗议说："没有压倒一切的原则去迫使一个胜利的民族，当它已把防卫作为安全不可缺少的手段时，把它们还给对手。没有一个原则能够迫使一个自由的民族生活在大陆威胁下……放弃莱茵屏障就是向难以想象的恐怖妥协：如果我们自愿放弃莱茵兰，德国，尽管被战败了……仍旧会像胜利者那样重新开始它的计划。"② 在法国眼中，莱茵兰不仅是战利品的一部分，而且是绝对必要的。克里孟梭说："没有其他办法能确保法国的安全。"③

克里孟梭想把莱茵兰从德国分离出来，还来自对德国大量人口的恐惧。④ 甚至在战前，德国出生率的迅速增长就引起法国领导人的警觉。1913年国民议会为了尽量与德国军队数量持平，通过投票把法国军事服役期从2年增加到3年，但这无法弥补在人口上的缺陷。德国有比法国多1.5倍的人口安置在工农业部门。⑤ 重新获得阿尔萨斯－洛林几乎无法弥补法国在生产和人口上的损失，并且法国人民一直没有生育更多婴儿的欲望，两国人口数量差距开始扩大。和平安排的结果，法国人口增加近200万，德国人口损失约1000万，这仍旧使德国比法国多出1/3的人口。⑥ 由于上述原因，法国对和平安排是一丝一毫也不敢松懈的。"这和约，如其他的和约一样，只不过是战争的延续。"⑦ 克里孟梭在安德烈·塔迪厄（Andre Tardieu）（1929年任法国总理）所著的《和平》一书的序言中再次强调了法国的立场。法国舆论也坚持认为，"野蛮人将永远是野蛮人"，"如果说世界的想法在变，

---

① 〔苏〕弗·鲍爵姆金：《世界外交史》第4分册，王思澄等译，五十年代出版社，1951，第16页。
② Antony Lentin, *Lloyd George and the Lost Peace: From Versailles to Hitler, 1919–1940*, Palgrave Macmillan Limited, 2001, p. 50.
③ Charles Seymour, *Intimate Papers of Colonel House*, Vol. 4, Houghton Mifflin Company, 1928, p. 344.
④ David Lloyd George, *The Truth about the Peace Treaties*, Vol. 1, V. Gollancz Limited, 1938, p. 402.
⑤ 到1925年，法国有390万男人和200万女人从事手工业和工业生产，480万男人和340万女人从事农业生产；德国有740万男人和280万女人从事手工业和工业生产，480万男人和500万女人从事农业生产。见 Brian R. Mitcheli, *European Historical Statistics, 1750–1975*, Facts on File, 1980, pp. 20, 155, 156。
⑥ *Statesman's Year Book*, 1920, pp. 827, 899. 法国人口在1921年是3920万；1926年是4020万；1931年是4120万。一战以来的15年，德国人口从1919年的5990万增加到1925年的6320万，到1933年是6600万。见 Brian R. Mitcheli, *European Historical Statistics, 1750–1975*, Facts on File, 1980, p. 20。
⑦ Andre Tardieu, *La Paix*, Payot & Cie, 1921, p. 19.

那么德国依旧没有变"。因此需要一种"胜利的和平",这将确保德国不再伤害他人,确保法国未来的安全。①

可以看出,法国以重建"天然边界"(主要是控制甚至是获取莱茵兰)而获取国家安全的战略,是要通过最大限度削弱德国和确保法国的欧陆霸权来实现的,这就与英国的以均势政策为依托的"和平战略"发生了矛盾。但是,由于两国都把建立战后欧洲的和平放在首位,因此就决定了两国在巴黎和会上必将存在争论与合作。

三 胜利者的分歧——英法在巴黎和会上的争吵

1919年1月18日,解决战后和约问题的会议在巴黎召开。英法都高度重视这次会议。英国首相劳合·乔治亲自率领庞大的代表团参加,他一改英国代表团主要由职业外交官组成的传统做法,让财政部高级官员和外交部经济顾问担任谈判主角②,显示了劳合·乔治在欧洲经济事务中谋求实现英国外交目标的决心。而在1月9日法国内阁就决定下列人员为法国参加和会的全权代表:总理兼陆军部长克里孟梭、外交部长皮雄、财政部长克洛茨、议员塔迪厄、原驻柏林大使康邦、驻维也纳大使迪塔斯塔为法国代表团秘书长。福煦元帅作为协约国联军总司令也参加了和会。

出席会议的各国地位是不平等的,"享有整体利益"的是美、英、法、意、日五国,它们各自拥有五名全权代表,有权出席一切会议。其中美、英、法事实上决定了会议的进程和内容。

1919年1月18日下午3时,在法国外交部大厅,法国总统普恩加莱宣布和平会议开幕。和会选举克里孟梭为主席。参加第一次正式全体会议的有协约国26个国家③的70多名代表。实际上,全会只开了六次。和会的重要工作由"十人会议""四人会议"议定。

---

① Pierre Miquel, *La Paix de Versailles et l'opinion Publique Française*, Flammarion, 1972, pp. 236 - 7, 245 - 6.
② Gordon A. Craig and Felix Gilbert, *The Diplomats, 1919 - 1939*, Princeton: Princeton University Press, 1972, p. 20.
③ 其中有和会的组织者美国、英国、法国、意大利和日本,有曾经站在协约国方面作战的中国、比利时、巴西、希腊、危地马拉、海地、汉志(今沙特阿拉伯的一部分)、洪都拉斯、古巴、利比里亚、巴拿马、尼加拉瓜、波兰、葡萄牙、罗马尼亚、塞尔维亚 - 克罗地亚 - 斯洛文尼亚王国、暹罗(今泰国)、捷克斯洛伐克;还有同德国及其盟国断绝外交关系的厄瓜多尔、秘鲁、玻利维亚和乌拉圭。

和平协商经历了四个主要阶段，第一阶段，1月到2月，英、法、美、意、日的政府首脑和外交部长召开十人会议，负责详细审查经济和领土问题。这一阶段完成的主要任务是草签盟约。第二阶段，2月中旬到3月中旬，是一段间歇期，当时威尔逊和劳合·乔治缺席，法国总理克里孟梭遭遇了暗杀，虽然没有致命，但已无力工作。第三阶段，从3月中旬开始，"四人会议"的劳合·乔治、威尔逊、克里孟梭和奥兰多集会，在条约草案于5月7日交给德国代表团之前，详细讨论得出《凡尔赛条约》的要点。第四阶段，针对法国在安全问题上的强硬要求，英国积极干预，提出对法国进行保证，暂时消弭两者在对德问题上的分歧。最终，经过几周的紧张讨论后，《凡尔赛条约》得以缔结。

在第一至第二阶段，关于德国边界和赔款问题，英国和法国代表团展开了激烈的争论。法国为了最大限度地削弱德国的地位，并以此消除以后德国侵犯的威胁，保证自己西欧的优势地位，要求夺取德国的萨尔区和莱茵河以西的领土。同时，法国力图在德国的东部边境建立一个强大的波兰作为自己的盟国。1月，法国外交委员会向会议提交一份报告指出："凡尔赛的德国，无疑是个战败的德国，但它同时又是个保持完整、未受损伤、甚至加强了团结的德国。今天德国虽然是软弱的，也许明天就会重新变得可怕。"[1] 法国认为，德国将其西部的阿尔萨斯—洛林归还法国，将东部边界一带有价值的工业地区归还波兰，这些都是德国当初从它们手中夺走的，现在是物归原主了。除此以外，德国实际上并没有受到什么损失。更主要的是，德国的城市、农村和工厂都未曾遭到战争的破坏，因为战事是在别国的土地上进行的。就欧洲的相对实力而言，德国在1919年的地位实际上是优于1914年的。奥匈帝国的崩溃根本不是当年俾斯麦所担心的德国的灾祸，因为已经没有沙俄来利用这个机会了。备受革命和内战困扰的苏维埃俄国，暂时，或者几年之内是软弱无力的。此时在德国的东部边界上，代替苏俄这个大国的是几个不稳定的小国，这些小国可能被轻而易举地合并到原先德国的版图之内，甚至会被从地图抹掉。[2] 因此，法国在和会上反复重申莱茵兰从德国分离出来并创立莱茵共和国的要求。

英国一直坚决拒绝法国对莱茵兰的要求。白里安写给保罗·康邦的私

---

[1] Arnold Wolfers, *Britain and France between Two Wars: Conflicting Strategies of Peace since Versailles*, p. 33.

[2] Alan Sharp and Glyn Stone, eds., *Anglo-French Relations in the Twentieth Century: Rivalry and Cooperation*, New York and London: Routledge, 2000, pp. 121 – 2.

人信件曾在1917年7月由康邦本人转给英国外交大臣贝尔福看过，并借此试探一下英国对此事的态度。贝尔福并不支持法国在莱茵兰上的图谋。不仅如此，英国还极力劝法国对莱茵兰不要有什么过激的举动。1917年11月布尔什维克革命胜利后，苏维埃政府公开了法俄缔结的秘密协定，并于12月12日发表在《曼彻斯特导报》上，英国对此密约反应强烈。贝尔福代表英国政府坚称，英国政府在当时并不知晓这份协定，而且"我们从来没有想，也从来没有鼓励这种想法，即把德国分裂，在莱茵左岸建立某种形式的独立共和国或独立的政府。这不是英国政府外交政策的内容"。①

1918年12月，战时内阁训令英国代表团在巴黎和会期间与法国保持密切联系。出于这个目的，当法国正式提出莱茵兰问题后，英国内阁便于1919年2月28日召开会议讨论莱茵兰问题。会议最终决定以温和的态度拒绝法国的要求。当时兼任陆军和空军大臣的丘吉尔在会上的发言很有代表性，他指出："处理这个问题时，我们应该尽可能地表示出对法国人的同情，有两个原因，一个是为了使它可以自己调整与我们的东方政策保持一致，二是有助于我们增强对法国与和会的影响。"②

1918年11月27日，福煦元帅首次起草了关于莱茵兰的备忘录，备忘录称莱茵兰"不受任何政治干预，保持军事中立"，并"把军事占领莱茵兰作为执行和平的保证"。1919年1月10日，法国起草了军事占领莱茵兰的计划，2月23日，克里孟梭向美国总统威尔逊的私人代表豪斯少校（Colonel House）阐述了法国对莱茵兰的想法。2月25日，安德烈·塔迪厄在克里孟梭的要求下首次起草了法国对莱茵兰政策的官方声明，声明包括两点：(1)德国西部边界应定在莱茵兰；(2)莱茵桥头堡应由协约国军事占领。塔迪厄称，这两项要求是"法国不会做出任何妥协的重要原则"。③

1919年2月中旬，克里孟梭正式向英国提出要把莱茵兰从德国分离出去。当威尔逊离开和会回到美国时，克里孟梭和塔迪厄对这些问题的协商取得进展。豪斯少校决定同意法国占领莱茵桥头堡直到德国完全履行和平条约规定的义务，并且接受建立独立的莱茵共和国，不过该共和国只能存

---

① Arnold Wolfers, *Britain and France between Two Wars: Conflicting Strategies of Peace since Versailles*, p. 33.
② David Graham Williamson, *The British in Germany, 1918 – 1930: The Reluctant Occupiers*, Berg, distributed exclusively in the US and Canada by St. Martins Press, 1991, p. 26.
③ William Mark Jordan, *Great Britain, France and the German Problem, 1918 – 1939: A Study of Anglo-French Relations in the Making and Maintaining of the Versailles Settlement*, p. 173.

在 5 年。而克里孟梭坚持莱茵兰从德国永久分离出来。双方对此发生了分歧。英国首相劳合·乔治反对法国的提议，比起成立莱茵共和国计划，他更警惕法国提出军事占领的要求，[1] 而建立莱茵兰共和国更是英国不能答应的。3 月 10 日，克里孟梭、劳合·乔治和豪斯少校联合任命了一个专门委员会来指导"准确划分德国边界"问题。委员会的成立一直是保密的。会议由法国指定的代表梅泽斯博士（Dr. Mezes），后来担任英国驻美大使的菲利普·凯尔（Philip Kerr）任委员会代表。美国总统威尔逊从豪斯少校那里知道此事后，开始进行干预，就在 10 日这天威尔逊发电报给豪斯少校："我希望你无论在什么条件下都不要达成把莱茵兰从德国分离的安排，莱茵兰的一切事态等我回来再解决。"[2] 豪斯少校遂驳回法国代表欲成立莱茵共和国的想法。委员会在 3 月 11 日和 12 日召开会议，梅泽斯告诉参加会议者，豪斯少校认为在威尔逊回来之前达成协定是不明智的，因为他两天内就回来。3 月 14 日中午，威尔逊总统回到巴黎。一到住处，劳合·乔治就迫不及待地拜访他。在这次私人会谈中劳合·乔治展示了什么观点，后世并不知情，因为至今没有任何保留的记录记载他们的讨论，也没有记录显示同一天下午在克里隆（Crillon）饭店里劳合·乔治、威尔逊和克里孟梭进一步会谈的内容，因为这次高层会晤没有官员和秘书参加。正如英国代表团秘书莫里斯·汉基（Maurice Hankey）回忆的，会议是在"极端机密的条件下"进行的。[3] 人们知道的只是在那时、在那里，劳合·乔治向克里孟梭提出一个针对德国的保证公约，即与英国结成防御联盟来防卫德国。[4] 威尔

---

[1] William Mark Jordan, *Great Britain, France and the German Problem, 1918–1939: A Study of Anglo-French Relations in the Making and Maintaining of the Versailles Settlement*, pp. 173–4.

[2] William Mark Jordan, *Great Britain, France and the German Problem, 1918–1939: A Study of Anglo-French Relations in the Making and Maintaining of the Versailles Settlement*, p. 174.

[3] Maurice Pascal Alers Hankey, *The Supreme Control at the Paris Peace Conference 1919: A Commentary*, Allen and Unwin, 1963, p. 144.

[4] 在条约中，劳合·乔治向克里孟梭重复保证将给法国"直接而有效的帮助"来反对德国的无端侵略。但这个保证条约是仓促出台的，很多方面未做具体规定。后来的事实证明这是致命的。第一，保证条约有效期到底多长只字未提。第二，虽然条约声称英国干预，但条约也规定这种干预得到英国各自治领同意，只有每个自治领都签署它才能生效，后来证明各自治领对此意见不一，这使保证条约早早成为具文。第三，对德国"无端侵略"没有具体定义，成为条约最大漏洞。劳合·乔治曾告诉他自己的代表团说："何者构成无端的侵略，我们自己是唯一的法官。"第四，条约还规定，美国将与英国缔结相似的条约，只有美国政府答应了，条约才能生效。详见 Anthony Lentin, "The Treaty that Never Was: Lloyd George and the Abortive Anglo-French Alliance of 1919", in Judith Loades, ed., *The Life and Times of David Ltoyd George*, Headstart History, 1991, pp. 115–128。

逊承诺向美国参议院提出相同的建议。这份保证公约的主要内容如下：第一，英国和美国应在军事上做出保证，在德国一旦进行无端侵略时，要立即援助法国；第二，莱茵河西岸以及东岸50公里的地带，划为非军事区；第三，莱茵河西岸和三个地区的桥头堡①应由协约国占领，15年内，每隔5年，应从其中一个桥头堡撤出，或者，如果德国在15年期限结束以前完全履行其义务，则可提前撤出。② 威尔逊和劳合·乔治表明他们仅同意短期占领莱茵左岸，这不是一种安全措施，而是作为支付赔偿的有条件的保证。作为补偿，他们正式提供上述直接的军事保证，反对德国对法国未经挑衅的侵略。③ 克里孟梭表示了感谢，但请求给他一点时间同随行的代表商讨一下再给出答复。3月17日，法国递交给劳合·乔治和威尔逊一个照会，照会宣布，作为对英美保证的回报，法国放弃政治分离莱茵左岸的要求。但法国的照会断言，只有一个保证条约不能给法国的安全提供坚固的基础。英美保证条约的条款需要更详尽的解释。此外，英美保证需要一种领土保证作为补充，应设立一个联合监督委员会（Joint Commission of Inspection），它将永久驻扎在非武装区。德国进入或试图进入非武装区将视为侵略行为，将使军事保证自动生效。协约国军队将继续占领左岸和桥头堡。协约国军队撤出后，如果联合监督委员会报告德国入侵非武装区，或者违反和平条约的陆军、海军或空军条款，法国应有权重新占领莱茵兰。④

就在英法美三国紧锣密鼓地协商和约时，英、法两国官方先后发表了对战后欧洲的政策。3月25日，英国政府适时提出《草拟和约条款最后文本前对和平会议的几点意见》（又称《枫丹白露备忘录》），全面阐述了战后英国对欧洲大陆外交的大战略。

（1）法国不能过分压制德国。劳合·乔治在文件中说："除不得以之外，我强烈反对把更多德国人从德国统治下交由某个其他国家统治。"劳合·乔治还强调："法国与其胜利了的邻国相比，从兵力数字上看年复一年愈来愈弱，实际上却是更强大了。……（法国）在胜利时刻表现出来的不

---

① 这三个地区指杜塞尔多夫、杜伊斯堡、鲁罗奥尔特。
② 〔英〕C. L. 莫瓦特：《新编剑桥世界近代史》第12卷，中国社会科学院世界历史研究所译，中国社会科学出版社，1999，第287页。
③ William Mark Jordan, *Great Britain, France and the German Problem, 1918–1939: A Study of Anglo-French Relations in the Making and Maintaining of the Versailles Settlement*, p. 174.
④ William Mark Jordan, *Great Britain, France and the German Problem, 1918–1939: A Study of Anglo-French Relations in the Making and Maintaining of the Versailles Settlement*, p. 175.

公正行为和盛气凌人的做法,是永远不会被忘记或受到宽恕的。"①

(2) 争取复兴德国,遏制布尔什维主义。劳合·乔治指出:"在当前的情况下,我认为最大的危险是德国可能把它的命运同布尔什维主义连在一起,把它的资源、智能、巨大的组织能力,置于梦想以武力为布尔什维主义征服世界的革命狂热者的摆布之下。这种危险并不纯粹是虚构……如果我们是明智的,我们将向德国提供一项和约,这项和约既是公正的,也是一切明察大义的人会选择它而不去选择布尔什维主义的。因此,我愿在和平的最前线指出,一旦德国接受我们的条款,尤其是赔款条款,我们就应在与我们平等的地位上对德国开放世界的原料和市场,并将尽一切可能使德国人民重新恢复生机。我们不能让德国瘫痪,还期望得到它的赔偿。"②

(3) 签订安全保证条约,维护法国的安全。劳合·乔治指出:"我认为在国际联盟的权威和效力得以证实以前,英帝国和美国应就新的德国的侵略的可能性向法国提供一种保证。在欧洲大陆,法国由于是反对中欧独裁者而维护自由与民主文明的主要捍卫者才遭到这样的攻击。因此,其他西方民主大国达成一种默契是必要的,即一旦德国再次威胁法国,或在国际联盟未曾证实其维护世界和平与自由的能力之前,他们保证与法国站在一起,及时保护法国,反对对它的侵略。"③

当英国首相劳合·乔治在 3 月 25 日全面阐述了自己的外交思想时,法国总理克里孟梭立即发布了《对劳合·乔治先生 3 月 25 日照会的总的意见》的文件。在这一文件中,法国也全面阐述了自己在战后和平安排上的观点和看法。

首先,克里孟梭指出:"法国政府与劳合·乔治先生照会的总的意图,即制定一项持久的因而也是一项公正的和约方面,是一致的。"④ 这种立场表明,法国同意英国的某些安排原则,作为欧洲占主导地位的两个大国,法国愿意与英国合作共同缔造战后的和平局面。这一点奠定了两国在欧洲合作的主基调。

---

① 方连庆、杨淮生、王玖芳:《现代国际关系史资料选辑》上册,北京大学出版社,1987,第 34~35 页。
② Philip Michael Bett Bell, *France and Britain, 1900–1940: Entente and Estrangement*, London: Longman, 1996, p. 119;方连庆、杨淮生、王玖芳:《现代国际关系史资料选辑》上册,第 38 页。
③ 方连庆、杨淮生、王玖芳:《现代国际关系史资料选辑》上册,第 38~39 页。
④ 方连庆、杨淮生、王玖芳:《现代国际关系史资料选辑》上册,第 43、45 页。

其次，法国对英国为安抚德国而采取的对德领土处理方法表示坚决反对。克里孟梭尖锐地指出："劳合·乔治先生的照会坚持——法国政府是同意的——必须制定一项在德国看来也是公正的和约。但是，考虑到德国人的心理，把德国人所设想的公正，认为与协约国所设想的是同样的，恐怕还值得考虑。""此外，不应该忘记，施加公正的裁决不仅是对敌国，而主要是对协约国，这点是明确的。并肩战斗的协约国应以一项公平的和约来结束这场战争。"[1]

英美经过10天左右的协商，3月28日美国照会法国，对法国的要求给出了答复，并提出了英美在莱茵兰问题上的立场，照会内容包括：（1）莱茵东岸50公里以内不能设防；（2）禁止永久或临时在莱茵兰维持或集中武装力量，所有武装人员和维持军事占领的设施都将被禁止；（3）违反上述规定将被视为是对和约签字国的敌对行为，将被视为是扰乱世界和平。[2]

美国的答复实际上否定了法国3月17日照会提出的额外要求。在英美的联合压力下，克里孟梭接受了美国3月28日照会的条款。3月31日，在克里孟梭坚持下，福煦将军被召唤到四人会议前做最后的抗辩。福煦递交了另一份备忘录，宣布只有协约国军队出现在莱茵兰才能使法国免于入侵。[3] 劳合·乔治和威尔逊认真听完后宣布，福煦的坚持是没有用的，他们已经做出决定。这样，美英所列出的三点原则最终成为和平条约第42~44条的内容。

法国试图与英国做最后的协商。1919年4月2日，法国驻英大使在与寇松爵士的谈话中就指出，英国要充分理解法国的忧虑和担心，并向英国反复重申了法国在莱茵河两岸建立缓冲国和获取萨尔煤炭盆地问题。他说，这两个问题事关法国的生死存亡。没有人能够理解法国过去令人忧心的经历，也更无法理解这段经历对法国国民意识和思维方式造成的影响，任何挽救法国免于威胁的努力的失败将会对这个国家造成持久的伤痛，对此他以最大的警觉来看待。寇松爵士予以反驳认为，法国事实上误解了英国的立场，并提出让法国思考下列几个问题："关于莱茵边界问题，是否法国受

---

[1] Philip Michael Bett Bell, *France and Britain, 1900 - 1940: Entente and Estrangement*, p. 119. 也可见方连庆、杨淮生、王玖芳《现代国际关系史资料选辑》上册，第43~45页。
[2] William Mark Jordan, *Great Britain, France and the German Problem, 1918 - 1939: A Study of Anglo-French Relations in the Making and Maintaining of the Versailles Settlement*, pp. 175 - 6.
[3] William Mark Jordan, *Great Britain, France and the German Problem, 1918 - 1939: A Study of Anglo-French Relations in the Making and Maintaining of the Versailles Settlement*, p. 176.

过去记忆的影响太厉害了？德国被打败、侮辱并剩下相对较弱的军事力量后，还敢再冒着这么大失败的危险再来一次战争吗？若使法国获取阿尔萨斯和洛林以及莱茵边界中立化，法国就能比以前获得更多的军事安全吗？设若德国重新复兴，难道德国就不能把政治和军事目标指向东方而不是西方吗？那么它未来攻击的目标难道不可能是我们一直设法保持在德俄之间存在的那些小国和弱国吗？在法国打响针对巴黎的战役之前，难道我们就不能通过战争恢复或者确保东欧的安全吗？"① 法国大使表示他不能同意英方的总结，并引用了巴隆·库尔曼（Baron Kuhlmann）刚发表的一份声明，声明宣布德国将永远不会放弃复仇的想法。法方认为无论东方有多么大的吸引力，德国都将首先夺回它在西方所损失的东西。德国的兴趣不但包括法国，而且包括整个协约国。寇松爵士反问，法国真的弄清楚德国人未来的想法和行动吗？如果法国坚持拥有萨尔煤炭盆地和在莱茵河左岸建立一个缓冲国，这是不是又设立了一个新的日耳曼人的沦陷区呢？法国大使回答说，关于萨尔地区，德国人口只有四千万人，他们必须习惯于法国人的统治；关于缓冲国，法国这种安排不会引起严重的民族主义问题。双方的争论随后又转到土耳其问题上。②

4月6日，克里孟梭指示他的首席军事顾问莫达克将军（General Mordacq）做出报告来评估莱茵撤退问题。莫达克将军认同协约国提出的采取分期撤退的办法，只不过他建议首先撤出北部地区，以便更长时间保留对美因茨的控制。③ 4月14日，克里孟梭告诉豪斯少校，同意美国分期撤退的建议，他也同意美国关于非武装区和保证条约的规定。④

4月15日，当威尔逊同意15年占领的意见时，劳合·乔治从英国返回和会，对美意见表示同意。他们协商的结果成为《凡尔赛条约》第14章的内容。正如沃尔夫斯所说："在凡尔赛，为了遏制德国，法国摇摆于两种选择之间：一是主要依靠自身的力量优势，基本不依靠外部援助；二是它相信会得到其他国家的军事援助。在协商的任何阶段，法国都没有放弃'坚

---

① *BDFA*，Part Ⅱ，Series F，Vol. 16，p. 12.
② *BDFA*，Part Ⅱ，Series F，Vol. 16，pp. 12–13.
③ William Mark Jordan，*Great Britain，France and the German Problem，1918–1939：A Study of Anglo-French Relations in the Making and Maintaining of the Versailles Settlement*，p. 176.
④ William Mark Jordan，*Great Britain，France and the German Problem，1918–1939：A Study of Anglo-French Relations in the Making and Maintaining of the Versailles Settlement*，p. 176.

固的盟友'。"① 这样，与英美结盟取代莱茵边界成为法国在会议上政策的基础。后来许多史学家推测，在克里隆饭店里美英领导人与克里孟梭达成了以保证条约换取克里孟梭放弃莱茵兰的交易。② 劳合·乔治的倡议打破了僵局，促使陷于危险中的制定和平的工作继续进行。而法国不得不对这一保证条约寄予厚望，用克里孟梭的话说，"它是和平条约的最终实施方案"并且"是欧洲和平的基础"。③

参加和会的各大国经过一番讨价还价，于4月中旬达成妥协，结束了对德和约的制定工作，拟定了《协约国和参战各国对德和约》，即著名的《凡尔赛条约》。5月7日，各战胜国代表齐集于凡尔赛宫的镜厅，向参加和会的德国代表宣布了条约文本。克里孟梭以战胜国的口吻说："清算你们（指德国人）的时间到了。你们向我们要求和平。我们同意把和平交给你们。我们现在就把这项和平的文书交给你们。"④ 此项条约是英法等战胜国意志的体现，而且他们的要求在该条约中大都得到了体现。该条约的重要内容如下。

第一，将《国联盟约》置于条约的第一部分，并且在盟约的第 8 条向各国提出了裁减军备的要求，第 10 条规定了国联会员国彼此承担尊重并保持会员国领土及政治独立的义务，第 16 条规定对违反盟约实施制裁的义务。⑤

第二，重划了德国的疆界。关于德国西部边界，条约规定：阿尔萨斯－洛林重归法国；萨尔的煤矿由法国开采，行政由国联代管，为期 15 年，期满后举行公民投票决定其归属；德国境内莱茵河西岸由协约国占领 15 年，

---

① Arnold Wolfers, *Britain and France between Two Wars: Conflicting Strategies of Peace since Versailles*, p. 16.
② 对于此问题，沃尔夫斯也曾做了认真的考虑。他认为，法国最重要的考虑是认为德国拥有远比法国强大的潜在实力。法国也认为德国是一个好侵略的军事国家。在这些假设基础上，法国认为只有两个条件得到满足它才会觉得安全。它及它能够依赖的给予援助的国家必须能够持久遏制德国到一种"人为的劣势"状态。此外，法国必须拥有足够的军事优势。在它的盟国能够提供支持之前，抵挡德国的入侵（Arnold Wolfers, *Britain and France between Two Wars: Conflicting Strategies of Peace since Versailles*, p. 12）。可见，遏制德国和获得其他国家的军事援助始终是法国的首要考虑，而莱茵兰则显然放在依靠盟友援助的考虑之后。所以，法国放弃莱茵兰就可以理解了。
③ Alan Sharp and Glyn Stone, eds., *Anglo-French Relations in the Twentieth Century: Rivalry and Cooperation*, p. 104.
④ 〔苏〕弗·鲍爵姆金：《世界外交史》第 4 分册，第 44 页。
⑤ 世界知识出版社编《国际条约集（1917～1923）》，世界知识出版社，1961，第 269～273 页。

东岸 50 公里内划为非军事区，不得设防；西北面，莫勒内、欧本和马尔梅迪三个地区，共约 384 平方公里的地方划归比利时；石勒苏益格由公民投票决定是否划归丹麦。①

东部边界是《凡尔赛条约》的一个焦点，也事关东欧国家命运。德国承认波兰独立。波兰从德国得到西普鲁士和波兹南的绝大部分，东普鲁士的索尔道县和中西里西亚的若干小块领土，以及穿过西普鲁士的以波兰居民为主的波莫热，即所谓"波兰走廊"的狭窄出海口（此举把东普鲁士和德国其余部分完全隔开），但泽市（一个主要是德国人居住的城市）被宣布为国际联盟保护下的自由市，其港口由波兰海关管理，波兰有权处理该市对外关系和保护其侨居公民，并保证波兰人自由进入该市。德国放弃默麦尔地区，该地区暂由协约国占领，1923 年合并于立陶宛。东普鲁士部分地区以及上西里西亚要通过公民投票决定其归属，上西里西亚南部有些地方划归捷克斯洛伐克。

第三，瓜分德国的殖民地。条约规定：剥夺德国的所有殖民地，以"委任统治"的形式分配给英国、法国、比利时、日本等国；此外，把德国在中国山东的一切非法权益和胶州湾租借地全部移交日本。

第四，限制德国军备。条约规定：德国要废除普遍义务兵役制，撤销参谋总部，陆军总数不得超过 10 万人，军官不得超过 4000 人，德军的任务只限于维持境内治安和边防；海军总数不得超过 15000 人，军官限额为 1500 人，军舰的种类和数量也被做了严格的限制；禁止德国制造化学武器和进口任何武器，不准拥有装甲车、坦克、潜水艇和空军。

第五，经济和赔偿问题。条约规定：德国及其盟国对协约国及参战国所受的一切损失承担责任，德国的赔偿数额由赔偿委员会在 1921 年 5 月 1 日前确定，在此之前，德国应以黄金、煤、机器和其他物资先偿付 200 亿金马克；此外，德国应交出 1600 吨级商船的全部、1400 吨级商船的一半、1/4 的渔船和 1/5 的内河船只，5 年内应为协约国建造 20 万吨船只，10 年内分别向法、比、意提供大量的煤、机器、化工产品等。条约还规定：战胜国对德国输出输入的货物不受限制，德国关税不得高于别国；易北河、奥得河、多瑙河等重要河流由国际专门委员会控制；外国军舰和商船可以自由出入基尔运河。

---

① 1920 年公民投票结果，其北部归丹麦，南部仍留在德国。

《凡尔赛条约》使德国丧失了1/8的领土、1/10的人口，丧失了所有的殖民地和海外投资以及大部分商船；一些最发达地区暂时被占领，西部国门敞开；丧失了运输系统、捐税、进出口管理权；承担没有定额的战争赔偿，而且因解除武装而无力保卫国家。特别是德国承担了道义上的战争罪责，使德国人背上了巨大的精神负担。由此看出，英法都达到了削弱德国这一欧洲大陆强劲对手的目标。但是德国被过度削弱，又使英国感觉到自己的外交战略有"矫枉过正"的感觉。德国衰弱后，法国的军事实力立刻显现出来。法国在欧洲大陆的优势令英国极度不安，逐渐开始调整自己的战略，修正《凡尔赛条约》对德国的过分压制。

在《凡尔赛条约》及其他后续条约《圣日耳曼条约》《纳伊条约》《特里亚农条约》等签订过程中，东欧和巴尔干地区无疑占据了很大的比重，成为凡尔赛体系集中解决的问题之一。东欧和巴尔干地区构成了战后和平体系的重要组成部分，其和平与稳定对20世纪20年代国际关系影响深远。

1919年9月10日，协约国与奥地利签订了《圣日耳曼条约》。条约确认奥匈帝国解体，匈牙利与奥地利分立；奥地利承认捷克斯洛伐克和南斯拉夫（1929年以前称塞尔维亚-克罗地亚-斯洛文尼亚王国）独立，并接受协约国规定的奥地利与上述国家及其与保加利亚、希腊、波兰、罗马尼亚的疆界；禁止德奥合并；奥地利割让南蒂罗尔、特兰提诺、的里亚斯特、伊斯的里亚和达尔马提亚海外的一些岛屿给意大利；前波希米亚王国（包括300万讲德语的人居住的苏台德区）、摩拉维亚和奥属西里西亚（包括以波兰人为主的切欣地区）划归新成立的捷克斯洛伐克；波斯尼亚-黑塞哥维那和达尔马提亚沿岸等地划归南斯拉夫，布科维纳和切尔诺夫策割让给罗马尼亚；加里西亚暂由协约国管理，后合并于波兰；宣布阜姆为自由港。此外，条约还规定奥地利废除强迫普及征兵制，陆军不得超过3万人；除保留3艘巡逻舰外，其余舰只全部交给协约国；禁止拥有潜艇和空军。赔款总额由赔款委员会研究决定；财政由协约国加以监督。

1919年11月27日，协约国与保加利亚签订了《纳伊条约》。规定保加利亚承认南斯拉夫独立，将西部马其顿和蒂莫克河下游地区划给南斯拉夫；北部的南多布罗加划归罗马尼亚；西色雷斯由战胜国代管，后划归希腊。保加利亚必须废除义务兵役制；陆军限额为2万人，不得拥有海、空军。赔款22.5亿金法郎，37年内偿清。

1920年6月4日，在镇压了匈牙利无产阶级革命后，协约国与匈牙利订立了《特里亚农条约》。条约重申了对奥条约的主要条款,并将克罗地亚-斯洛文尼亚和巴纳特两部划归南斯拉夫,巴纳特东部和特兰西瓦尼亚划归罗马尼亚;斯洛伐克和外喀尔巴阡乌克兰划归捷克斯洛伐克。匈牙利必须废除强迫普及兵役制;限制保留陆军3.5万人和巡逻艇3艘。赔款22亿金法郎。

1920年8月10日,战胜国与土耳其素丹政府签订了《色佛尔条约》。规定土耳其的欧洲领土除伊斯坦布尔及附近地区外,东色雷斯和伊兹米尔地区割让给希腊,海峡地区为非军事区由国际共管,无论平时或战时均对一切国家的军舰和商船及军、民用飞机开放;土耳其承认汉志和亚美尼亚独立;根据国际联盟的委任统治文件,叙利亚和黎巴嫩为法国的委任统治地;美索不达米亚和巴勒斯坦则委托给英国;土耳其领土仅剩下安纳托利亚高原地区。条约还规定恢复列强在土耳其的领事裁判权,战胜国有权监督其财政经济和关税。其军队不得超过5万人,不得拥有空军和炮兵,海军仅能保留13艘轻型舰只。该条约使土耳其丧失了独立地位。因此由土耳其资产阶级革命领袖凯末尔领导的大国民议会坚决拒绝承认这个条约,致使《色佛尔条约》从未生效。土耳其资产阶级革命胜利后,协约国与凯末尔政府于1923年7月24日另订《洛桑条约》,以代替《色佛尔条约》。《洛桑条约》规定将小亚细亚全部领土和东色雷斯归还土耳其;承认土耳其领土完整和国家独立;废除领事裁判权;取消赔款,土耳其财政不受外国监督和关税自主等。但维持海峡地区非军事化和国际共管,对其他地区的委任统治安排也未改变。会后协约国军队从伊斯坦布尔撤出。《洛桑条约》是凡尔赛体系中唯一的较平等条约,它使土耳其获得了民族独立,成为战后近东最稳定的国家。[①]

通过分析英国对巴黎和会的准备及在和会上与法国的合作与斗争,我们可以清晰地看出英国战后在其"和平战略"指导下的对法政策。第一,从恢复欧洲经济出发,英国采取与法国合作共同处理战后安排的做法。在战后对德赔偿、重建欧洲经济、恢复欧洲市场方面,英、法两国政策是一致的。第二,英国反对法国力图在欧洲谋取霸权的行为,继续实行均势政策,具体表现是坚决反对法国压垮德国,主张对战败德国的压制应该有一定限度,反对法国分离莱茵兰、以莱茵河作为安全屏障。第三,也是最重

---

① 上述条约内容引自齐世荣主编《世界史:现代卷》,高等教育出版社,2006,第99~100页。

要的一点,应该恢复德国经济的正常运转,只有这样才能从整体上复兴欧洲经济,并为英国提供一个贸易伙伴,也才能维护和平。[1] 因此,对于《凡尔赛条约》中一些对德苛刻的要求,英国是有所保留的,并一直反对法国的做法。

法国则把和平条约作为其"安全战略"的基础,认为必须严格实施,法国安全才有保证。在和平会议上,法国安全战略的底线——莱茵兰分离的建议遭到英美的抵制,遂把《凡尔赛条约》下与英美达成的安全框架作为国家安全的最后救命稻草,不容任何变更。法国政府认为,"战后的和平安排代表了新的、神圣的欧洲法律","是可以依靠的,必须彻底和永久地实施"。[2]

与此同时,英国拒绝把条约看作神圣的和不可变更的。为实现和平战略,英国决定对和平条约采取灵活的措施。英国政治家们反复向公众确认:他们一直没有把新的和平安排视为神圣的和不可变更的。劳合·乔治采取更激进的立场,《凡尔赛条约》签订不久他就宣布:"在巴黎达成的决定在很多情况下是仓促和有条件的,在某些情况下必定存在错误,在某些情况下进行修订而且进行很大的变更可能是必要的。"[3] 英法对和约采取的不同态度(也就是两国外交战略的差异)就为以后两国关系的曲折发展埋下了伏笔。

四 法国政府批准和平条约的曲折历程

随着签署条约日期的临近,从1919年8月26日开始,法国国民议会关于如何缔结和平条约的辩论开始密集展开。在当日的辩论中,自由行动党(Action Liberale)代表沙普德莱纳(M. de Chappedelaine)认为,《凡尔赛条约》既不能保证世界和平也不能确保法国防止德国未来新的入侵。他对于政府没有同议会协商和平条约具体内容而感到遗憾,并批评国联缺乏执行力。共和联盟(Union Republicaine)的代表拉伊贝蒂(M. Raiberti)更多地谈到了军事保障问题。他认为缩减德国军备并不是好办法,这一点并不

---

[1] Philip Michael Bett Bell, *France and Britain, 1900 – 1940: Entente and Estrangement*, p. 134.
[2] Philip Michael Bett Bell, *France and Britain, 1900 – 1940: Entente and Estrangement*, p. 134.
[3] Arnold Wolfers, *Britain and France between Two Wars: Conflicting Strategies of Peace since Versailles*, p. 212.

能阻止德国组成新的军队。他认为应该阻止协约国占领莱茵桥头堡，因为这将会激起德国的复仇主义。事实上，军事保证也是不充分的。他认为"国际联盟是建立国家间友好关系最出色的努力成果"，但他也认为国联没有执行力，以及缺乏任何运用国联权力的组织。他宣称国际联盟应该建立一种国际力量，能够遏制任何战争的企图。而隶属于共和－社会党的佛朗索瓦·富尼埃（M. Fransois Fournier）认为，《凡尔赛条约》以牺牲德国统一为前提，德国会一直想着如何复仇。他支持建立国际议会，在国际法和司法上具有立法权，这能确保国联的协调统一以及世界和平。[①]

9月2日至4日，法国国民议会持续讨论缔结和平条约问题。政府主要代表人物安德烈·塔迪厄和路易斯·巴图纷纷发表自己的见解。塔迪厄认为条约要基于三项原则：对未来的保证、团结和正义。在1918年1月和2月协商开始的时候，法国政府面临的问题是要考虑战争对法国造成的伤害。从政治上讲，国际社会并不能充分保证法国的安全，因此政府需要的唯一可能的保证就是在莱茵右岸限制德国，由协约国军队占领桥头堡。这一建议受到协约国家的强烈反对，但政府没有选择，只能坚持这一立场。协约国首先不会同意共同参与占领德国，如果法国坚持单独实施占领将不会得到协约国支持。美国总统威尔逊提出打破僵局的办法，承诺英美在法国遭受德国未经挑衅的进攻时给予其援助，这一建议在美国历史上是史无前例的，具有明确参与和提供帮助的双重特点。政府不会让这种机会溜掉。但它必须让协约国知道这种帮助是不充分的，法国需要进一步的保证，即莱茵兰中立化、占领莱茵左岸及其桥头堡。[②] 然后是塔迪厄的发言，他对条约持批评态度。他说："万一法国遇到危险，英国人来救我们就晚了，美国也是一样。"毫无疑问，英美将迟于驻扎在莱茵左岸的德国集团军。另外，他听说德国军队马上会超过条约规定的10万人。他认为协约国有权掌控德国的军事动向，他们需要尽可能全面地实施这项权力。[③]

巴图最后审视了一下条约，总体看来他认为法国应该感到满意，尤其是在摩洛哥事务上。他本人宣布自己对莱茵左岸的规定满意。他认为没有人比克里孟梭能做到这样更令人满意的结果了。他声称对英美帮助感到满意，但"坦率地说，英国不能否认我们所拥有的权利。我不会提及波斯，

---

① *BDFA*, Part Ⅱ, Series F, Vol. 16, pp. 35 – 6.
② *BDFA*, Part Ⅱ, Series F, Vol. 16, p. 38.
③ *BDFA*, Part Ⅱ, Series F, Vol. 16, p. 39.

但我有义务说法国不能再容许发生像叙利亚那样的严重事件"。关于国联,巴图认为德国武装力量应置于国联管辖之下。①

巴图接受保证条约,但认为这是不够的。德国保留了军队,协约国如何使控制权生效?他想知道英国和美国能提供何种形式的帮助,并希望看到一项明确的军事协定。巴图随后说,威尔逊不是国际联盟之父,事实上很大程度上它是法国观念的产物。国联是条约的最后保证,没有它条约将不会存在。不过事情最糟糕的部分是国联仍没有组织起来。②

到1919年9月,法国政府和议会关于和平条约的讨论陷入白热化,各种观点纷呈,话题也相对固定。9月5日,法国国民议会继续就此问题举行辩论,这一次统一社会党(Unified Socialist Party)成员博图斯(M. Bedouce)和财政部长克劳斯(M. Klotz)相继发言陈述自身的观点。但不同人物的发言影响力是有差别的。克劳斯的发言首先列举各交战国的花费。根据他的估计,就战争费用(war expenses)而言,法国是1450亿法郎,英国和自治领是1800亿法郎,美国是1140亿法郎,意大利超过580亿法郎,俄罗斯近920亿法郎,德国是2310亿法郎,奥地利是150亿法郎。在这当中2/3的损失是由同盟国和协约国政府造成的。如果让德国及其盟国为这些花费担责的话,这就意味着它们必须支付5%的赔偿,如果按50年期支付的话就是387亿法郎,如果按100年期支付的话就是355亿法郎。克劳斯说,除了战争花费外,还有其他重要赔偿内容,如战争损失费(war losses)、军事养老金还款(repayment of military pensions),如果按50年期计算将达到近19030亿法郎,如果按100年期支付的话将达到35500亿法郎,再加上整个战争破坏费(war damages)和一般抚恤金(pension)加起来的赔偿额8000亿到10000亿法郎,其总数将达到难以置信的45000亿法郎。③

鉴于上述情况,克劳斯认为法国应该将问题诉诸协约国。但是法国不能表现出像乞丐一样的态度。它有权提出补偿,但与此同时协约国政府的意见也必须得到尊重。它们困难时刻帮助法国,法国对此必须表示感激。克劳斯说到未来几年法国如何弥补其财政状况的问题。他说法国的预算不能寄希望于德国的债务。当然他也不希望让法国人民支付本来应该由德国纳税人支付的税务负担,法国也不应该是德国的银行家。克劳斯的话被路

---

① *BDFA*, Part Ⅱ, Series F, Vol. 16, p. 39.
② *BDFA*, Part Ⅱ, Series F, Vol. 16, p. 39.
③ *BDFA*, Part Ⅱ, Series F, Vol. 16, p. 44.

易·马冉（Louis Marin）打断，他认为克劳斯一直在逃避现实问题，即究竟谁来支付明年的税。他断言1920年法国将事实上是德国的银行家，法国纳税人因和平代表的失误而被税收压垮。德国的赔偿应包含在普通预算当中还是应设立一项特别预算，这是两个非常不同的问题。问题是，1920年谁来支付40亿法郎抚恤金以及20亿法郎的破坏区建设。这不应该由德国支付，因为根据和平条约规定，1921年5月将是德国支付给法国60亿法郎的到期日，后者还将支付给法国价值100亿法郎的商品，因此没有什么现金来支付上述费用。马冉的讲话被工业重建部长卢舍尔（Loucheur）打断，他指出，情况正好相反，如果法国收到来自德国的100亿法郎商品，法国财政部将收到来自这些商品购买者的现金。卢舍尔认为，和平代表团已经评估认为德国会支付。他认为，法国的预算情况要比德国好，德国纳税人税务很重。①

到了1919年9月24日，法国国内的辩论和争论越来越集中和平保证。讨论的问题主要集中在如果美国没有签署保证条约和支持国联怎么办，法国的保证还从何处寻找。外交部长斯蒂芬·毕盛（Stéphen Pichon）则继续在国民议会发表看法，他说国联是战前海牙和平运动发展的结果，法国在这一运动中扮演了领导者角色，但遭到1914年成为法国的敌人的国家的反对，而法国现今的盟友支持其关于强制仲裁的倡议。毕盛认为，美法缔结的盟约只有通过国联的运作才能起作用，条约提供的所有担保将依赖国联。他真诚地希望美国能签署条约。但如果美国参议院不签署条约，法国仍可以操控国联，实现安全保障。② 在这一讨论中，克里孟梭也加入并阐述了自己的观点。9月25日，克里孟梭在国民议会发表长篇讲话表示对签署和平条约的支持。他说，德国必须无条件归还阿尔萨斯和洛林。他认为和平条约是一项团结的成果，因此必须作为一个整体来看待。克里孟梭说他很看好美国能够采纳和平条约。克里孟梭谈到了和平会议的一些巨大的困难，主要是因为会议是由一些带有民族感情的人组成，有一些协约国阻止法国获得某些物质利益。在克里孟梭看来经过一战所形成的团结一致是最重要的。他说国联已经组成，现在要做的就是使它充满生命。唯一的方法就是法国及其盟国结成牢不可破的关系。克里孟梭最后总结说，需要团结，和平条约的原动力就是协约国之间的团结。③

---

① *BDFA*, Part Ⅱ, Series F, Vol. 16, pp. 44-5.
② *BDFA*, Part Ⅱ, Series F, Vol. 16, pp. 52-3.
③ *BDFA*, Part Ⅱ, Series F, Vol. 16, pp. 54-5.

1919年10月1日,从8月26日开始的国民议会关于和平条约条款的辩论终于形成了结论而告一段落。在总结时,奥加尼厄（M. Augagneur）[1]说他将投票支持签署条约,但会对条约的条款做出几处保留。他指出,国联无法保障德国支付给法国所有的赔偿损失,因为根据国联条约第10条,仅当受到入侵时国联才会干预,而拒绝支付赔偿并不是侵略行为。他还说,法国在国联理事会只有一个投票权,因为法国殖民地的投票权没有得到承认,而英国却可以得到自治领的支持。奥加尼厄批评克里孟梭对殖民地的态度,并提到1911年的条约以及割让出了德国在刚果的领土。而主管外交事务的布永（Henry Franklin-Bouillon）则大肆攻击了克里孟梭的解决办法,他说条约对法国来说是个坏东西,他准备投票反对批准这个条约。他说某些财政和军事保障对法国来说没有价值,条约代表了在最大限度的无政府状态下的最低程度的和平。布永然后转向克里孟梭质问是否与英国缔结的条约要取决于法国与美国缔结的条约,美国能投票支持这个条约吗? 克里孟梭回答说:"我不想在这里与你讨论这个问题。"布永对克里孟梭的回答表示愤怒,再度询问这个问题,但没有得到回复,讨论就此结束了。[2] 1919年10月2日,法国国民议会以372票支持、53票反对和73票弃权而批准签署和平条约。与此同时,国民议会一致批准了与英国和美国的盟约。[3]

　　从投票的情况来看,53票反对签署条约,其中49票是社会党成员。布永自始至终都是克里孟梭方案的最严厉的批评者和最坚决的反对者,马冉也投了反对票。33名社会党员投了弃权票,18名激进社会党成员以及另外3个右翼群体也投了弃权票。而两名社会党成员莫格尔（Mauger）和勒贡特（Lecointe）却投了支持票。总体来看,社会党的投票反映了党内缺乏一致性。法国媒体则大力支持签署条约并对这一行为给予了支持和呼应。[4] 1919年10月11日,法国参议院以217票支持、1票弃权的方式支持签署和平条约。[5]

五　巴黎和会确立的国际新格局

　　巴黎和会是要解决整个世界权益的再分割问题,但和会签订的各个条

---

[1] 奥加尼厄是约瑟夫·卡约（Joseph Caillaux）政府的部长。
[2] *BDFA*, Part Ⅱ, Series F, Vol. 16, pp. 56-7.
[3] *BDFA*, Part Ⅱ, Series F, Vol. 16, p. 57.
[4] *BDFA*, Part Ⅱ, Series F, Vol. 16, p. 57.
[5] *BDFA*, Part Ⅱ, Series F, Vol. 16, p. 65.

约涉及的主要是德国和土耳其殖民地的分割问题，因此，它基本上是欧洲问题的解决方案。从条约中，英法得利最多。英国通过瓜分德、土殖民地，加强了它在中东、地中海和非洲的优势。法国从宰割德国中也掠夺甚多，为其称霸欧洲大陆创造了条件。日本获得了德国在中国山东的权益与太平洋上赤道以北的岛屿，加强了它在远东和太平洋的优势。但和会的决议没有反映美国通过大战获得的优势地位，它的利益和要求没有得到满足，美国国会否决了《凡尔赛条约》，不过随后美国通过各种形式继续参与国际格局的构建，施加自身影响力。

凡尔赛体系所确立的国际格局具有下列特点。一是在权力和利益的满足方面，部分实现了战胜大国（主要是英、法）的构想，成功实现了战胜国对战败国的压制，体现了胜利者的逻辑。二是在安全困境上，美英主导着对欧洲安全"均势"格局的控制，这是整个体系的核心。法国的安全困境表面上得到暂时解决，但潜藏着危险，并最终成为体系失败的突破口。尽管美国提出了通过国联实现集体安全的理念，但最终也失败了。三是凡尔赛体系作为一个欧洲体系，具有排他性和意识形态色彩，具有同新兴的社会主义国家苏俄对抗的性质。这三种性质决定了体系的矛盾重重，体系内大国互动错综复杂。既有合作针对苏俄，也有彼此激烈的争斗。

各主要大国依据自身的力量形成了各自的战略，并且在凡尔赛体系下进行了互动，进而产生了独特的关系布局，这种布局的基本形态就是维护体系力量和解构体系力量之间的争夺，换言之，是美英与法国在制裁德国问题上的分歧，是维护欧洲均势这一体系核心思想同解决欧洲安全困境的霸权主义思想的冲突。它既表现为处在体系内英法之间的战略冲突——欧洲均势和欧洲霸权的矛盾，又表现为处在体系外的美国对法国压制德国的干预。法国作为体系的坚定维护者，受到条约修正主义者英美的反对。

作为不满者的德国随着经济的逐渐发展，也成为体系解构的重要力量。尽管德国在体系内发挥不了决定作用，但依靠体系内的复杂关系，巧妙地维持了自身的生存，并获得了发展壮大的机会，利用体系内"势力均衡"原则实现了自我复兴。苏俄尽管一直被排除在体系之外，但同样是体系解构的潜在推动力量，不但在政策上加以反对，且通过与凡尔赛体系的意识形态和军事对抗成功实现自我复兴。

从总体进程来看，条约的维护力量弱于条约的解构力量，最终使得解构力量获得胜利，凡尔赛体系最终瓦解。

第六章　英国对法政策由协调到遏制的转变

一　两次鲁尔危机及英国对法国的协调政策

(一) 第一次鲁尔危机与英国对法国行为的默认

和平会议结束之后，英国便开始从政治和经济两方面贯彻其对欧"和平战略"。英国对"和平战略"的实施可以由随后欧洲的经济和政治危机充分体现。

和平会议刚刚结束，欧洲的经济危机接踵而来。从1920年开始的经济危机沉重打击了英国的经济：工业生产下降了30%~70%；失业率在1921年高达12.9%，比1920年增加10个百分点；同时英国赖以生存的对外贸易急剧萎缩，1920年英国进口和出口总额分别为193300万英镑和133500万英镑，一年以后则分别下降到108600万英镑和7300万英镑。[①] 工业生产在1921年夏季降至低谷。如以往煤产量月平均1800万吨，而1921年4、5、6三个月合计才210万吨；生铁由平均月产60万吨，降至6月的8000吨。与此相反，失业率却扶摇直上，达到20.6%，是1920年同期的20倍。[②] 劳合·乔治在谈到国内状况时毫不掩饰："我们的困难是失业和贸易的荒废……我们有二百万人失业"，"目前我们的恢复很困难，因为作为一个输

[①] R. F. G. Alford & A. B. Atkinson, *The British Economy: Key Statistics, 1900-1970*, London: Times Newspapers, Ltd., 1973, p. 8.

[②] Arthur Cecil Pigou, *Aspects of British Economic History, 1918-1925*, London: Macmillan, 1947, p. 219.

出国，我们依赖于世界市场的复兴……对外贸易是我们的命根子，必须恢复"。①

正在欧洲经济混乱不堪时，偏偏祸不单行，在政治上又出现了危机。1920年3月鲁尔地区发生工人暴动，德国政府立刻派兵镇压。法国在未同协约国协商的情况下，以德国政府未经授权进入鲁尔区以及鲁尔革命危及德国资产阶级政府为由，派兵进入德国鲁尔。

那么，法国为什么向德国鲁尔进兵呢？主要有以下两个原因。一是1919年英法保证条约的失效，使法国对德安全问题再度提上日程。如前文所述，在巴黎和会上，英法在对德国莱茵兰问题的处理上产生尖锐矛盾，劳合·乔治最后提出一项折中方案：如果法国放弃对莱茵兰的要求，英国和美国将保证法国的边界不受德国未来的侵略。法国接受了英国的提议，接受英美对它的国家边界的保证，前提是这两个保证一起生效。英国议会的上、下两院都批准了1919年7月的"保证条约"，但是1920年3月19日美国参议院经过讨论决定，拒绝批准《凡尔赛条约》，也拒绝保证条约。②法国欲进军鲁尔来获得更多安全保证。二是获取鲁尔煤炭作为恢复经济的保证。鲁尔盛产煤炭，是德国最重要的工业区。第一次世界大战前，鲁尔区大约生产德国80%的煤炭、生铁和钢材，是德国名副其实的工业心脏。③法国力图掠取更多煤炭甚至控制鲁尔而使自己在压制德国问题上获取有利地位，并获得足够的赔偿保证。

英国对法国未同协约国协商而行动的做法表示遗憾，认为这种情况不利于问题的和平解决和欧洲的稳定。但此时恰逢近东发生土耳其革命，英国急需法国合作解决问题。

近东地处交通要冲，扼地中海进入红海咽喉，是英国到印度的必经之

---

① 梁占军：《英国与热那亚会议的缘起》，《首都师范大学学报》1994年第1期。

② 详细内容参见 Thomas A. Bailey, *Wilson and the Great Betrayal*, Chicago: Chicago University Press, 1963, p.157. 众所周知，法国在和会上一直拒绝牺牲莱茵兰，但克里孟梭在英美的双重保证下还是放弃了对莱茵兰的追求，至于他为什么会放弃莱茵兰一直是个历史谜案，对此历史学家安东尼·伦汀详细地从克里孟梭的心理、法国舆论环境、英法两国领导人微妙的私人关系等方面进行了推测，参见 Anthony Lentin, "Lloyd George, Clemenceau and the Elusive Anglo-French Guarantee Treaty 1919: 'A Disastrous Episode'?" in Alan Sharp and Glyn Stone, eds., *Anglo-French Relations in the Twentieth Century: Rivalry and Cooperation*, New York and London: Routledge, 2000, p.104.

③ Royal Jae Schmidt, *Versailles and the Ruhr: Seedbed of World War Two*, The Hague: Martinus Nijhoff, 1968, p.9.

路，而中近东地区蕴藏的丰富石油资源又是英国所必需的能源。因此，伦敦某些有影响的集团早就企图建立所谓"英属中东帝国"，要把英属非洲殖民地同巴勒斯坦、阿拉伯半岛、叙利亚、美索不达米亚和印度连成一片。[1] 早在巴黎和会上，英国便对原属奥斯曼帝国的中近东地区十分关注，以致一名观察家认为，英国在近东（中近东）的石油利益要大于其在鲁尔的煤炭利益。[2] 但是，当土耳其民族解放运动领袖穆斯塔法·凯末尔（Mustapha Kemal）为了反对外国奴役而发动了土耳其民族解放战争时，协约国对奥斯曼帝国领土的委任统治尚未进行分配，因此，英国认为土耳其革命有破坏整个委任统治制度的危险，[3] 从而危及英国的利益。另外，英国此时还要忙于解决国内的经济危机，所以急需寻找大国合作以解决中近东的事务。由于美国没有批准《凡尔赛条约》，加上国内孤立主义势力反对美国介入英国的行动，在这种情况下，法国成为英国必须求助的力量。同时，法国也不想破坏和平条约缔结以来两国的协调关系，也意识到仅凭自己的力量很难解决鲁尔和赔偿问题。正如寇松评价说："正如法国不能单独解决鲁尔问题一样，英法或其他任何国家都不能单独解决近东问题。"[4] 于是，两国首先在4月19日召开的圣·雷莫（San Remo）会议上就原奥斯曼帝国领土的委任统治权问题达成了协议。英国对美索不达米亚和巴勒斯坦拥有委任统治权，法国占领叙利亚和黎巴嫩。法国把摩苏尔油田让给英国，该地区根据1916年的秘密条约应归法国所有。[5]

法国在近东做出了让步，英国在欧洲事务上也就表示妥协。英国对法国的行动采取支持和默认态度。5月17日，德军彻底镇压了鲁尔骚乱并撤出该地区，法国军队也随后撤离。[6] 第一次鲁尔危机至此结束。

法国进入鲁尔事件是战后英法在巴黎和会上分歧的延续，这表明两国虽然在巴黎和会上达成协议，但双方之间的矛盾远没有解决。英国从战后急于恢复经济的前提出发，不想公开与法国在欧洲战略上的分歧，因此对法国的行动采取了默认的态度。但事实证明英国一味采取容忍政策并不能

---

① 〔苏〕维戈茨基：《外交史》第3卷上（资本主义体系总危机第一阶段的外交），三联书店，1979，第414页。

② Royal Jae Schmidt, *Versailles and the Ruhr: Seedbed of World War Two*, p. 236.

③ 〔苏〕弗·鲍爵姆金：《世界外交史》第4分册，第88页。

④ Royal Jae Schmidt, *Versailles and the Ruhr: Seedbed of World War Two*, p. 89.

⑤ 〔英〕C. L. 莫瓦特：《新编剑桥世界近代史》第12卷，第402~403页。

⑥ Royal Jae Schmidt, *Versailles and the Ruhr: Seedbed of World War Two*, p. 69.

解决问题,随着法、德两国在赔款问题上的相持不下,英法再次在鲁尔问题上发生冲突。

(二) 第二次鲁尔危机与英国对法国的协调政策

英国史学家乔丹认为:"赔偿问题在英法关系中扮演的角色远远超过任何其他问题。"① 这句话确实不假。由于法国对赔偿问题的强硬态度所造成的英法对抗,一直是一战后欧洲国际关系主题。

事实上,和平条约缔结初期,英法关系还是比较好的。1920 年 1 月 17 日,法国国民议会进行了总统选举,保罗·德沙内尔(Paul Deschanel)获得压倒性的胜利而当选为总统。在 888 份投票中他获得了 734 票,而若纳尔(Charles Jonnart)获得了 64 票,克里孟梭获得了 53 票,普恩加莱获得了 8 票,布尔茹瓦(Leon Bourgeois)获得了 6 票,福煦将军获得了 2 票。② 德沙内尔的外交政策比较明确,关于和平条约问题,他说:"法国 1918 年的希望还没有完全实现,我们的责任是克服各种困难并严格实施《凡尔赛条约》,并积极发展与我们盟友的关系和友谊,借此把法国人民团结在一起。"他还认为法国应该集中精力关注国内事务。德沙内尔是英法协约的坚定支持者,在同英国外交官交流时时常表现出无条件尊重和支持英国。他参加了 1904 年法国关于签署英法协约的辩论,并强调很高兴能够重新延续与英国的友谊。他甚至认为英法保证条约的重要性甚至超过了和平条约可能会带给法国的收益。在他看来英法协约与整个欧洲独立事业密切关联。③ 不过,德沙内尔的任期非常短暂,只担任了约 7 个月的总统便因健康原因辞职。9 月 23 日,亚历山大·米勒兰(Alexandre Millerand)任法国总统。

米勒兰在赔偿问题上是个强硬派。《凡尔赛条约》签订后,围绕德国的赔款问题,法德之间的矛盾不断加剧。关于德国对协约国的赔款问题,英国有明确的政策。如前所述,在巴黎和会前英国政府内部已经拟定了赔偿的大致原则,即在赔偿问题上一方面坚持德国要赔偿,另一方面不过分压制德国,通过德国经济稳定来恢复欧洲和英国经济。1918 年劳合·乔治竞选新一届英国首相,他于 11 月 29 日在纽卡斯尔演讲时说:"当德国击败法

---

① William Mark Jordan, *Great Britain, France and the German Problem, 1918 – 1939: A Study of Anglo-French Relations in the Making and Maintaining of the Versailles Settlement*, London: Oxford University Press, 1943, p. 111.
② BDFA, Part II, Series F, Vol. 16, p. 85.
③ BDFA, Part II, Series F, Vol. 16, pp. 85 – 6.

国时,它会迫使法国赔偿,这是它自己确立的原则①,我们也应该继续这种原则——德国在它力所能及的范围内必须支付发动战争给我们造成的损失。"② 但这位英国未来的首相又警告说:"我们已经指定了一个庞大的专家委员会,它将充分吸收舆论的各种观点,详细地考虑赔偿问题并对我们提出建议。(要求赔偿)这种正义的要求是无可怀疑的,即德国应该支付赔偿,而且它必须尽其所能地支付,但是我们不能以破坏工业的方式让它支付。"③

那么在具体赔偿方法上英国采取什么步骤呢?早在巴黎和会召开时,英国便在其官方文件《草拟和约条款最后文本前对和平会议的几点意见》中做了详细的阐述:"德国要做出向协约国支付全部赔偿的保证。但在这方面要确定德国应支付的数额是有困难的。根据计算,德国赔偿的数额肯定要极大地超过它的支付能力。因此,应该提出德国在若干年之内每年应支付的总额,并在协约国和同盟国之间求得协商一致。应允许德国在规定的若干年之内逐步达到偿还每年规定的数额的能力。建议设立一个常设委员会。德国可以向该委员会申请,根据它所陈述的适当理由,准许它延期偿还每年支付的若干份额。委员会有权使德国在最初的几年期间免除延期支付的赔款的利息。德国支付的赔款,按下列比例分配:法国50%,英帝国30%,其他国家20%。德国赔款的一部分将用于清偿协约国之间互相欠下的债务。"④ 从上面的规定可以看出,在巴黎和会上,英国没有详细规定德国应该支付的数额,也没有规定怎样支付,只规定各国应接受赔款的比例,并设立一个赔款委员会来着手解决这个问题。最后的和约规定,德国对发动世界大战负有责任,因此协约国及参战各国所受的一切损失应由"德国及其盟国负担责任"⑤;赔偿总额由一个特设的赔偿委员会决定,并在1921年5月1日前向德国政府提出。偿付的期限和计划由该委员会确定,自1921年算起,不得超过30年,但1921年5月1日前,德国必须以黄金、商品、船只和有价证券等向协约国先交付200亿金马克的赔偿。⑥ 随着1920年

---

① 1870年普法战争中,德国击败法国并迫使法国对战争做出赔偿。
② John Maynard Keynes, *The Economic Consequences of the Peace*, New York: Harcourt, Brace and Howe, Inc. 1920, p. 140.
③ John Maynard Keynes, *The Economic Consequences of the Peace*, p. 140.
④ 以上内容均见方连庆、杨淮生、王玖芳《现代国际关系史资料选辑》上册,第39~42页。
⑤ 世界知识出版社编《国际条约集(1917~1923)》,第158页。
⑥ Bruce Kent, *The Spoils of War: The Politics, Economics, and Diplomacy of Reparations, 1918 - 1932*, New York and Oxford: Clarendon Press, Oxford University Press, 1989, p. 56.

1月10日《凡尔赛条约》生效,以法英为主导的赔偿委员会也正式成立,它成为随后协约国与德国处理赔偿问题的重要机构。

实际上,德国所承诺的在1921年5月1日前支付200亿金马克并没有兑现。和约签订不久,法德双方就在现金及其他实物支付问题上发生分歧。由于战后德国煤炭生产机构破坏严重,德国不愿意按协约国规定的从和约生效到4月30日每月支付166万吨煤。① 1920年2月8日,法国总统亚历山大·米勒兰发表了措辞强硬的照会,严厉谴责德国支付的煤炭数量严重不足。而德国则宣布它无法履行这项义务,这导致双方于3月31日在巴黎进行了长时间讨论,最终确定德国每月支付144万吨煤炭。②

但是事态的发展又使这项规定泡汤。2月初莱茵区暴发了大洪水,3月又赶上了鲁尔煤炭区的卡普暴动(Putsch de Kapp)③,结果德国在3月和4月支付的煤炭仍不足额。为了挽回损失,在规定期限即将到来时,法国在4月29日主导赔偿委员会规定德国在5月要支付192.5万吨煤炭,6月要支付206.2万吨,7月要支付217.5万吨。④ 此种要求遭到英国等赔偿委员会委员反对,他们建议可以增加到每月支付200万吨煤炭。⑤

作为欧洲大国,英国认为赔偿问题久拖不决无法为欧洲经济恢复铺平道路。因此《凡尔赛条约》签订不久,英国就建议协约国就确定德国赔款数额进行磋商,而且在讨论过程中德国也要参与进来。1920年4月19日至26日,协约国在圣·雷莫召开第一次讨论会议,26日德国代表被邀请参加在斯巴召开的另一次会议。会议没有达成任何结果,反而是德国国防部长向大会要求,容许德国维持20万人而不是和约规定10万人的军队。这一要

---

① Carl Bergmann, *The History of Reparations*, Ernest Benn, 1927, p. 26.
② Carl Bergmann, *The History of Reparations*, p. 28.
③ 1920年3月发生的旨在推翻魏玛共和国、复辟帝制的政变。它是由东普鲁士地方长官、极右派头目卡普在国防军吕特维茨将军及议会外一批极右政客的支持下发动的。魏玛共和国成立不久,帝制派军人即企图推翻共和政府,恢复君主制度,建立军事独裁。为实施《凡尔赛条约》的解除武装条款,德国政府被迫把当时40万人的部队裁减为10万人。帝制派军人利用勒文费尔德和埃尔哈特两海军旅被裁员引起的不满情绪,发起暴动,企图迫使政府收回裁减国防军的命令。1920年3月13日埃尔哈特海军旅开进柏林。艾伯特总统及政府成员逃往德累斯顿,转而逃往斯图加特。卡普根据吕特维茨的指令成立临时政府,自任总理,吕特维茨任国防部长。国防军陆军总长泽克特表示支持共和国。3月17日叛乱被平息,卡普逃往瑞典,吕特维茨逃往匈牙利。当晚埃尔哈特海军旅撤出柏林。
④ Carl Bergmann, *The History of Reparations*, p. 28.
⑤ Carl Bergmann, *The History of Reparations*, p. 29.

求遭到协约国的拒绝。① 鉴于双方观点分歧，协约国决定邀请德国政府首脑与协约国政府首脑直接会谈，并把会议地点定在斯巴。斯巴会议最初定在5月25日召开，但正赶上德国议会选举，所以一直推到7月5日才举行。在此期间协约国各政府分别于5月15日和6月19日在海特（Hythe）两次开会讨论德国赔偿方案。6月20日协约国又在布洛涅（Boulogne）拟订了一个赔偿计划，7月2日和3日又在布鲁塞尔开会继续讨论赔偿问题。

1920年7月5日至16日，协约国在斯巴举行会议，讨论解除德国武装和赔偿问题。会上法国强烈谴责德国不支付赔款，德国却以经济危机为由拒不赔偿，双方进行了激烈的争执。

英国为了解决这场危机，恢复欧洲统一市场，不得不出面调解。7月14日下午，英国首相劳合·乔治与德国代表西蒙斯进行了接触。在这次私人会谈当中，劳合·乔治向西蒙斯建议，德国每个月应交付200万吨煤。② 随后，劳合·乔治又与法国总统米勒兰进行了会谈，他表示不同意法国对德国实施苛刻的赔款要求，而应该适当减少德国的赔偿数额。这次会谈使米勒兰认识到如果向德国诉诸武力，法国获得的煤炭将会更少。③ 因此，他同意向德国代表团递交一份关于煤炭支付的计划，内容是在会后的6个月，德国每月应交付200万吨煤。④ 16日夜，德国与协约国签订了《关于煤炭支付事项斯巴议定书》，其中规定，协约国在埃森设立一个委员会，对德国的经济状况进行监督和考察。如果德国不履行赔款，协约国可以占领鲁尔等地。⑤ 同时会议还确定了协约各国应得的赔款比例：法国52%，英国22%，意大利10%，比利时8%，希腊、罗马尼亚和南斯拉夫等国共得6.5%，日本和葡萄牙各得0.75%，保留美国应得份额的权利。

然而，德国工业家对于在斯巴会议中所承诺的各项条件毫无履行的意思，他们坚决反对政府的妥协政策。⑥ 工业界代表胡戈·斯汀纳斯（Hugo Stinnes）发动了一场反对履行和约运动。德国工业协会决定不再支付任何原

---

① Carl Bergmann, *The History of Reparations*, p. 32.
② *Documents on British Foreign Policy*（*DBFP*）, Series 1, Vol. 8, p. 607.
③ Bruce Kent, *The Spoils of War: The Politics, Economics, and Diplomacy of Reparations, 1918 – 1932*, p. 105.
④ Bruce Kent, *The Spoils of War: The Politics, Economics, and Diplomacy of Reparations, 1918 – 1932*, p. 105.
⑤ *DBFP*, Series 1, Vol. 8, p. 611.
⑥ Bruce Kent, *The Spoils of War: The Politics, Economics, and Diplomacy of Reparations, 1918 – 1932*, p. 105.

材料，包括煤炭。它们向外界表明政府已处于政治和经济崩溃的边缘。这些危险促使它们无法再支付给协约国任何东西。① 结果，1921 年初德国政府实际上并没有支付给协约国赔偿。②

德国工业界的做法直接影响了法国的政策。当德国代表团按照劳合·乔治提出的方案立即做出反应时，法国总统米勒兰立即反对减少煤炭赔偿的方案，认为这是对《凡尔赛条约》的修订。③ 同时，他积极采取措施对德国的赔款施加压力。

1921 年 1 月 24 日至 30 日，协约国在巴黎举行会议，继续讨论赔款问题。会议上法国主使协约国确定德国赔偿总额为 2260 亿金马克，分 5 期支付。德国的全部财产，尤其是关税应作为偿付赔款的保证。如遇德国不履行诺言，赔款委员会可以用德国海关的税收作抵充，甚至可以接管海关。最初两年每年支付 20 亿金马克，每年德国出口税的 12% 用于支付赔款。④ 草案一提出，就遭到英国的反对。劳合·乔治在会上指责法国所提出的建议"不是对严肃的德国人民做出的一个严肃的解决方案"，拒绝接受建议的内容。⑤ 巴黎会议的解决方案理所当然地引起德国人的愤慨。外交部长西蒙斯指出，国联最高委员会没有同德国协商，就要求德国在 42 年的时间里支付 2260 亿金马克，这种做法篡改了巴黎和会的决议，违反了《凡尔赛条约》。而且以 12% 的关税作为赔款的抵押是对德国经济主权的侵犯。⑥ 就在英国倾向于支持德国的情况下，土耳其凯末尔革命再次影响了英国政策，法国再次威胁英国如果在赔款问题上不予以支持，法国将支持凯末尔革命。英国外交陷入窘境，导致此次会议不了了之。

1921 年 2 月 21 日，协约国召开伦敦会议，进一步解决德国的赔偿问题。会上法国大胆地以土耳其问题向英国施压，⑦ 最终迫使英国政府向法国

---

① William Laird Kleine-Ahlbrandt, *The Burden of Victory: France, Britain and the Enforcement of the Versailles Peace, 1919 – 1925*, University Press of America, 1995, p. 97.
② BDFA, Series F, Vol. 16, p. 244.
③ Bruce Kent, *The Spoils of War: the Politics, Economics, and Diplomacy of Reparations, 1918 – 1932*, p. 107.
④ DBFP, Series 1, Vol. 16, pp. 449 – 51.
⑤ Bruce Kent, *The Spoils of War: the Politics, Economics, and Diplomacy of Reparations, 1918 – 1932*, p. 123.
⑥ Bruce Kent, *The Spoils of War: the Politics, Economics, and Diplomacy of Reparations, 1918 – 1932*, p. 125.
⑦ 具体内容见笔者《英国与鲁尔危机（1920～1923）》，首都师范大学硕士学位论文，2002，第 20～23 页。

政府表明，它"同意以德国违反《凡尔赛条约》为基础来解决赔款问题"。①

19世纪末20世纪初以来，英国一直支持希腊侵占土耳其的领土。为抗击英希武装侵略，凯末尔重组军队，并在1921年1月的伊诺努战役中大胜希军。英国担心希腊的失败会导致连锁反应并最终使凯末尔在全国取得胜利，便决定召开伦敦会议，以期通过事实上承认凯末尔政府的方法，使之接受《色佛尔条约》。

出席伦敦会议的国家有英、法、意、日、德，以及两个土耳其政府的代表——一个代表安卡拉的凯末尔政府，另一个代表君士坦丁堡的素丹政府。安卡拉政府代表的出席，意味着协约国实际上承认了凯末尔政府。在会议讨论到德国的赔偿问题时，英国的态度是不希望法国再对德国的赔款施加压力，而应该"从轻发落"。此时法国再次利用近东问题同英国交涉。会上法国代表顾洛将军做了一个关于土耳其军事形势的报告，他认为土耳其军队比希腊军队强大。但希腊代表宣称，他们将继续作战到底，并绝对反对修改《色佛尔条约》。② 2月25日，土耳其两个政府发表联合宣言，他们要求：（1）恢复土耳其1913年的疆界；（2）希腊军队撤离斯米纳，并将该地交回土耳其；（3）规定海峡自由通行时，须保证土耳其的安全及主权；（4）取消领事裁判权；（5）土耳其应保有足以保护土国海岸及领土的海军。③ 可见，两个政府都要求对《色佛尔条约》进行较大的修改。经过长时间争论，意大利支持修改《色佛尔条约》，并坚持和凯末尔政府订立协定。法国新任总理阿里斯蒂德·白里安的态度最为温和，但也同样主张局部修改条约。随后，白里安在私下示意凯末尔代表他将与安卡拉签订一个全面协定。于是，希腊与法、意发生了分歧，而支持希腊的英国也与后两者产生了矛盾。

英国意识到处境不妙，便急于同土耳其联系，以期夺取掌控近东形势的某些主动权，内阁向劳合·乔治提出向凯末尔做出让步，时任印度殖民地大臣的温斯顿·丘吉尔也催促英国政府赶快与凯末尔缔结一个和平协定，

---

① Arnold Toynbee, ed., *Survey of International Affairs*, 1920 – 1923, London: Oxford University Press, 1925, pp. 16 – 7.
② David Fromkin, *A Peace to End all Peace: Creating the Modern Middle East*, 1914 – 1922, Penguin Books, 1989, p. 430.
③ Bülent Gökay, *A Clash of Empires: Turkey between Russian Bolshevism and British Imperialism*, 1918 – 1923, London and New York: I. B. Tauris, 1997, p. 125.

拉拢凯末尔政府疏远法国，维持《色佛尔条约》所确立的土耳其现状。① 于是从 2 月 23 日开始，英国首相劳合·乔治便与安卡拉政府代表皮基·沙米（Bekir Sami Bey）私下会谈。劳合·乔治建议，英国政府答应将外高加索连同巴库油田置于土耳其的保护之下，以换取与土耳其在近东的合作。但凯末尔对英国的建议并不感兴趣，只答应与英国签订一个关于释放所有英国战俘的协定，并对外公开宣称"劳合·乔治与沙米的会谈纯属私人行为"，这令英国人尴尬不已。② 同时土耳其代表又秘密和意大利、法国进行谈判，三国最后达成了停止战争和解决经济问题的协议。③

英国在对待新土耳其问题上被绝了后路，不得不转而答应支持法国对赔偿问题的要求，以争取后者支持它的近东政策。

3 月 1 日，德国外交部长西蒙斯提出了德方的反建议，其内容为：拒绝接受巴黎会议的决议，德国只能支付 300 亿金马克，并且需要 80 亿金马克的额外借款，12% 的出口税绝对不能移作他用。④ 此时的英国表达了支持法国赔偿的明确立场：协约国拒绝讨论西蒙斯的反建议。3 月 3 日，协约国向德国提出了最后通牒，称协约国再也不能容忍拒绝执行条约的现象继续下去。如果在 3 月 7 日以前德国不承认巴黎决议，协约国将占领莱茵河右岸的杜伊斯堡、鲁罗奥尔特和杜塞尔多夫，并将沿莱茵河设立海关站。⑤ 劳合·乔治在 3 月 3 日的演讲中，就德国在最近的战争和赔款中所要负的全部责任问题列出了一个清单，并声称由于德国违反了和约，他支持协约国根据和约采取行动。第一步就是要占领鲁尔区的杜伊斯堡、鲁罗奥尔特和杜塞尔多夫。⑥

3 月 7 日，德国代表拒绝接受这个最后通牒，于是协约国军队便于 3 月 8 日开始了占领鲁尔三个城市的行动，英国的分遣部队也包括在内，并且在

---

① David Fromkin, *A Peace to End all Peace: Creating the Modern Middle East, 1914–1922*, p. 433.
② Bülent Gökay, *A Clash of Empires: Turkey between Russian Bolshevism and British Imperialism, 1918–1923*, p. 125.
③ David Fromkin, *A Peace to End all Peace: Creating the Modern Middle East, 1914–1922*, p. 434.
④ *DBFP*, Series. 1, Vol. 15, p. 486.
⑤ Elspeth Y. O'Riorden, *Britain and the Ruhr Crisis*, Basingstoke, Hampshire and New York: Palgrave, 2001, p. 11.
⑥ William Norton Medlicott, *British Foreign Policy since Versailles*, London: Richard Clay Ltd., 1940, p. 20.

德国的占领区和非占领区之间设立了关卡。①

在这次危机中，英国配合了法国的行动，压制了德国的反要求，迫使德国遵守《凡尔赛条约》规定的赔偿义务。协约国这次占领德国鲁尔部分地区并没有达到目的，双方直到1925年缔结《洛迦诺公约》时才部分解决问题。

从这两次鲁尔危机可以看出，英国的"和平战略"在贯彻中遭到法国的抵制。英国从全球战略出发，对法国的要求予以妥协。

二 英国恢复欧洲市场的努力及热那亚会议

（一）英、俄、法关于召开欧洲经济会议的讨论

在与法国合作的同时，英国一直没有停止恢复欧洲经济的努力。1921年3月16日，英国财政大臣罗伯特·霍恩与苏俄代表克拉辛在伦敦签订了《俄罗斯苏维埃联邦社会主义共和国和联合王国贸易协定》。3月22日，英国首相劳合·乔治在下院宣布："这是一个完全承认苏维埃政府为俄国事实上的政府的贸易协定。"② 战后英国疯狂干涉苏维埃革命，为什么到此时又率先与俄国缔结贸易协定呢？事情还得从英国恢复经济和解决失业问题说起。

1921年12月16日，英国召开内阁会议正式讨论国内和欧洲经济恢复问题。各部大臣一致认为召开一次国际经济会议对欧洲的普遍复兴，特别是对英国的经济尤为重要。在依靠德国恢复经济暂时无望的情况下，英国自然而然想到苏俄，希望与苏俄签订经济协定来挽救经济危机，为达到此目的，必要时可以承认苏俄现政权。当时苏俄急需摆脱国内经济和政治困境，对西方的动向做了积极回应。17日，劳合·乔治与财政大臣霍恩同苏俄代表克拉辛进行了长时间的会谈，并提出了一个由英、法、德等国组成国际财团援助苏俄的计划。克拉辛指出正式外交承认是前提，因为"未来贸易的主要障碍是缺少西方国家对苏俄政府的法律承认和一个广泛的和约，

---

① Royal Jae Schmidt, *Versailles and the Ruhr: Seedbed of World War Two*, p. 75.
② *DBFP*, Series. 1, Vol. 20, p. 649.

而不是缺少对商业和私人投资的鼓励"。①

　　与此同时，英、法之间就苏俄问题一直保持着密切接触。英国在与苏俄接触的过程中一直注意争取法国的支持。英国大法官伯肯黑德勋爵（Earl of Birkenhead）在演讲中公开强调："我们必须将我们的观点与法国商人和政治家达成共识。"②

　　1921 年 12 月 18 日至 22 日，英国首相劳合·乔治和法国总理白里安在唐宁街 10 号会谈，就召开大型经济会议的构想寻求法国的合作。首相指出："应该召集一个大规模的经济会议，届时欧洲所有的工业国家都应被邀参加，包括德国。会议的任务就是为中欧和东欧的重建工作达成协议。"③ 苏俄的恢复将作为计划中特别的一部分。他希望英、法两国首先就基本的原则问题达成协议，并提出应适当恢复德国经济以获得德国的赔偿。

　　但是白里安的想法与劳合·乔治是不同的。他坚持维护《凡尔赛条约》的权威，他认为缺乏强制执行条约造成许多问题，这些问题要得到讨论。④ 减少失业不是法国外交政策所关注的。⑤ 自从丢失阿尔萨斯—洛林以来，法国一直限制与德国的贸易并且现在没有改变这项政策的想法。他们害怕重建德国工业力量，因为他们认为这种力量只能激发德国领导人的侵略倾向。恢复德国经济力量只有在便利支付赔偿下才能接受。⑥ 白里安也怀疑苏俄能否成为一个合适的贸易伙伴。对法国来说承认苏俄政权是不可能的，除非共产党归还他们已拒绝的沙皇债务。⑦ 首要的是，白里安希望英法合作以促成一个安全协定来保证欧洲的现状。⑧ 同时，白里安对即将召开的经济会议能提供让德国支付赔款的方法抱有希望。他不想用武力威胁德国，并希望得到英国的支持迫使德国服从，因此，他最终同意让德国参加欧洲经济会议。

---

① Stephen White, *Britain and the Bolshevik Revolution: A Study in the Politics of Diplomacy, 1920 – 1924*, Holmes & Meier Publishers Incorporated, 1979, p. 60.
② William Peyton Coates and Zelda Kahan Coates, *A History of Anglo-Soviet Relations*, Lawrence & Wishart, 1958, p. 65.
③ *DBFP*, Series 1, Vol. 15, pp. 770 – 1.
④ *MAE* (*Ministère des Affaires Etrangères*), Série Y, Vol. 21, Session 3, p. 6.
⑤ 1922 年，法国仅有 13000 人没有工作，而英国有 150 万人，大约占 15%。见 Brian R. Mitcheli, *European Historical Statistics, 1750 – 1975*, Facts on File, 1980, pp. 166, 168.
⑥ *MAE*, Série Y, Vol. 21, Session 1, p. 1.
⑦ *DBFP*, Series 1, Vol. 15, p. 784.
⑧ *DBFP*, Series 1, Vol. 19, p. 57.

12月24日，英苏代表就"承认债务、援助"等问题又进行了两次深入会谈，英国代表怀斯提出一个建议，即苏维埃政府承认所有沙皇政府及地方政府的债务，同意赔偿外国政府和私人的一切损失；而与之对等，西方国家承认对于苏俄的相应义务。劳合·乔治指出法国有可能在这个计划的基础上承认苏维埃政府并且会派代表参加苏俄建议召开的国际会议。怀斯在12月29日向内阁提交的报告中指出克拉辛已原则上接受这一建议并已向其政府推荐。

1922年1月6日，英、法、意、比等国在戛纳召开会议，为即将召开的欧洲经济会议进行进一步协商。参加会议的有法国的白里安、杜美和卢舍尔，英国的劳合·乔治、财政大臣罗伯特·霍恩爵士和寇松勋爵，意大利、比利时和日本的代表也参加了会议。为了保证会议的进行，英国提出了安抚法国的措施，劳合·乔治坚称英国不会违反《凡尔赛条约》任何条款，德国应该为其造成的破坏支付赔偿。① 但他提醒与会人员说，抽取赔偿的价值应与其利益相当。他认为赔偿问题可以通过打破德国与东中欧的贸易障碍来解决。②

会议很快就召开欧洲经济会议问题达成一致，并对外宣布"作为恢复中欧和东欧经济的迫切而必需的一步"，"与会的协约国一致同意，应当在2月或3月初召开欧洲各国经济财政会议，欧洲所有国家，包括德国、苏俄、奥地利和保加利亚，都应当被邀请派代表参加"。③ 会址定在热那亚。在会上劳合·乔治详细阐述了英国和平外交战略的重要部分——经济问题。他说："协约各国考虑到整个欧洲国际贸易中断后重新开始恢复以及各国资源的发展对于增加劳动力就业和解决欧洲人民所遭受的苦难是必要的。欧洲大国齐心协力对于恢复欧洲瘫痪的体制是必要的。这种努力必须包括清除所有的贸易障碍，为弱国提供切实的信誉保证，所有国家共同合作恢复欧洲正常的繁荣。"④

（二）法国的反对和热那亚会议的失败

然而，与苏俄积极、迅速的反应恰恰相反，戛纳决议在法国遭到了强

---

① MAE, Série Y, Vol. 21, Conférence de Cannes, Session I, pp. 6-7.
② DBFP, Series 1, Vol. 15, pp. 464-5.
③ DBFP, Series 1, Vol. 19, p. 35.
④ BDFA, Part II, Series. F, Vol. 17, p. 51.

烈的反对。即使白里安做出种种努力也无济于事。就在参加戛纳会议前，他曾向舆论发表声明，强调法国希望与英国缔结同盟条约。但是白里安这种表态也不能使苛刻的法国媒体满意，舆论一致认为法国为谋求与英国缔结同盟条约而牺牲了太多的东西，法国国民议会也是这种态度。① 1922 年 1 月 4 日，劳合·乔治代表英国政府在戛纳明确阐述了英国愿意缔约，但这仍未能缓解法国政府的忧虑。② 1 月 11 日，白里安被迫返回巴黎向法国国民议会报告自己在戛纳会谈的一些情况，刚汇报完他就被迫辞职。白里安的辞职使热那亚会议面临着夭折的危险，因为到 1 月 12 日为止，除了苏俄以外，会议没向任何国家发出邀请，会议的日期、日程也未最终确定。为了尽可能保住戛纳会议的成果，劳合·乔治催促意大利政府尽快向各国发出邀请并把会期定为 3 月 8 日。

白里安的突然辞职迫使劳合·乔治赶到法国会晤雷蒙·普恩加莱（Raymond Poincare）。由于当时普恩加莱尚未组成新政府，1 月 14 日劳合·乔治就在英国大使馆会晤了他。英国政府本来以为普恩加莱会要求立即签署英法条约，因此事先打印好了条约草案，劳合·乔治也打算做出一定的让步。但出乎他意料的是，普恩加莱顽固地坚持只有两国政府间所有各种悬而未决的问题得到彻底解决才签订英法条约。③ 1 月 15 日，普恩加莱以总理兼外交部长的身份重新组阁。

普恩加莱在热那亚会议问题上采取了与前任截然相反的强硬政策。1 月 19 日，他在下院威胁说："如果在热那亚会议上讨论《凡尔赛条约》，我们将不予以承认，我们将采取措施阻止德国提出修订《凡尔赛条约》或者赔款问题。"④

由于热那亚会议已不能轻易取消，法国政府便竭力拖延会议日期及限制讨论范围，并乘机在缔结英法条约问题上向英国政府施压。1 月 29 日，法国大使向寇松勋爵递交了普恩加莱关于设想中的英法条约的几点建议：（1）条约的义务是双方的；（2）如若侵犯《凡尔赛条约》第 42 和 43 条则视为是对法国安全的直接侵犯；（3）两国的总参谋部应继续保持长久的协约关系；（4）法国和英国政府在危及和平的所有问题上都应共同采取行动；

---

① *BDFA*, Series F, Vol. 17, p. 47.
② *BDFA*, Series F, Vol. 17, p. 47.
③ *BDFA*, Series F, Vol. 17, p. 47.
④ *BDFA*, Series F, Vol. 17, p. 52.

(5) 英法条约的效力应延续 30 年。① 英国政府虽极力斡旋，并答应签订英法同盟条约，但仍不同意法国提出的苛刻要求。② 于是在 1 月 29 日至 2 月 25 日之间发布的一系列照会、声明和演讲中，法国要求会议延期三个月以及不允许讨论德国与和约问题等内容。③

英国认为法国的行为是有计划地制造困难和拖延。各部门委员会于 2 月 7 日集会讨论对策。外交大臣寇松在会上指出："在面对许多利害相关的大问题及目前事务未解决的情况下，三个月的延期在某种程度上必然被认为是无限期的延期并最终不了了之。"④ 为此英国建议法国派专家到伦敦会谈，但法国置之不理。劳合·乔治遂决定直接与法国官员会谈。

2 月 17 日，劳合·乔治借与捷克斯洛伐克总理博内会谈之机反复表示他希望与普恩加莱进行会晤。他表示愿意亲自去巴黎以明确法国的立场，甚至威胁说，如果法国不同意，就有英法间绝交的真正危险。⑤ 此后博内斡旋于英法之间并于 2 月 22 日提出一份妥协性计划，包括以下四点：（1）应将会议推迟至 3 月 23 日至 25 日之间；（2）不讨论和约；（3）不讨论赔偿；（4）苏俄代表出席会议不意味着政治承认苏俄政权，对苏俄法律承认问题应根据会议的结果而定。⑥ 博内的建议成为英法达成共识的基础。

2 月 25 日，劳合·乔治与普恩加莱在法国的布隆尼会晤。经过反复讨论，双方基本上采纳了博内的建议，最后商定：热那亚会议不得损及国联的最高权利；法国签订的条约（包括与波兰、捷克斯洛伐克和南斯拉夫的各项协定）及联盟各国要求赔偿的权利不得受到损害；会议的日期推迟至 4 月 10 日并约定于近期召开伦敦专家会议来研究会议的经济和技术问题。

1922 年 3 月 20 日至 28 日，据布隆尼会谈决议，英、法、比、意、日等协约国代表在伦敦举行专家会议。会议拟定了一份题为《关于复兴苏俄与欧洲》的备忘录。内容包括"复兴苏俄"与"复兴欧洲"两部分。4 月 10 日，热那亚会议召开。

但会议并没有按着英国预想的方向发展，会谈中双方对偿还债务与援助问题僵持不下，使会谈走入死胡同。苏俄采取了务实外交，转而与德国

---

① *BDFA*, Series F, Vol. 17, p. 48.
② *BDFA*, Series F, Vol. 17, pp. 47 - 50.
③ *BDFA*, Series F, Vol. 17, pp. 52 - 3.
④ *DBFP*, Series 1, Vol. 19, p. 140.
⑤ *DBFP*, Series 1, Vol. 19, p. 149.
⑥ *DBFP*, Series 1, Vol. 19, p. 167.

联络，4月16日，苏德双方代表在热那亚近郊拉巴诺达成谅解，签订了《拉巴诺条约》①，终使英国的努力破产。英国试图拉拢苏俄复兴欧洲经济的努力，在法国阻挠等众多因素干扰下失败了。②

三 英法在赔偿问题上矛盾的激化与第三次鲁尔危机的爆发

在英国组织召开热那亚会议的同时，协约国赔偿委员会一直没有放弃解决赔偿问题的努力。1921年4月27日，赔偿委员会提出了一个方案：德国的赔偿总额确定为1320亿金马克，其中包括德国于1921年5月1日前尚未交付的120亿金马克，在66年内付清，并于1921年5月31日之前首先交付10亿金马克。③

为了讨论这个新方案，1921年4月30日至5月5日协约国再次召开伦敦会议。会上法国表示要继续占领鲁尔，英国则坚持把赔款新方案交给德国，让德国考虑一段时间，如果德国再拒绝接受，则研究占领鲁尔的措施。伦敦会议批准了上述方案，并于5月5日向德国发出了最后通牒，限定德国在6天之内接受这个方案，否则协约国将出兵鲁尔。④ 在内外交困的情况下，德国总理康斯坦丁·费伦巴赫（Konstantin Fehrenbach）辞职，由约瑟夫·维尔特（Joseph Wirth）继任。经过一番激烈的讨论，德国议会被迫接受"伦敦最后通牒"。

维尔特政府奉行"履行政策"，并任命主张"履行赔款"的瓦尔特·拉

---

① 《拉巴诺条约》规定：两国相互放弃战争费用及战争损失的赔偿；德国放弃它对被苏俄收归国有的私有财产的要求，但苏俄也不得满足第三方同类性质的要求；立即恢复两国之间的外交和领事联系；两国在最惠国原则的基础上发展经济和贸易关系。

② 造成热那亚会议夭折的原因是多方面的，但首先应归因于英国的外交政策的失误，特别是对苏政策的失误。在热那亚会议问题上，英国的如意算盘是抓住苏俄战后国内经济状况恶劣，尤其是抓住1921年秋伏尔加河流域发生大饥荒后急需外援的时机，在会上通过外交途径压迫苏俄与西方重建以资本主义原则为基础的政治、经济关系，并在此基础上重建欧洲、复兴资本主义经济。然而，英国的梦想从一开始便没有实现的可能，这主要是由于英国制定的对苏政策有着致命的缺陷：它是建立在一种错误的判断上的，即盲目乐观地认为急需外援的苏俄政府在热那亚会议上会不惜一切代价与西方恢复关系，甚至包括放弃共产主义原则。苏联则采取了灵活、务实的外交政策，在困难时刻从德国身上找到了战略斡旋的空间。详见梁占军《英国对苏政策与热那亚会议的破裂》，《首都师范大学学报》（社会科学版）1995年第2期。

③ Bruce Kent, *The Spoils of War*: *The Politics, Economics, and Diplomacy of Reparations, 1918 – 1932*, p.132.

④ Anorld Toynbee, ed., *Survey of International Affairs, 1920 – 1923*, p.18.

特瑙（Walter Rathenau）为外交部长。维尔特和拉特瑙都认为德国公开违抗协约国的要求是不可能改善自己的地位的。要使德国从前的敌人深信自己的要求完全不能达到，最好的办法莫过于通过真心诚意地去执行这些要求来证明这一点。① 可见，德国"履行政策"的实质和真正动机是"履行它，就是要证明它无法履行"。②

1921年10月26日，德国又表示因马克贬值，无法履行赔款。11月上旬德国向到达柏林的赔偿委员会代表团提出延付要求，并特别寻求代表团中英国代表的支持。1921年11月29日，拉特瑙向劳合·乔治要求延期交付即将到期的1921年的赔偿款。

为了达到协调的目的，劳合·乔治提出一项计划（劳合·乔治计划）。该计划要求法国考虑德国的支付能力，同意德国延期交付赔款；作为交换条件，英国可以同法国重新签订一项共同防御条约，内容和由于美国反对而失效的1919年法英条约相似。③ 针对这项计划，法国总理白里安同劳合·乔治进行了谈判。白里安的政策是同意签订英法同盟条约以换取对德国要求让步的做法，但他立即遭到共和国总统米勒兰的攻击而被迫下台。白里安同劳合·乔治就英法同盟条约进行的谈判是导致他下台的起因，但真正的原因是法国人怀疑他会被英国首相说服做出以牺牲法国赔偿要求为代价的让步。④

新上任的普恩加莱总理实行同白里安完全对立的政策，坚持压制德国，对英国的调解坚持不妥协态度。1922年1月29日，普恩加莱交给劳合·乔治一份关于条约草案的备忘录。普恩加莱要求这个条约不是一个单方面的保证条约，而是一个双方处于同等地位的同盟条约；他要求在条约中增加一个军事协定，并且对欧洲东部边界提出保证；他还要求条约不仅在德国入侵法国本土的情况下起作用，而且在德国入侵德国非军事区的情况下也同样起作用。⑤ 英国对法国的过分要求感到难以容忍，2月9日，英国外交

---

① 〔美〕科佩尔·S. 平森：《德国近现代史——它的历史和文化》下册，范德一等译，商务印书馆，1987，第569页。
② Anorld Toynbee, ed., *Survey of International Affairs*, 1920 - 1923, p. 18.
③ Paul W. Doerr, *British Foreign Policy*, 1919 - 1939: *Hope for the Best*, *Prepare for the Worst*, Manchester: Manchester University Press, 1998, p. 59.
④ 〔瑞士〕埃里希·艾克：《魏玛共和国史：从帝制崩溃到兴登堡当选（1918～1925年）》上卷，高年生、高荣生译，商务印书馆，1994，第201页。
⑤ 〔法〕让-巴蒂斯特·迪罗塞尔：《外交史》上册，李仓人等译，上海译文出版社，1982，第68页。

大臣寇松答复普恩加莱说："超出可能性的要求可能会给条约带来损害。"①2月26日和27日，普恩加莱和劳合·乔治又在布伦举行会晤，但这次会晤只是表明他们之间确实没有共同语言而已。② 1922年3月4日，普恩加莱写信给驻英国大使圣·奥莱尔（San Aulair）说："在布伦会晤结束时，劳合·乔治对我说，他原准备就条约问题进行会谈。我回答他说，很遗憾，因为列车的开车时间不允许我解决这一问题。"③ 普恩加莱已把英国提出的要求看作一件无关紧要的事，于是英国的协调尝试遭到了失败。

1922年法国对德国态度强硬，对鲁尔虎视眈眈，促使形势急转直下。1922年7月12日，德国提出由于马克跌价申请缓付1922年度尚未缴出的现金赔偿要求，并且请求考虑免除德国1923年至1924年现金支付的额度。德国这一要求得到英国的支持。而法国在经过内阁讨论后，普恩加莱于7月30日通知英国说他也接受德国的一些要求，但要以鲁尔煤矿交给协约国为抵押，法国要求以缴纳货物代替现款给付，作为赔偿。这一计划的实际内容是：第一，要求将鲁尔的国家煤矿和莱茵省各地区的森林交给协约国，上述产业的开采，应当保证德国履行赔偿义务所需的收入，同时还需保证法国应得到德国提供的实物（煤和木材），用以恢复遭受战争破坏的省份；第二，在包括鲁尔区在内的莱茵地区设立关卡，没收一定数量的德国关税和税收以抵偿赔款。④ 这实际上是法国通过控制鲁尔，进而控制莱茵兰，达到维护其安全的一种新手段。

为了协调彼此立场，协约国于1922年8月7日至14日在伦敦开会。劳合·乔治和普恩加莱在会上势不两立。英国认为可以让德国有两三年缓付时间，以便休养生息。普恩加莱则认为德国故意搪塞，表示德国赔款一点也不能少，必要时德国应该把工业企业交出来作为赔偿担保。⑤ 会议的结局是旧日的盟国意见绝对相左。劳合·乔治在闭幕词里无奈地表示赔偿委员会内部无法达成一致。⑥

---

① 〔法〕让－巴蒂斯特·迪罗塞尔：《外交史》上册，第68页。
② 〔瑞士〕埃里希·艾克：《魏玛共和国史：从帝制崩溃到兴登堡当选（1918～1925年）》，第203页。
③ 〔法〕让－巴蒂斯特·迪罗塞尔：《外交史》上册，第68页。
④ DBFP, Series 1, Vol. 20, pp. 134 – 5.
⑤ William Laird Kleine-Ahlbrandt, *The Burden of Victory: France, Britain and the Enforcement of the Versailles Peace, 1919 – 1925*, p. 109.
⑥ DBFP, Series 1, Vol. 20, p. 64.

12月法国国民议会对于赔偿问题的讨论气氛紧张。普恩加莱坚决要求占领鲁尔，作为赔偿的担保，并在莱茵河左岸设防，以防止德国的再度侵略。

赔偿委员会依照普恩加莱的申请，在12月16日的议事日程上登记了德国未能如期缴纳1922年度的木材一案。普恩加莱强调这是德国"故意不履行"，应立即应用《凡尔赛条约》的有关条款对鲁尔进行占领。此时刚继任的英国首相博纳·劳（Bonar Law）代表英国政府坚决拒绝法国这一要求。①

在1923年1月2日召开的巴黎会议上，英国代表团提议允许德国在没有任何担保的条件下，延期交付赔款四年。期满后，德国应在四年内每年偿付20亿金马克，以后每年应付25亿金马克。② 据英方估计，赔偿总额应为500亿金马克。

普恩加莱批评英国的提案，认为这种解决办法将使德国仍然得以牺牲昔日被它破坏的国家，以复兴德国本国的经济，法国断难接受。他说："如果接受了英国计划，则德债务总额只有法国债务的2/3。几年以后，德国将为欧洲最先偿清外债的国家。它的人口不断地增加，工业几乎没有遭受破坏，在极短期内，它将成为占绝对优势的国家。法国人口只及德国人口之半，并且法国还须担负复兴破坏区域的重任。"③ 法国政府随后又发表正式的声明指出，英国的方案不仅没有担保给法国，而且还违反《凡尔赛条约》的主要条款。普恩加莱在记者招待会上指出，如果协约国不愿向德国施加压力，使它执行法国的要求，则法国将不得不采取如下的步骤：①埃森区、波鸿区以及鲁尔区全部，依照福煦将军的计划，予以占领；②占领区内的关税，全部扣留。④

英政府获悉法国提案后，表示无法接受，英国代表博纳·劳在巴黎会议闭幕时声明："这个提案对欧洲的经济形势将会产生严重且不可救药的后果。"⑤

---

① John Alfred Spender, *Great Britain: Empire and Commonwealth, 1886 – 1935*, Cassell and Company Limited, 1936, p. 624.
② Elspeth Y. O'Riorden, *Britain and the Ruhr Crisis*, Basingstoke, Hampshire and New York: Palgrave, 2001, p. 31.
③ 〔苏〕弗·鲍爵姆金：《世界外交史》第4分册，第231页。
④ Anorld Toynbee, ed., *Survey of International Affairs, 1920 – 1923*, p. 196.
⑤ Elspeth Y. O'Riorden, *Britain and the Ruhr Crisis*, p. 32.

巴黎会议的失败,实际给了法国以行动的自由。法、比两国于1923年1月10日照会德国政府,称德国违反《凡尔赛条约》规定的履行交付煤炭的赔偿义务,因此法、比两国政府将派出一个工程师委员会,前往鲁尔负责监督煤业工会有关执行赔偿义务的行动,这个委员会称为"国际厂矿监督委员会"。①

第二天,由法、比、意三国工程师组成的国际厂矿监督委员会便在8700人组成的法比军队的保护下,进入了鲁尔区,占领了鲁尔河流域的埃森、波鸿、多特蒙德。到2月整个鲁尔几乎全部被占领,第三次鲁尔危机爆发。

四 英国对法政策由协调到遏制转变

(一) 从中立到协调与合作

英国对鲁尔事件的发生感到吃惊,认为这是"极端严重的事态",英国政府认为法比的行动将无助于赔款问题的解决,也不能获得更多的利益。②但是在事件爆发之初,英国政府不想破坏英法关系,它对外界宣布:"英国政府没有破坏英法关系的愿望,也没有承担调解的意图。"③博纳·劳在陈述他的政策时也认为法国对鲁尔的行动是一个糟糕的举动,只会产生不良的后果。然而他并不认为对法国采取对抗态度会对英国和其世界利益有帮助。④ 英国外交大臣寇松也主张应统筹全局,英国政府首先要考虑的是维持与法国的友好关系。⑤

那么,面对法国再一次咄咄逼人的做法,英国为什么又在事发之初采取置身事外的态度,再次与法国谋求妥协呢?原因主要有以下四点:一是英法在经济上的合作关系,迫使英国不得不再次谨慎对待利害得失。在欧洲市场上,英、法两国之间在煤炭、钢铁、纺织等众多工业材料上互为最大贸易伙伴。二是英法在土耳其的合作。尽管双方在德国问题上存在分歧,

---

① *BDFA*, Part Ⅱ, Series F, Vol. 17, p. 191.
② Anne Orde, *Great Britain and International Security, 1920 – 1926*, London: Royal Historical Society, 1978, p. 48.
③ Anne Orde, *Great Britain and International Security, 1920 – 1926*, p. 48.
④ Royal Jae Schmidt, *Versailles and the Ruhr: Seedbed of World War Two*, p. 87.
⑤ Royal Jae Schmidt, *Versailles and the Ruhr: Seedbed of World War Two*, p. 94.

英国仍需要法国的合作,协商对《色佛尔条约》进行修订,① 因此英国不想得罪法国,从而使以前的努力前功尽弃。三是法国虽来势汹汹,使德国这一政治实体有倾覆的危险,但德国暂时还是能够支撑的,不会立即崩溃。在英国看来,它要在德国经济接近于崩溃之前寻求一个合理解决问题的办法,而要找到解决问题的办法,法国是突破口。因此,正如施密特所说,从某种意义上说,"鲁尔问题主要不是法德之间的问题,而是法英之间的问题"。② 英国必须以温和的态度妥善说服法国,这才是解决问题的关键。四是英国的不作为,实际侧面支持了德国。贝尔认为:"一开始英国远离法国的武力行动是至关重要的。如果它参与占领,德国很有可能立即放弃了。但英国的做法显示了协约国间的分歧,鼓励了德国的抵抗。"③

1923 年 1 月 11 日,英国外交部在答复其驻德国科布伦茨高级专员基尔玛诺克(Lord Kilmarnock)的询问时,就英国对鲁尔危机以及对法国的政策做出如下指示:英国不赞成法国的行动,但"急于尽快缩小法国的单独行动对英法关系造成的影响"。④ 同时,英国政府向法国明确表示"对法国和法国人民的友谊保持不变"。⑤ 基于上述原因,寇松指示基尔玛诺克,要求莱茵兰委员会驻科布伦茨的英国代表放弃先前的决定,继续参加协约国的所有会议。⑥ 同时寇松也向驻巴黎赔偿委员会的英国代表约翰·布莱德伯利,以及在大使会议的英国代表埃尔·克劳爵士发出相同指令,⑦ 以避免激化与法国的矛盾。另外,寇松还做出了以下几项取悦于法国的行动:拒绝承认德国对法比行动的抗议;允许法国派兵进入鲁尔时经过在英占区的科隆的重要铁路;允许法国宪兵在英占区逮捕执行消极抵抗命令的德国官员。⑧ 与此同时,英国也向法国明确表示,作为对这些帮助的回报,法国应该与英国协商一些重要问题,比如经营铁路、德国支付煤炭、规定法国警

---

① William Laird Kleine-Ahlbrandt, *The Burden of Victory: France, Britain and the Enforcement of the Versailles Peace, 1919 – 1925*, p. 116.
② Royal Jae Schmidt, *Versailles and the Ruhr: Seedbed of World War Two*, p. 36.
③ Philip Michael Bett Bell, *France and Britain, 1900 – 1940: Entente and Estrangement*, p. 141.
④ D. G. Williamson, "Great Britain and the Ruhr Crisis, 1923 – 1924", *British Journal of International Studies*, Vol. 3, No. 1, April 1977.
⑤ *DBFP*, Series. 1, Vol. 21, p. 5.
⑥ William Laird Kleine-Ahlbrandt, *The Burden of Victory: France, Britain and the Enforcement of the Versailles Peace, 1919 – 1925*, p. 116.
⑦ *DBFP*, Series 1, Vol. 21, p. 25.
⑧ William Laird Kleine-Ahlbrandt, *The Burden of Victory: France, Britain and the Enforcement of the Versailles Peace, 1919 – 1925*, p. 116.

察的行动等,① 来限制法国政府的行动。

英国政府之所以采取上述做法,是因为它已经看到,此次法比入侵鲁尔不同以往,它是在排斥英国的协调,违背英国意愿的情况下,悍然进兵鲁尔的。其首要目的是直接掌管鲁尔,直至完全控制鲁尔,使鲁尔成为解决法国能源危机的急救库。德国丧失鲁尔后,在经济上有一触即溃的危险。因此,面对第三次更为严重的鲁尔危机,英国的政策也发生了不同于前两次危机的重要变化,即在继续与法国妥协的同时,也对法国进行暗示和警告,借此表明英国反对法国试图压垮德国的立场。寇松向法国详细说明,英国政府对法比控制德国关税所造成的损失表示"极大的和日益增长的忧虑",② 同时警告法国政府,他坚决反对法国鼓励莱茵兰的分离运动。③

另外从上述英国的行动中也可以看出,英国虽然对法比的鲁尔行动表示失望,但并不反对法国向德国索取赔款,"如果法国能从这种手段中获取他们理应得到的,我们(英国)多数人应对其结果感到高兴",④ 并在一定程度上与法国进行合作。但同时英国也要让法国明白,法国的行动要有一定的限度。尽管英国珍视与法国合作的机会,但超出一定的界限,英国将不惜牺牲这种合作。在英国看来,这个界限是,英国将不能容忍法国对洛林—威斯特伐利亚区的煤炭、钢材和化学工业的控制和霸权。⑤ 换言之,英国无法接受法国是世界上最大工业区的掌管者。⑥ 这是英国与法国合作的前提,如果这一前提被破坏了,则丧失了合作的基础。其原因正如施密特所说:"如果法国控制了鲁尔煤炭,将意味着法国煤炭市场对英国关闭,英国的失业将增加。这也意味着欧洲煤炭市场的混乱以及法国重工业在与英国竞争中力量的增加。"⑦ 这对英国来说是无法想象的。

至于莱茵兰,则早在巴黎和会之时起,英国就坚决反对法国试图鼓动莱茵兰独立。如果莱茵兰独立了,就不仅意味着德国在政治上四分五裂,而且在经济上也会被削弱。那么这就会大大违背这样一个原则:英国维持

---

① William Laird Kleine-Ahlbrandt, *The Burden of Victory: France, Britain and the Enforcement of the Versailles Peace, 1919–1925*, p. 116.
② *DBFP*, Series 1, Vol. 21, pp. 146–7.
③ *DBFP*, Series 1, Vol. 21, pp. 647–8, 653–4.
④ Royal Jae Schmidt, *Versailles and the Ruhr: Seedbed of World War Two*, p. 90.
⑤ Royal Jae Schmidt, *Versailles and the Ruhr: Seedbed of World War Two*, p. 55.
⑥ Royal Jae Schmidt, *Versailles and the Ruhr: Seedbed of World War Two*, p. 38.
⑦ Royal Jae Schmidt, *Versailles and the Ruhr: Seedbed of World War Two*, p. 38.

与法国的协约关系,是以它不能摧毁德国政治、经济的完整独立和不构成对英国的威胁为前提的。

英国这种既与法国协调、合作,又不允许法国的行动超出一定限度的立场,在处理莱茵兰撤军和英占区铁路的问题上得到了很好的体现。

众所周知,英国是对德国莱茵兰军事区拥有占领权的主要国家之一。法比军队占领鲁尔之后,英国军队的动向自然是法国异常关注的问题。围绕英国在占领区的军队是否要撤出这一敏感问题,英国国内也有一番争议。如果英国在是否要撤出莱茵兰这一问题上处理得不好,将直接影响英法关系。英国驻德大使巴罗恩·阿贝农勋爵认为,英国应该从莱茵兰撤军,这样会对欧洲产生更大的影响,对法国形成更大的限制。① 但是外交部和大多数驻德的英国官员都不同意他的观点,他们害怕英军突然撤退将只能被法国认为是"不友好的行为"。② 基尔玛诺克在1月25日给寇松的电报中认为,撤军弊端有四:(1)可能被德国利用,即德国借机升级英法矛盾,使自己能够从中取利;(2)英国在欧洲的影响可能被减弱,对法国的限制可能减少;(3)英国将丧失限制法国建立莱茵兰自治共和国的机会;(4)可能剥夺英国在此地的贸易利益,并且有可能被法国利用甚至取而代之。③ 英国政府最后决定军队要保留在占领区,以示对法国的友好,也防止法国某些野心的得逞,同时"尽最大努力避免可能使撤退成为不得不发生的事"。④ 最后,连一向顽固的阿贝农勋爵也转变了看法,认为英国政府不撤出军队是有道理的。⑤

英国在法国要求利用英占区铁路一事上,同样表现出了在防备法国的同时,与法国妥协的态度。

在莱茵河左岸协约国军事控制范围内,英国所处的科隆区占有十分重要的地位。科隆市是铁路交会处,既是德国煤炭输出的要道,也是"法军安全的要塞"。确保铁路交通线的畅通,对德、法两国都具有重要意义。法国政府为了有效打击德国的消极抵抗政策,同时确保从鲁尔掠夺的煤炭能够输送到本国,于2月初向英国提出由法国完全控制英占区铁路的要求。

英国对法国的要求感到进退两难。同意法国的要求则意味着形势会迅速朝着不利于己的方向发展,也会因此得罪德国,并加深德国的灾难,政

---

① *DBFP*, Series 1, Vol. 21, p. 61.
② D. G. Williamson, "Great Britain and the Ruhr Crisis, 1923 – 1924".
③ *DBFP*, Series 1, Vol. 21, pp. 65 – 6.
④ D. G. Williamson, "Great Britain and the Ruhr Crisis, 1923 – 1924".
⑤ *DBFP*, Series 1, Vol. 21, p. 68.

治天平会迅速向法国一方倾斜；如果不同意法国的要求，则意味着英国放弃坚持已久的与法国妥协的立场，阻挠法国解决赔款问题的努力，进一步激怒法国，恶化协约国家之间的关系。英国权衡利弊，决定采取不得罪任何一方的原则，部分实现双方各自的要求。2 月 15 日，以博纳·劳为首的英国代表团到达巴黎，明确宣布法国不能利用纵贯英占区的铁路干线，不过，作为弥补，英国决定让出英占区西部一隅，即允许法国利用自格雷苏布罗伊希（Grevenbroich）到迪伦（Düren）的铁路支线。① 与此同时，英国外交部接到了德国外长弗里德里希·冯·罗森贝格（Friedrich von Rosenberg）通过英国驻德大使转来的照会：为阻止法比影响扩大至莱茵河右岸的英占区，德国政府希望法比使用的铁路线限制在莱茵河左岸而非右岸；穿越英占区的火车应由德国司机驾驶。② 内阁经过紧急磋商后认为，英国不能在此问题上和法国失和，但也不能完全满足法国的愿望而因此得罪德国。最后内阁决定：法国除了可以继续使用格 - 迪支线外，还可以动用英占区铁路主线，不过，列车必须由德国人驾驶；运送法军的车次不得超过危机之前；此类列车必须在莱茵河左岸行驶。③

在鲁尔危机爆发后的一段时间内，英国保持着这种既对法国协调，又不使法国的行动超过一定限度的政策。但是到 1923 年下半年，随着鲁尔地区形势的发展和英国国内形势的变化，英国又不得不对现有的政策做出调整。

（二）英国政策的调整：从协调到遏制

在英国对法国的外交政策中，煤炭是一个重要的因素。④ 从 1923 年 6 月开始，法国不仅加强了对鲁尔的经济资源的控制与掠夺，而且加强了与邻国比利时、波兰的经济合作。这就意味着法国要把它自己的资源与德国，甚至连同比利时、波兰的资源结合起来，创建继英国之后世界第三大煤炭储备。⑤ 要是三方每年联合生产接近 2 亿吨的煤，⑥ 这个煤炭帝国就足以把

---

① *DBFP*, Series 1, Vol. 21, p. 104.
② *DBFP*, Series 1, Vol. 21, p. 104.
③ *DBFP*, Series 1, Vol. 21, p. 106.
④ William Laird Kleine-Ahlbrandt, *The Burden of Victory*: *France*, *Britain and the Enforcement of the Versailles Peace*, *1919 – 1925*, p. 119.
⑤ William Laird Kleine-Ahlbrandt, *The Burden of Victory*: *France*, *Britain and the Enforcement of the Versailles Peace*, *1919 – 1925*, p. 119.
⑥ 1923 年，法国矿产生产 0.38 亿吨，波兰生产 0.36 亿吨，比利时生产 0.23 亿吨。Brian R. Mitchell, *European Historical Statistics*, *1750 – 1975*, Facts on File, 1980, pp. 365, 366, 368.

英国挤出欧洲大陆市场。①

　　令英国更为担心的是，巴黎此时正在与德国煤炭大亨达成一项长期协议。吸取以前《威斯巴登协定》失败的经验，法国政府要求德国把产品以固定价格卖给法国，这些价格要低于自由市场的价格，并且法国保证愿意提前10天交付80%的付款，剩下的部分等到交货以后三天支付。② 这种做法对于法德双方都有吸引力，德国人卖出的煤炭能够很快得到收益，且部分可作为赔款使用，法国则在市场上把从德国购买的煤炭再卖出而赢利。这一协定一旦达成，它的最大的好处就是部分解决了法德两国资源的壁垒，但它同样将对英国造成一个"很大的威胁"——进一步削弱英国在煤炭市场的竞争力。

　　英国的煤炭工业此时已经有很多的麻烦了。自1913年起，它的煤炭产量就开始下降，当时矿厂年生产2.92亿吨煤，其中四分之一出售到国外。③在战争期间，平均每年生产下降0.25亿吨。当时每吨煤增长的价格勉强可以维持矿主的利润。然而，到1919年，来自大陆矿厂的竞争逐渐把英国煤炭驱赶到海外市场。英国人对煤炭的需要也在下降，因为以前的顾客正得到德国赔偿的煤炭，并且天然气和石油正在取代煤炭成为动力能源。④ 英国对迎接这些挑战毫无准备。此外，英国在煤炭生产机械化方面又没有取得重要进展，致使劳动力过多而产量却低于德国、荷兰和波兰。煤炭工业还进一步遭受小生产者和非独立经营者的冲击。

　　由于英国煤矿盈利下降，煤矿主不得不大幅度降低工人工资，增加工时，以抵消他们的损失。这又引发了战后大规模的煤炭工人罢工浪潮，政府不得不出面干预，但矛盾始终得不到缓解。同时，罢工对依靠煤炭进行生产的工业打击尤为严重：钢铁生产从800万吨降到270万吨；粗钢从920万吨降到370万吨；整个工业生产下降接近20%。⑤

　　煤炭工人大罢工表明英国经济已无能力完成一场深刻的工业改革计划，

---

① William Laird Kleine-Ahlbrandt, *The Burden of Victory: France, Britain and the Enforcement of the Versailles Peace, 1919 – 1925*, p. 119.

② William Laird Kleine-Ahlbrandt, *The Burden of Victory: France, Britain and the Enforcement of the Versailles Peace, 1919 – 1925*, pp. 120 – 1.

③ Brian R. Mitchell, *European Historical Statistics, 1750 – 1970*, London, 1978, pp. 364, 768, 411, 414.

④ 如战前皇家海军每年使用煤炭2.5亿吨，战后被石油取代，对煤炭的购买力几乎减到零。

⑤ Brian R. Mitcheli, *European Historical Statistics, 1750 – 1975*, pp. 396, 401, 357.

反而导致了英国工人生活水平的下降。① 可以理解，到这个时候，英国外交家想使鲁尔危机得到尽快解决，因为它导致的紧张状况威胁到社会安定并引发了国内暴动。② 但是，英国这种急于解决鲁尔危机的做法势必与法国的野心发生矛盾，从而造成英国大幅度调整原来的对法国妥协政策。

另外，土耳其问题的最终解决也使英国摆脱了法国利用这一问题对自己施加压力的威胁。1922年10月11日，协约国同土耳其凯末尔政府签订了停战协定。接着，协约国于1922年11月在瑞士洛桑召集会议，修改《色佛尔条约》。在争吵近10个月之后，于1923年7月签订了承认土耳其本土范围内的主权和领土完整的《洛桑条约》。③ 土耳其问题基本稳定下来，这就使法国失去了在欧洲问题上向英国索取利益的本钱，也使英国能够放开手脚去解决鲁尔问题。

于是英国放弃了对法国的妥协政策，转而采取不与法国合作，进而对法国施加压力、迫其结束危机的政策。这种政策的调整是伴随着法国企图控制英占区的铁路和试图促成莱茵兰分离运动而逐步实施的。

法、比军队占领鲁尔后，对鲁尔实行关税制裁，并对德国占领区和非占领区进行封锁，再加上德国方面的消极抵抗，从而造成德国的经济生活和社会秩序异常混乱。鲁尔被占领使德国损失了88%的煤、96%的生铁和82%的钢材。工业生产猛烈下降，在最严重时，仅有14.7%的工业企业能勉强全部开工。数百万失业者踯躅街头，工农业商品储备空虚，流动资金极端缺乏。银行信贷制度濒于解体。国库黄金储备几近枯竭，政府财政赤字惊人，国家开支最后只得完全乞助于印刷机，从而发生了史无前例的恶性通货膨胀。④ 在这种情况下，德国共产党中央委员会于1923年5月16日

---

① William Laird Kleine-Ahlbrandt, *The Burden of Victory: France, Britain and the Enforcement of the Versailles Peace, 1919–1925*, p. 120.

② William Laird Kleine-Ahlbrandt, *The Burden of Victory: France, Britain and the Enforcement of the Versailles Peace, 1919–1925*, p. 121.

③ 条约确定了土耳其的边界，把欧洲部分的东色雷斯和亚洲部分的伊兹密尔归还给土耳其；协约国军队撤出伊斯坦布尔；亚美尼亚和库尔德斯坦等少数民族地区，仍归土耳其所有。但摩苏尔的归属作为悬案，留待以后英、土双方谈判解决。废除外国在土耳其的领事裁判权和一切特权，废除帝国主义对土财政、关税监督权。条约确认原奥斯曼帝国的外债，由分裂出来的各国承担。土耳其偿还债务的主要部分，其他分裂出去的国家也承担部分债务。在海峡问题上，给予土耳其该地区部分主权，海峡通航问题应按照与《洛桑条约》同时制定的专门国际公约规定办理。详见 Malcolm Yapp, *The Near East since the First World War: A History to 1995*, London and New York: Longman, 1991, p. 163。

④ 宋则行、樊亢主编《世界经济史》中卷，经济科学出版社，1998，第88页。

召开全会，认为"最尖锐的革命群众斗争的时期"已经临近，并卓有成效地引导工人进行罢工斗争，形成了五月罢工高潮。6月又有西里西亚和东普鲁士的农业工人总罢工，上西里西亚12万矿工、冶金工人和五金工人举行总罢工；7月有13万五金工人和几万名建筑、木材工人罢工；而更大的斗争高潮始于8月，到10月达到了顶点。

英国对由于鲁尔占领造成的德国社会状况的混乱而引发的革命危机极度不安，担心德国整体的崩溃就在眼前。英国驻德大使阿贝农勋爵在当时不无忧虑地说："英国最关注的是如何使德国免于灭亡。只要德国还是一个首尾相顾的整体，则欧洲便可以在一定程度上保持力量平衡。然而，一旦德国崩溃，这个平衡就会消失。"[1] 于是，英国暗中加强了对鲁尔德国抵抗力量的资助。

但令英国感到异常窘迫的是，法国官员在9月发现从柏林经过阿姆斯特丹和伦敦飞往科隆的英国国有Istone航空公司的一架飞机上有装满纸币的箱子。经调查确认，这些纸币通过英国与德国的贸易账户转到科布伦茨和埃森去资助德国官员的消极抵抗。[2] 这一事件激怒了法国。来自协约国最高委员会的一份威胁照会向Istone航空公司施加压力，要英国结束与德国政府这种虚假贸易，禁止Istone航空公司的飞机飞越占领区。[3] 法国指责英方：科隆是在占领区内的"特洛伊木马"，英国在支持德国的抵抗运动。[4] 于是英法摩擦开始加剧。

不过，英国在此时还是对法国采取了一定程度的让步，其做法就是努力使德国终止消极抵抗。由于赔款问题久拖不决，加上德国国内危机，英国早就力主德国停止消极抵抗。但是，法、德两国之间就停止消极抵抗和协商对德赔款问题一直僵持不下。法国坚持德国无条件停止消极抵抗，然后才能协商赔款问题；德国则持相反的意见。在英国努力调解下，新上任的德国总理古斯塔夫·斯特莱斯曼（Gustav Stresemann）于9月26日停止消极抵抗。英国解除德国消极抵抗用意有二：一是试图以此换取法国在赔款问题上的让步，使法、德双方进入协商轨道，以期尽快结束鲁尔危机；二是排解法国对英国资助鲁尔消极抵抗的不满，不想激怒法国。

---

[1] *DBFP*, Series 1, Vol. 21, p. 661.
[2] David Graham Williamson, *The British in Germany, 1918 – 1930: The Reluctant Occupiers*, Berg, distributed exclusively in the US and Canada by St. Martins Press, 1991, p. 230.
[3] David Graham Williamson, *The British in Germany, 1918 – 1930: The Reluctant Occupiers*, p. 230.
[4] David Graham Williamson, *The British in Germany, 1918 – 1930: The Reluctant Occupiers*, p. 230.

然而，英国的做法并没有取得预料中的效果。伦敦和柏林最初的估计是普恩加莱将立即停止对赔款问题的要求，直接与斯特莱斯曼进行协商。[1] 但是普恩加莱选择了另一种做法——企图进一步控制鲁尔和促使莱茵兰独立。他单独通过协约国莱茵区最高委员会主席法国人蒂拉尔、法国驻莱茵占区总司令德古特和铁路专卖局[2]总裁布劳德与德国地方工业家和银行家接洽，希望通过一系列双边协商，确保德国支付赔款，创立莱茵开发银行和自治的莱茵－鲁尔铁路公司。[3]

普恩加莱的做法产生了效果。10月17日，德国煤炭大亨奥托·沃尔夫与国际厂矿监督委员会缔结了协定。随后该委员会与克鲁伯和德国矿业联合会也分别缔结了同样的协定。[4] 根据这些协定，德方同意支付煤炭税，包括地方卖出的煤炭税或送到德国非占区的煤炭税。法国同时也与英占区的私营业主接洽，达成上述协议。

与这些协商同步，蒂拉尔和法国银行家哈根与科隆德国银行家施罗德进行会谈，讨论建立独立的莱茵兰银行问题。在这一银行中，法国将有30%的货币持有率。[5] 10月末，哈根首先提出建立以黄金为基础的货币，普恩加莱和蒂拉尔都欢迎这种做法，认为这是"创建一个独立的莱茵兰的关键一步"。[6]

英国对法国的做法感到深深的忧虑，并采取坚决反对的立场。1923年10月1日，在英帝国与自治领各政府召开帝国会议的时候，首相鲍德温（Sir Stanley Baldwin）责备普恩加莱的不妥协态度。[7] 寇松的演说更为激烈。他否定消极抵抗的停止是普恩加莱的胜利，认为鲁尔占领的唯一成效就是德国的经济垮台与欧洲经济的解体。他指出："德国的解体也就是债务人的失踪。法国曾向我们保证，一俟消极抵抗停止后，协约国间可以开始谈判。但谈判迄未举行。如果让步可以促成协议，则英国亦不惜牺牲它的要求的一部分，然而协议既不可能，则英国的要求自应全部维持。"[8]

---

[1] David Graham Williamson, *The British in Germany, 1918–1930: The Reluctant Occupiers*, p. 236.
[2] 1923年3月1日，法比联合成立铁路专卖局，专门用来控制德国占领区的铁路。
[3] David Graham Williamson, *The British in Germany, 1918–1930: The Reluctant Occupiers*, p. 236.
[4] David Graham Williamson, *The British in Germany, 1918–1930: The Reluctant Occupiers*, p. 236.
[5] David Graham Williamson, *The British in Germany, 1918–1930: The Reluctant Occupiers*, p. 236.
[6] David Graham Williamson, *The British in Germany, 1918–1930: The Reluctant Occupiers*, p. 237.
[7] 〔苏〕弗·鲍爵姆金：《世界外交史》第4分册，第247页。
[8] 〔苏〕弗·鲍爵姆金：《世界外交史》第4分册，第247页。

但法国无视英国的强烈反对，继续迈出了分离莱茵兰的最后一个步骤，即建立自治的莱茵 - 鲁尔铁路公司。不言而喻，此时法国已控制这一地区的金融，如果再掐住其经济命脉，莱茵兰的独立则指日可待，此事由布劳德来操作。在此之前，法比铁路专卖局曾建议英国把英占区的科隆铁路并入专卖局，英国由于害怕法比控制整个鲁尔铁路将会给德国造成致命打击，并损害自己的利益，便拒绝与法比合作。这样，科隆区这段至关重要的铁路一直处于铁路专卖局之外。形势发展到现在，这已成为阻碍莱茵兰分离运动的最后一个环节。布劳德要完成的任务就是把科隆铁路并入专卖局，从而实现分离莱茵兰的全盘计划。10 月 19 日，法国驻伦敦大使向英国当局正式要求把科隆铁路管理局并入专卖局。[1]

然而此时的英国也看穿了法国的这种野心。在 10 月下旬英国内阁的讨论中，对法国的态度日益明确，即英国坚决要守住这最后一块阵地，绝对不能让法国野心得逞。寇松认为占有科隆赋予了英国"一张王牌"，这将最终确保他们在铁路问题上有决定性发言权。[2] 同时内阁给基尔玛诺克发去严格的指示，通知他"我们无论如何也不能承认法比掌握我们占领区的铁路"。[3] 英国政府也向德国政府施加压力，1923 年 10 月 16 日，阿贝农大使警告德国："德国当局不要进入与法国的单独安排，以有损于英国的利益，或试图对英王陛下政府在英占区的形势造成困难。"[4] 英国的这一做法表明，它不仅反对法国对英占区铁路的要求，而且也坚决反对法德以前私下签订的不利于英国的协定。就这样，英国开始放弃对法国的妥协政策，转而采取不与法国合作的态度。

此时大洋彼岸的美国也非常担心欧洲不稳定的局势，因为这将给美国经济的发展和欧洲国家的战债偿付带来非常不利的影响。10 月 9 日，美国总统柯立芝（John Coolidge）公开宣布支持英国政府在德国赔款问题上的立场，并称英美合作对解决德国的赔款问题是至关重要的。[5] 英国得知美国的这种意向后，断定会得到美国的支援，便于 10 月 12 日正式向美国发出呼吁，建议召开有美国参加的赔偿会议。英国政府指出，若使赔偿问题真正

---

[1] *DBFP*, Series 1, Vol. 21, pp. 576 - 7.
[2] David Graham Williamson, *The British in Germany, 1918 - 1930: The Reluctant Occupiers*, p. 238.
[3] David Graham Williamson, *The British in Germany, 1918 - 1930: The Reluctant Occupiers*, pp. 238 - 9.
[4] *DBFP*, Series 1, Vol. 21, pp. 568 - 9.
[5] *DBFP*, Series 1, Vol. 21, p. 563.

解决，美国的合作是主要条件。① 美国政府立刻做出了积极的反应。

英国的不合作态度不可避免地引起了法国的不满，蒂拉尔评论道："当德国放弃消极抵抗时，在关键时刻，英国继续积极抵抗。"② 英法关系已变得相当紧张。10月19日，英国政府继续向法国施加压力，英国驻法国大使克劳对法国政府宣布，美国政府愿意参加经济咨询委员会，考虑德国的支付赔偿的能力，并制订出一个可行的计划。英国政府首先支持这种做法，并提醒法国政府要采纳美国提出的建议。③ 随后，英国政府又向各协约国政府建议召开有美国代表参加的专家委员会，专门解决德国的赔偿问题，而且，英、美两国政府正在为组成专家委员会而积极进行筹备工作。④

然而，法国仍一意孤行，10月21日，在法国的暗中鼓动和支持下，莱茵共和国在亚琛、波恩、威斯巴登和美因茨宣告成立。这一事件的发生同时宣告了英法协约关系的终结。

10月22日，基尔玛诺克召开一次重要会议，并对外宣布："无论如何也不能允许法国在没有我国同意的情况下，在我国占领区发号施令。"⑤ 10月28日，鲍德温在普利茅斯的一次讲演中，明确反对"把德国的任何一部分拆散成一个独立的国家"，⑥ 对法国的做法给予严厉的谴责。

同时，英国开始对法国实施最后一击。这时，法国国内经济形势严峻，由于占领费用的扩大和德国的"消极抵抗"，法国不少工厂倒闭，外贸赤字增加，财政更加困难，1923年预算赤字达100多亿法郎。法郎不断贬值，1923年1月，1英镑值69.74法郎，2月为76.38法郎，8月则为82.92法郎，出现了汇兑危机。由于通货膨胀，物价逐渐上涨，与1914年相比较，物价上涨幅度1922年12月为206%，1923年1月为209%，2月为216%，

---

① *DBFP*, Series 1, Vol. 21, p. 564.
② David Graham Williamson, *The British in Germany, 1918 – 1930: The Reluctant Occupiers*, p. 239.
③ *DBFP*, Series 1, Vol. 21, p. 575.
④ 在英美的策划下，1923年11月30日，赔款委员会决定，建立两个由美、英、法、意和比利时代表组成的专家委员会。其中地位最重要的是第一委员会，它的任务是研究稳定德国的金融和平衡德国的预算问题，这个委员会的主席是美国摩根财团芝加哥一家银行的董事长道威斯；第二委员会的任务是调查德国外流资本的数额，并确定追回这些资本的途径，该委员会主席是英国财政专家麦克唐纳。
⑤ *DBFP*, Series 1, Vol. 21, pp. 577 – 82.
⑥ *DBFP*, Series 1, Vol. 21, p. 603.

3月为221%，6月为231%。① 这些情况为英国压制法国放弃强硬政策提供了机会。

法国财政金融危机山雨欲来，英国是觉察到的，而且外交部早已请财政部做出了详细的分析报告，并准备了各种施加压力的措施。② 英国财政大臣私下对德国政府说："法郎是我们最好的助手"，"它是英国人最终也是德国人手中握有对付普恩加莱的最好武器"。③ 英国财政部提出趁机使法国就范的措施，包括没收战争期间法兰西银行作为战债抵押存在英国的黄金，低价出售英国人持有的法国债券，向来自法国的大宗进口商品征收附加关税，等等。这些措施的实施使法国立即陷于混乱。在这种情况下，法国不得不向英国表示屈服。

11月16日，英法比达成一项临时条约，法比铁路专卖局最终承认科隆德国铁路当局在英国的控制下，保持财政和管理上的独立。④ 这表明法国正式向英国屈服，也表明英国在鲁尔问题上的对法政策已完成从妥协到不妥协的转变。

11月22日，蒂拉尔在科布伦茨宣布，法国已经向英国保证结束莱茵兰分裂主义运动，而且如果必要，可以使用武力取缔他们的活动。⑤ 11月30日，在专家委员会成立的当天，普恩加莱宣布接受专家委员会的调解。

总而言之，法国的屈服可以归结为下列几个原因。第一，法国已经迫使德国在消极抵抗政策上屈服。如果法国要确保德国定期支付，最终必须恢复德国货币和汇率的信度，而这种恢复只能通过英美的干预才能实现。第二，法郎本身处于困境，针对英镑和美元正失去其价值。这一过程从1919年中期已经开始，在占领鲁尔过程中日益恶化，迫使法国抬高法郎价格，增加了财政赤字。为了使法郎坚挺，法国需要英美政府的帮助。第三，法国无法承受与英美分离的危险，仅有意大利和比利时的支持是不够的。而普恩加莱政府快走到尽头，1924年年终的大选就要举行，普恩加莱分身

---

① 转引自楼均信主编《法兰西第三共和国兴衰史》，人民出版社，1996，第406页。
② Stephen A. Schuker, *The End of French Predominance in Europe：The Financial Crisis of 1924 and the Adoption of the Dowes Plan*, Tennessee：The Uniuersity of North Carolina Press, 1976, pp. 98 – 103.
③ Stephen A. Schuker, *The End of French Predominance in Europe：The Financial Crisis of 1924 and the Adoption of the Dowes Plan*, p. 103.
④ David Graham Williamson, *The British in Germany, 1918 – 1930：The Reluctant Occupiers*, p. 204.
⑤ 〔法〕让-巴蒂斯特·迪罗塞尔：《外交史》上册，第76页。

乏术，只能求助英美。①

（三）"和平战略"对"安全战略"的初步胜利

通过对鲁尔危机的历史考察，我们可以对英法关系做出如下评估：这一时期可以成为"英法分歧期"。② 和平会议后，随着形势的发展两国关系日益明显紧张，赔偿、近东、热那亚会议等成为它们冲突的焦点。随着1922年1月普恩加莱再次上台执政，两国关系比以往更加貌合神离。③ 然而，1923年爆发的鲁尔危机使两国之间产生了战后以来从来未有过的分歧。④ 两国对德赔偿问题的分歧最终使英国对法国采取了强硬政策，迫使法国屈服。英国政府曾在1923年7月11日的一份备忘录中对英国对法采取遏制态度提出了几点理由：（1）法国的入侵是一种公然的非法行为；（2）保护英占区的现状；（3）法国对英国政府采取了鲁莽而草率的行动；（4）维护英国政府的利益和影响；（5）基于人道的原则。⑤

实际上，鲁尔危机中所表明的英法纷争，是两国欧洲外交战略的碰撞。英国的和平战略要求恢复德国经济的正常运转，从而恢复欧洲的经济繁荣。正如沃尔夫斯所评价的："它的'和平战略'得到一些国家热情的支持，它努力培育世界范围的经济恢复和繁荣，并且试图促进和平，在欧洲国家中营造一种'和平心理'。"⑥ 他还分析认为，英国最担心的是德国国内市场的解体和财政框架的即将崩溃。英国自由党领袖赫伯特·阿斯奎斯认为，关于赔偿问题，"你们（指法国人）要采取或建议的任何步骤必须是这样的：无论你们要什么或者无论你们寻求强制实施什么，都不应该破坏德国经济生活，甚至使德国经济生活瘫痪，因而破坏了整个国际贸易结构"。⑦

但是法国的安全战略要求它通过获得鲁尔的经济资源而获得安全保障，保证自己的经济安全，并进一步获得欧洲霸权，这是法国之所以对鲁尔地区采取如此激烈行动的根本原因。具体地说，法国在鲁尔危机中表现出了

---

① Philip Michael Bett Bell, *France and Britain, 1900–1940: Entente and Estrangement*, p. 143.
② *BDFA*, Part Ⅱ, Serie F, Vol. 17, p. 47.
③ *BDFA*, Part Ⅱ, Series F, Vol. 17, p. 47.
④ *BDFA*, Part Ⅱ, Series F, Vol. 17, p. 204.
⑤ *BDFA*, Part Ⅱ, Series F, Vol. 17, p. 205.
⑥ Arnold Wolfers, *Britain and France between Two Wars: Conflicting Strategies of Peace since Versailles*, p. 206.
⑦ Arnold Wolfers, *Britain and France between Two Wars: Conflicting Strategies of Peace since Versailles*, p. 244.

焦虑、不能自制和富有侵略性，其国内问题——严峻的财政状况掺杂着对德国未来可能入侵的日益恐惧，这两个原因促使法国更加担心赔款问题而试图抓住它想象中的某些物质保证，诸如控制鲁尔峡谷，以及向德国施加压力促使它裁军等。①

另外，在研究法国的外交政策时，我们也可以发现，法国一而再再而三地独断独行，无视协约国的政策，这看起来有些不合时宜，尤其是温和派白里安在1921年1月上台后。实际上，法国当时是一个联合政府执政模式，白里安在政府中缺少真正的支持者，国民议会中大多数人敌视他的政策。同时，法国政府内黩武主义气氛浓厚，大多数法国政要抱有这样的不合时宜的想法：世界至少要承认法国是大战的主要战胜国，因此法国理所当然可以控制战败者。②

归根到底，经济问题是法国的"阿基里斯之踵"。③ 入侵鲁尔满足了法国复仇的渴望，却增加了国家债务。实际上此时的普恩加莱比谁都更清楚，假使入侵鲁尔达到了目的，能够收集到的赔款数量也不足以维持金融业的稳定。④ 这是法国"安全战略"最终让步于英国"和平战略"的根本原因。

总之，在鲁尔危机的进程中，英国通过对法国的行动采取中立然后协调合作再到遏制的政策转变，使其"和平战略"得到了有效实施。鲁尔危机的结果是英国控制了局势。此后，法国不得不跟随英国的欧洲政策。正如贝尔所说："鲁尔危机证实了法国是最后一次能够在如有必要的情况下单独行动，强制实施《凡尔赛条约》。从那以后，主动权转到英美手里。"⑤ 这是法国从事危险政策所付出的代价。但是，英国也不能无视法国的安全要求，而且在复兴欧洲经济和保证欧洲和平的问题上仍然需要法国的合作。

---

① BDFA 从1921年到1929年（Vol. 16 - 19）每年都有一份关于英法关系的年度报告（Annual Report），非常有价值，本书会在随后章节参考和引用。
② *BDFA*, Part Ⅱ, Series F, Vol. 16, p. 243.
③ 希腊神话，用来比喻一个人的致命伤。阿基里斯是希腊神话中远征特洛伊的希腊人中最勇武的英雄。传说他出生后，母亲想使他永生，就把他浸入斯提克斯冥河水中浸泡。沾到冥河水人便会刀枪不入。但由于母亲是捏着他的脚踵去浸水的，所以脚踵没有沾到冥河水，这成为他身上致命的弱点。后来他果然被特洛伊王子帕里斯的暗箭射中脚踵而死。
④ William Laird Kleine-Ahlbrandt, *The Burden of Victory*: *France*, *Britain and the Enforcement of the Versailles Peace*, *1919 - 1925*, p. 118.
⑤ Philip Michael Bett Bell, *France and Britain*, *1900 - 1940*: *Entente and Estrangement*, p. 143.

第七章　英国扶德抑法政策与《道威斯计划》的实施

一　英美对欧战略的契合与两国联合压制法国

（一）一战后英国的经济形势和寻求美国介入赔偿问题

鲁尔危机结束后，欧洲进入了一段稳定时期。较之于战后初期，这一时期欧洲大国经济都有不同程度的增长，英国某些部门的情况也是这样。1924年英国总出口比1919年增长了37.8%，其中煤炭出口增长了75%（见本书附表4，下同），国内固定总资本比1919年增加3.8万亿英镑（见表6）；钢铁、汽车、化学工业都有不同程度的增长（见表7）。但是在这种增长背后却有隐忧。失业率仍然较高，到1924年失业人口140万人，失业率达7.2%（见表10）；消费者的消费比1919年下降了0.8万亿英镑，整个大英帝国国内生产总值比1919年下降5.4万亿英镑。1919年整个英国股票增值达0.9万亿英镑，在随后几年一路下降，到1924年整个股票贬值5000亿英镑（见表6）；工人工资和薪金比1919年下降7.47亿英镑，税收比1920年下降1800万英镑，个人自由收入下降了11.33亿英镑，公司总贸易利润比1920年下降了1.44亿英镑（见表9）。总体来讲，在资本主义国家整体处于稳定时期时，英国外贸、煤炭等经济部门虽然有所增长，但经济整体发展仍然有限。

相比较而言，法国和德国这一时期经济各部门都实现了大幅度增长。法国1924年的工业生产比1919年增长了89.4%，煤炭生产增长了2260万吨，粗钢生产增长了540万吨（见表11）；1924年法国总出口比1919年增长了300多亿法郎（见表13）。德国方面，1924年的煤炭生产比1919年增长了3290万吨，粗钢生产增长了199万吨（见表14），总出口额在1924年达66亿7000万马克（见表16）。

从上面的统计可以看出，即使是在欧洲资本主义大国整体步入稳定的时代，英国所面临的经济形势依然严峻，它仍必须全力解决自身经济恢复以及失业等问题。因此，此时英国的核心问题是"国内问题"。鲁尔危机期间正值斯坦利·鲍德温当政，他就对外交事务很反感。他认为失业是英国"最关键的问题"，而这一问题实质上又是"国内问题"。[①] 1924年1月工党领袖麦克唐纳执政后，仍持相同的看法，即解决国内问题是一切问题的核心。但是麦克唐纳看待问题显然比鲍德温更长远一些，他认为："改善人民生活水平、减少失业，取决于出口市场的恢复，出口市场的恢复取决于整个欧洲经济和财政的健康运行。"同时他对国联"抱有很大希望"，希望"通过仲裁和集体安全来缩减军备以及和平解决争端"。[②] 而在鲁尔危机结束时，放在英国面前的是久拖不决的赔偿问题。随着形势的发展，英国认识到，赔偿问题已经成为阻碍欧洲经济运行的一个巨大的障碍，必须尽快解决。要想达到此目标，必须先厘清与法国的关系，法国是解决赔偿问题的突破口。

鲁尔危机结束后几个月来，主要协约国家在赔偿委员会和它们举行的其他会议上意见严重分歧，无论是在它们之间，还是在它们与德国之间都不能达成协议。英国认为处于困境中的欧洲只有两条路可以走：一是请一个有影响力的局外人出面，提出一个大家都可以接受的解决方案；二是让法国根据它对《凡尔赛条约》的解释自行处理问题。对于"有影响力的局外人"英国首先想到了国联，但国联各主要成员国的矛盾，使它成了大家讨价还价的地方，无法发挥作用。如果由法国自行处理，结果也不会令人满意，相反只会助长法国采取强制手段来解决赔偿问题，引起欧洲更大的混乱，刚刚过去的鲁尔危机就是明证。

在这种情况下，英国想到了一战的暴发户美国。一些英国银行家纷纷劝说政府：欧洲问题已经超出了欧洲国家单独解决的能力范围，只有美国和美元的"无私"介入才能打破僵局。[③] 法国由于害怕美国介入会影响赔偿

---

① William Laird Kleine-Ahlbrandt, *The Burden of Victory*: *France*, *Britain and the Enforcement of the Versailles Peace*, *1919 – 1925*, University Press of America, 1995, p. 146.
② David Marquand, *Ramsay MacDonald*, Richard Cohen Books Ltd., 1977, pp. 251 – 2.
③ Frank Costigliola, *Awkward Dominion*: *American Political*, *Economical and Cultural Relations with Europe*, *1919 – 1933*, Cornell, Cornell University Press, 1984, p. 100.

委员会的权威以及自己在赔偿问题上的主导地位,坚决反对美国的介入。这时英国在外交上采取了有效的步骤,1923 年 10 月 12 日,它联合欧洲国家向美国发出正式呼吁,建议召开有美国参加的赔偿会议。英国政府指出,若使赔偿问题真正解决,美国的合作是主要条件。紧接着,意大利、葡萄牙、荷兰等国也纷纷赞同英国的做法。它们呼吁美国按照国务卿查尔斯·休斯①(Charles Hughes)1922 年 12 月 29 日的建议出面与欧洲国家一同解决德国的赔偿问题。

(二)美国介入赔偿问题与英美联合抵制法国

与此同时,远在大洋彼岸的美国随着鲁尔危机的发生、发展和结束,也开始介入欧洲赔偿事务。

鲁尔危机前后欧洲的动荡,阻碍了欧洲经济的恢复和稳定,也严重损害了美国在欧洲的利益。众所周知,美国在欧洲有很大的贸易和投资利益。受危机的影响,1919~1922 年,美国对欧洲的商品出口额从 51.88 亿美元急剧下降到 20.83 亿美元。同期,美国对欧洲的贸易盈余从 40 亿美元下降到 7 亿美元。② 在第一次世界大战期间,欧洲国家向美国举借外债达到 103.5 亿美元。其中英国、法国、意大利欠债最多,分别欠美国 42.77 亿美元、34.05 亿美元、16.48 亿美元。③ 美国虽然自战争结束起就与欧洲大国交涉还债问题,但是欧洲混乱的状况使它根本无力偿付巨额债务。对此,美国商业界、金融界人士一致指出:"我们的利益与欧洲紧密地联系在一起,除非我们看到欧洲一切都恢复正常了,否则我们国内事务不会健康发展。"④ 1922 年 12 月底,随着法德在赔偿问题上的矛盾愈演愈烈,美国政府仍固守对欧洲大陆的孤立主义态度,美国商界和财界愈加担心欧洲不稳定的局势会进一步损害美国的贸易。12 月 29 日,长期与法国谈判的美国国务卿查理斯·休斯在纽黑文商业集会上发表讲话,呼吁美国政府应该介入解

---

① 查尔斯·休斯是美国著名的外交家、政治家和法学家。1907~1910 年他两度当选纽约州州长,1910~1916 年任最高法院法官,1921~1925 年任沃伦·哈定总统和卡尔文·柯立芝总统的国务卿,1930 年后任最高法院首席大法官。

② Frank Costigliola, *Awkward Dominion: American Political, Economical and Cultural Relations with Europe, 1919–1933*, p. 103.

③ Thomas A. Bailey, *A Diplomatic History of the American People*, 7th edition, Englwood, 1964, p. 656.

④ Melvyn P. Leffler, *The Elusive Quest, America's Pursuit of European Stability and French Security, 1919–1933*, North Carolina: North Carolina University Press, 1979, p. 41.

决赔偿问题。休斯在演讲中说:"欧洲经济状况引起美国极大的关注。从经济角度看,我们的市场和信贷与欧洲经济联系在一起;从人道主义角度看,美国人民的心是与处在灾难中的欧洲人在一起的。我们不能将这些问题仅仅当成欧洲问题,它们也是世界问题。我们也无法摆脱这些问题对我们造成的损害……改变这种状况的关键在于解决赔偿问题。"① 休斯事实上已经清楚地看到债务和赔偿之间的紧密关系,即德国把赔偿给欧洲国家,然后欧洲国家用德国的赔偿偿还美国的债务。但战后德国无力偿还《凡尔赛条约》所施加的赔偿,欧洲国家因此也就无法偿还欠美国的债务。因此,休斯反复强调解决战债的突破口是德国的赔偿问题。② 围绕着一战的债务和赔偿问题,休斯采取了实用主义态度,决定撇开赔偿问题的政治因素,把赔偿问题转化为单纯的经济问题,由半官方的经济专家出面解决德国赔偿问题。

休斯在演讲中提出了解决赔偿问题的方案:"我们可以邀请各自国家经济领域的权威专家,让他们确定支付额以及使赔偿能够进行的金融计划,这会被当作最权威的结论而被全世界接受的。……各国政府不必预先接受专家们的建议,专家所在国的政府也不能干涉各自在专家委员会的代表的决策自由,不能使他们为各自政府的政治服务。"③ 休斯的这一建议在一定程度上会削弱法国控制赔偿委员会主宰赔偿事务的权力,因此得到英国的大力支持。在解决赔偿问题过程中,休斯尤其强调:"美国不希望德国逃避它的战争责任或对侵略行为进行赔偿的义务。我们丝毫不希望法国损失它任何正当的要求。另一方面,我们也不希望看到一个衰弱的德国。如果没有德国的恢复就没有欧洲的恢复。如果经济上不能使各方都满意,那么就没有持久的和平。"④ 为避免刺激法国,争取法国的合作,美方避免提及鲁尔占领的合法性问题,并在不确定德国的赔偿总额问题上与法国达成妥协。⑤

可以看出,在解决德国赔偿问题上,英美战略基本上是一致的,即在总体原则上反对过分压制德国以避免丧失得到赔偿的希望,反对法国称霸

---

① *FRUS*, 1922, Vol. 2, p. 199.
② Betty Glad, *Charles Evans Hughes and the Illusions of Innocence: A Study in American Diplomacy*, Illinois: University of Illinois Press, 1966, p. 221.
③ *FRUS*, 1922, Vol. 2, p. 200.
④ *FRUS*, 1922, Vol. 2, p. 199.
⑤ Melvyn P. Leffler, *The Elusive Quest, America's Pursuit of European Stability and French Security, 1919 – 1933*, pp. 92 – 3.

欧洲大陆以引起更大混乱，维护欧洲稳定与经济发展。同时，两者都主张在互不偏袒法德任何一方的情况下，力争以德国为突破口解决赔偿问题，削弱法国在赔偿问题上的主动权。"协商解决问题"是鲁尔危机结束后两国的共识。

由于对欧洲经济问题有着相同的看法，在以英国为首的欧洲国家的支持下，美国也趁势做出积极的回应。1923年10月22日，休斯在同法国代办拉布瓦的谈话中着重提出了德国局势的严重性，并认为这一局势"会很快发展到从德国根本得不到任何赔偿的地步"，"法国的安全不能通过这种方式取得"。① 11月5日，休斯紧急召见法国驻美大使朱利·朱赛兰（Jules Jusserand），以前所未有的强硬态度指出，专家委员会需要不受限制地调查德国的支付能力，"认为分裂的德国将保证法国的安全是一种幻想"，"德国将会重新统一，而法国将既得不到安全也得不到赔偿"。② 同一天，休斯与内阁同事举行会议，重申"法国只能在两种选择中选出其一，或者支持德国的民主政府，或者面对仇恨和永久的危险"。③

英国也向法国施压。1924年麦克唐纳组阁后不久就给普恩加莱写了一封信，以劝说英法进行密切合作以解决欧洲的赔偿问题。这封信成为鲁尔危机后英国对法政策的指导原则，信中的内容也表明美、英两国在对战后欧洲问题上的战略基本契合。麦克唐纳在信中肯定地说，他理解法国在没有保证条约的情况下被迫以"正当的理由寻求更加切实的保证"。但他认为普恩加莱应该认识到鲁尔入侵是怎样导致欧洲市场持续混乱的，这种混乱对英法经济的恢复来说都是致命的。④ 为此他希望损害两国之间相互信任的所有问题可以通过"坦率和有勇气的交流"来澄清。⑤ 同时，为了让法国接受英国对赔偿问题的态度，英国不忘一手软一手硬的策略，他在信中尤其强调了"货币价格剧烈波动和英、法两国关系的不确定性在德国持续混乱的经济中是如此清楚地表现出来"。⑥ 麦克唐纳说他担心法国决定"毁灭德

---

① *FRUS*, *1923*, Vol. 2, pp. 79 – 83.
② Melvyn P. Leffler, *The Elusive Quest*, *America's Pursuit of European Stability and French Security*, *1919 – 1933*, p. 89.
③ Herbert Hoover, *Memoir of Herbert Hoover*：*The Cabinet and the Presidency*, *1920 – 1933*, London：Macmillan, 1952, pp. 181 – 2.
④ William Laird Kleine-Ahlbrandt, *The Burden of Victory*：*France*, *Britain and the Enforcement of the Versailles Peace*, *1919 – 1925*, p. 150.
⑤ *DBFP*, Series 1, Vol. 26, p. 553.
⑥ *DBFP*, Series 1, Vol. 26, p. 552.

国并控制欧洲大陆,这没有考虑我们的合理利益和对欧洲安排的未来影响"。① 为此英国向法国的行动提出严重警告:法国政府在东西欧从事的军事活动能够支付大量金钱②,但没有偿还在战争期间向英国所借的贷款。③

可见,危机结束后,英国延续与法国的协调合作政策,但方式有所改变。在经历了遏制法国的行动,迫使法国接受英美对战后世界格局的重新调整之后,英国采取两手策略,要法国更多地在解决战后国际问题上合作,反对法国的独断独行和谋求欧洲霸权的行为,使法国接受英国的欧洲复兴计划。

那么,面对英、美两国的联合压制政策,法国采取了什么办法呢?普恩加莱不久就对麦克唐纳的来信做了回答,在信中他如人所料地否认了法国寻求从政治和经济上破坏德国的做法。普恩加莱认为法国并没有傻到想把德国债务人弄到极端贫困的地步。此外,他否认法国一直寻求大陆霸权或想把边界扩充到莱茵河另一边。他说法国外交政策受两个合理目标的驱使:得到赔偿以弥补战争的损失;把国家安全建立在稳固的基础上。④ 他坚持说法国只想得到《凡尔赛条约》的许诺,理性的法国人从来没有"梦想吞并德国任何一部分领土甚至使一个德国人变成法国公民"。他说鲁尔占领实质上是使德国遵守义务并"镇压德国工业巨头的顽固抵抗"。⑤ 普恩加莱承认国联的权威应该被强化,它的作用应得到扩大。但他声称,国联被给予过大的权力是不必要的。普恩加莱感叹英法关系的疏远,并担心这种情况如果继续下去,他们的国家以及"全欧洲和整个人类"将付出沉重代价。⑥

但是关于赔偿问题,普恩加莱仍坚持其固有立场,他要让法军留在鲁尔直到条约规定的义务被履行以及法国的安全保证的要求得到满足为止。⑦他坚持赔偿委员会能独自对专家委员会做出的任何建议采取行动。法国想通过各种执行机构,尤其是赔偿委员会来维持自己在最高理事会的权力,

---

① *DBFP*, Series 1, Vol. 26, p. 552.
② 此问题是指法国为了自身的安全,防止德国的入侵,支持在德国周围边界组成的小协约国,并资助了它们大量的金钱。
③ 据英方的统计,到1924年3月31日,法国欠英国的债务多达623279000英镑,见 *DBFP*, Series 1, Vol. 26, p. 637。
④ *DBFP*, Series 1, Vol. 26, pp. 556 - 7.
⑤ *DBFP*, Series 1, Vol. 26, p. 558.
⑥ *DBFP*, Series 1, Vol. 26, p. 558.
⑦ *DBFP*, Series 1, Vol. 26, p. 559.

因为赔偿委员会有权根据德国经济状况来决定一个合适的支付方案。①

尽管普恩加莱对麦克唐纳的答复给人的印象是法国的政策不会改变，但普恩加莱确确实实想结束危机，法国已经无力抵御来自英美的双重压力。普恩加莱尤其担心法国面对财政危机和货币危机②将失去两国的经济援助，于是1923年11月12日法国初步接受了美国的建议。11月30日，各国终于达成一致：建立两个专家委员会，一个考虑如何平衡德国预算和稳定德国货币，一个考虑如何追回流往国外的资金。这就为解决德国赔偿问题打下了基础。

那么屈服后的法国采取了什么政策呢？在新一轮赔款谈判中，法国力图维持以往在赔偿问题上的有利地位，并凭借在赔款委员会中的优势地位，缩小专家委员会的权限，从而削弱英美对赔款问题的影响，尽量在与英国的交涉中保持最大的利益。

二 专家委员会的准备工作

（一）专家委员会的准备和法国的阻挠

1923年10月15日柯立芝总统在答复10月13日英国政府致美国国务院邀请美国参与解决赔偿问题的照会中，制定出实施赔偿计划的两个条件。

第一，专家制订的赔偿计划是商业性的，而非政治性的，是私人的而非官方的。美国政府此举表明了美国要介入欧洲赔偿问题的解决，但国内

---

① *DBFP*, Series 1, Vol. 26, pp. 670 – 1.
② 法国货币自一战结束起就通货膨胀严重。20世纪20年代，法国经济的恢复和发展约有2/3的时间是在通货膨胀中进行的。被破坏地区大规模的恢复工程和重建工作，需要大量的财政支出。起初，法国将这一希望寄托于剥夺战败国德国身上，但因遭到德国的强烈反对和英、美等国的干预而落空。因此，法国不得不主要依靠动员国内资金来进行恢复工作。据统计，截至1931年3月31日，法国投资于恢复工程的资金1000亿法郎，而德国赔款仅占9.25%。为了筹集如此巨大的资金，政府一再增加预算。1919～1925年，预算赤字达1750亿法郎。为了弥补预算赤字，政府大举国债和滥发纸币，造成严重的通货膨胀。加上持续不断的殖民战争，使法国财政危机更加恶化。"左翼"联盟政府因无法解决财政危机，被迫下台。普恩加莱政府上台后，虽然通过采取增加捐税、降低公务员薪金、限制消费、缩减机关人员等办法来健全财政，稳定货币，并大力推行"生产合理化"运动，部分解决了"左翼"联盟政府未能解决的财政危机，促进了经济繁荣。但是，法国财政亏空过于庞大，没有英美的帮助难以解决战后长期困扰法国的财政和货币问题。据复旦大学世界经济所法国经济研究室编《法国经济》（人民出版社，1985）相关内容整理。

仍旧孤立主义盛行,所以政府巧妙绕过这股反对力量,以商业的、非官方的身份参与解决赔偿问题。但毫无疑问,这种商业和非官方行为是代表了当时美国政府对欧政策的。为了使专家能够贯彻美国政府的意图,在赔偿问题专家查理·道威斯和欧文·杨格起身前往巴黎前,休斯将他们召到华盛顿进行面谈,休斯要求他们充分熟悉国务院掌握的所有信息。[1] 柯立芝总统、休斯、胡佛都与道威斯和杨格进行了谈话。胡佛给道威斯和杨格提供了文件和资料,而且为了帮助他们了解这些材料、为他们提供咨询,休斯指派国务院的经济顾问阿瑟·杨格,胡佛选择商务部的国内外商业局驻欧洲部的总裁爱伦·哥德史密斯为代表团提供咨询。此外,胡佛还指示美国商业部驻英、法、德的工作人员参与第一委员会的技术性支持工作。[2]

第二,专家计划必须有一个"量"的限度,它轻到德国能够接受同时不影响它恢复,又能达到协约国也能够满意的程度。从这个标准出发,要达到前者就必须先稳定德国货币和平衡德国预算,并提供国际贷款;而且为了使德国货币和预算能够长久稳定,就必须排除外来干扰,维护德国统一,同时要求德国必须真正按《凡尔赛条约》的有关规定,实现德国的税收率与其他国家对等。同样从这个标准出发,要满足后者,就必须照顾法国的情绪,因此在专家计划中将不涉及诸如"德国完成条约义务和赔偿总额问题","为确保计划实施的政治保证和惩罚问题","确定任何一笔德国能够或应该支付的赔偿总额问题",以及"协约国军队军事占领问题"等词句。[3] 由此可以看出,美国要通过专家计划使法、德做出让步,消除敌对,达到和解。

1924 年 1 月 14 日和 21 日,赔偿委员会先后建立了两个专家委员会用以研究解决德国赔偿问题。第一专家委员会调查德国的预算和德国的货币问题,成员包括:主席查理·道威斯(美国)、欧文·杨格(美国)、罗伯特·金德斯利(Robert Kindersley,英国)、J. 斯坦普(J. C. Stamp,英国)、J. 帕门蒂尔(J. Parmentier,法国)、埃德加·艾利克斯(Edgar Allix,法国)、阿尔贝托·皮雷利(Alberto Pirelli,意大利)、佛德里克·弗罗拉(Federico Flora,意大利)、E. 弗兰克(E. Francqui,比利时)、莫里斯·霍

---

[1] Charles Dawes, *A Journal of Reparations*, London: Macmillan, 1939, p. 2
[2] Melvyn P. Leffler, *The Elusive Quest*, *America's Pursuit of European Stability and French Security, 1919–1933*, p. 91.
[3] "What the Dawes Plan Has Accomplished", *Congressional Digest*, Aug/Sep29, Vol. 8, Issue 8/9, from EBSCO.

塔德（Maurice Houtard，比利时）。第二专家委员会负责调查德国流往国外的资金，成员包括：主席莱吉纳德·麦克纳（Reginald McKenna，英国）、亨利·罗宾逊（Henry Robinson，美国）、安德烈·洛伦特－阿特哈林（Andre Laurent-Atthalin，法国）、马里奥·阿尔贝蒂（Mario Alberti，意大利）、埃伯特·简森（Albert E. Janssen，比利时）。两个专家委员会在巴黎协调工作。

第一专家委员会的报告成为解决赔偿问题的基础，但任务也相对复杂。第二专家委员会的任务相对容易。

两个专家委员会在巴黎的初步工作是协调两个专家委员会成员间的意见，并通过广泛讨论来研究一个共同的计划。实际调查首先集中在货币问题上。1月，新任德国银行总裁贾玛尔·沙赫特（Hjalmar Schacht）被委员会叫到巴黎。第一专家委员会与他讨论了货币问题、德国马克的地位以及建立黄金证券银行的计划。第二专家委员会向他咨询了德国外流资本问题。

巴黎的初步讨论没有达成明确的结果，专家们对把德国铁路交给私人公司这一问题感兴趣。首先，赔偿最重要的部分可通过经营铁路来获得；其次，法国可以以私人身份介入德国铁路经营，这是促使法国放弃以煤炭等物资为担保政策的唯一理想办法，并进而促成德国被占领土和其他领土的重新统一；最后，最重要的是要让法国相信，德国铁路由私人运作比昂贵的军事占领——比如在占领区的协约国管制委员会的管理和强制手段——更安全。[1] 同时在德国，也希望由外来资本参与私人运作公司以取代政府管理。德国认识到，只有用铁路替换现有的保证才能使法比满意，这样一种牺牲，尽管很大，但对于收回莱茵和鲁尔不是一个过分昂贵的代价。[2] 双方在铁路问题上很快达成了共识。

2月，第一专家委员会继续与柏林协商。他们与德国政府相关机构进行交流，并与相关人士进行私下讨论，获取了德国经济状况的资料。同时，继续研究德国1924年预算，与沙赫特讨论建立德国黄金证券银行问题。第二专家委员会采访德国大银行以获取资本转移国外的资料，为麦克纳委员会提供必要的证据。

2月中旬，委员会返回巴黎，专家委员会的工作进入更具体化阶段。第一专家委员会准备赔偿计划，第二专家委员会也在草拟调查结果。此时，

---

[1] Carl Bergmann, *The History of Reparation*, Ernest Benn, 1927, p. 227.

[2] Carl Bergmann, *The History of Reparation*, pp. 227–8.

在准备过程中普恩加莱向两个委员会施加影响，拒绝将赔偿计划掌握在专家手中。

对于第一专家委员会的讨论，普恩加莱尽量设置障碍，提出了一些较为苛刻的条件。法国代表表示应该继续把占领鲁尔作为一项"保证措施"，否则赔偿问题无法落实。英国代表提出法国应从鲁尔撤军，恢复德国经济完整，这是德国能够赔偿的前提。双方争执不下，一度陷入僵局。美国代表提出妥协方案，即军事占领暂继续一段时期，但对鲁尔区各项军事制裁予以取消。这才使会议得以继续进行。不过，法国对第一专家委员会的讨论影响有限。讨论工作进展很快，并尽量躲避法国政府施加的影响。委员会中的法国代表帕门蒂尔的全力合作也为工作的顺利完成增添了新的砝码。道威斯发现帕门蒂尔负责任、思路开阔，而且没有受到来自普恩加莱的指令的妨碍。[①] 他们的诚挚合作关系使道威斯把委员会的注意力集中在经济上而远离政治。道威斯也受到委员会之外重要法国人物的支持，有机会接触到立场明确的亨利·贝当元帅和战时盟友佩欧特将军（General Payot），佩欧特当时担任鲁尔铁路总裁。[②]

普恩加莱对第二专家委员会更无法施加有力影响，只好通过舆论宣传方式进行阻挠。第二专家委员会虽然对德国外流资本问题做了很多调查，但想确切弄清楚德国外流资本非常困难，也无法用武力把外流资本带回德国。关于德国外流资本法国国内流传一些夸大的数据，媒体以这些没有根据的数据得出结论：如果德国政府努力收回外流资本，它可以立刻轻松地支付几亿金马克的赔偿。[③] 这种观点在政治家们的演讲中广为流传，意在表明德国信誉很坏。同时，法国也指控德国钢铁巨头胡戈·斯汀纳斯在欧洲和海外大规模投资。从他经营的规模可以推出有大量德国资本在海外从事商业运作。另外，贬值的马克价格上扬，造就了许多德国海外暴发户，他们在外国奢侈无度，恶名远扬，这些都表明德国信誉不佳。

以英国专家为主导的第二专家委员会顶住了法国的舆论攻势，耐心细致地寻找解决办法。麦克纳委员会在2月得出的初步结论是：通过直接调查德国银行和金融机构来弄清德国外流资本数量是非常困难的。[④] 公布调查资

[①] Charles Dawes, *A Journal of Reparations*, p. 130.
[②] Royal Jae Schmidt, *Versailles and the Ruhr: Seedbed of World War Two*, The Hague: Martinus Nijhoff, 1968, p. 226.
[③] Carl Bergmann, *The History of Reparation*, p. 225.
[④] Carl Bergmann, *The History of Reparation*, p. 225.

料也冒犯了银行的利益，侵犯了商业机密。即使做出最谨慎的调查，这种结果也是不完整的，因为资本有很多种方式可以不通过银行进行投资。因此麦克纳想了一个聪明的方案来间接弄清德国外流资本的数量。委员会收集了几份关于战前德国海外资本情况的评估，麦克纳用这些统计结果减去德国一战中海外资本遭受的损失数量，并加上战后德国新的海外资本盈利数量，尤其是变卖海外马克的数量。这种做法在理论上说得通，但在实践中显然有很大的误差，甚至是致命的误差。[①] 但这在当时被证明是比较可行的并为赔偿委员会所接受的办法。

（二）法国财政危机的爆发和放弃阻挠专家委员会工作

1924年2月和3月间，法国爆发财政危机。法郎猛跌，在外汇市场上引起混乱，法国财政弊端暴露无遗。法国依靠入侵鲁尔解决财政问题的办法再度被证明是错误的选择。

一战以后法国财政部把国家财政体系分为三个部分：一是用于当前消费的普通预算（budget ordinaire）；二是用于具有特殊或紧急性质消费的紧急预算（budget extraordinaire）；三是用于支付战争抚恤金、战争借款和重建费用的恢复费预算（budget des dépenses recouverables）。[②] 第三项财政预算无疑占了绝大部分比例。前两项预算主要来自税收，第三项预算要通过德国支付的赔款来集资，而第三项预算对法国来说负担又是最重的，也是最急切的。法国政府一直将财政体系的恢复押在迫使德国赔偿这张牌上。[③]

对货币的通货膨胀处理不善也是导致财政危机爆发的原因。法国政府对通货膨胀有着根深蒂固的恐惧，因而阻止了通过扩大货币供应量来满足消费。1920～1923年法国生产增加了77%，但流通的货币数量仅增加了1%。[④] 货币流通量没有明显反映生产增加和消费的扩大，这样便在法国人的心理中植入了经济萧条的影子。即使国内生产发展了，他们的消费需求也得不到满足，他们把这一"病灶"看成德国欠款造成的。法国相信，一

[①] Carl Bergmann, *The History of Reparation*, pp. 225-6.
[②] William Laird Kleine-Ahlbrandt, *The Burden of Victory: France, Britain and the Enforcement of the Versailles Peace, 1919-1925*, p. 103.
[③] William Laird Kleine-Ahlbrandt, *The Burden of Victory: France, Britain and the Enforcement of the Versailles Peace, 1919-1925*, p. 103.
[④] Brian R. Mitcheli, *European Historical Statistics, 1750-1975*, Facts on File, 1980, pp. 356, 676.

旦德国偿付了本国重建费用的份额，情况将会明显改观。这便进一步加剧了强行向德国索取赔款的不良氛围。而对于法国领导人来说，在德国赔款问题上考虑其他出路无异于政治自杀。①

1924年1月，当专家委员会开始介入调查德国偿付能力时，同时也宣告了法国这场政治赌博的失败，进而引发了财政和政治动荡。

整个鲁尔占领期间，法国财政部通过借钱来维持国家的财政平衡。然而1924年1月，法国政府出台向民众征集国家信誉贷款方案时，法国财政部没有达到预期的目标。普恩加莱建议以20%增税来平衡财政，并要求有特别命令权力来执行这一计划。他相信通过缩减国内设施的规模以及缩减战争抚恤金的花费能积攒10亿法郎。② 国民议会爆发了激烈的辩论，但普恩加莱仍控制大多数，他的特别税以305票对219票被采纳，他也得到了未来四个月制定政令的权力。

但是普恩加莱的政策并不成功。到1924年3月8日，法郎持续走低到29法郎对1美元。③ 为恢复法国货币的稳定，普恩加莱寻求从英格兰银行借4亿英镑贷款和从纽约摩根银行借1亿美元贷款以挽救法国的财政危机。④ 英、美两国乘机向普恩加莱施加压力，要他彻底放弃对委员会的干预。由于国内财政状况的窘迫以及4月份法国大选即将临近，普恩加莱遂放弃立场，普恩加莱决定不再干预委员会的调查活动。至此，直到专家委员会工作结束，普恩加莱未设置任何障碍。⑤

（三）两个专家委员会的报告结果

1924年4月9日，第一专家委员会和第二专家委员会同时向赔偿委员会递交了调查报告。4月11日，赔偿委员会通过了这两份报告。

第一专家委员会提出了稳定德国货币和平衡预算以获取最大限度赔偿支付的措施和办法，这是报告的核心部分。由于该委员会由道威斯负责，

---

① William Laird Kleine-Ahlbrandt, *The Burden of Victory: France, Britain and the Enforcement of the Versailles Peace, 1919–1925*, p. 104.
② Georges Bonnefous, Édouard Bonnefous, *Histoire Politique de la Troisieme Republique, L'apresguerre, 1919–1929*, Paris: Presses Universitaires de France, 1959, pp. 403–6.
③ 4月23日它以14.82法郎=1美元交易，见 *Les cahiers de l'histoire La IIIeme republique*, Paris, 1961, p. 101.
④ "The London Conference Sets Up The Dawes Plan", *Congressional Digest*, Nov. 24, Vol. 4, Issue 2, from EBSCO.
⑤ Carl Bergmann, *The History of Reparation*, p. 239.

所以这份报告也称《道威斯计划》。

为了稳定货币，道威斯建议设立一个具有唯一发行纸币权力的新德国银行，其他 1000 多种纸币应一律停止流通；该银行具有国家银行的职能，但不受国家控制；它以黄金、外汇为储备基金，因储备基金不足，道威斯建议首先应该有一笔国外贷款来维持该银行的运营。

关于平衡预算，道威斯提出了四种解决办法。第一，赔偿优先原则。报告谴责德国国内一些右翼势力坚持以国内支出为首要原则的做法，认为必须消除在满足了德国国内支出后德国政府愿意时才履行义务的想法，必须把支付协约国的赔偿放在优先地位。[①] 第二，税收对等原则。报告强调德国公民税率应与协约国公民对等。报告指出，无论从道义上还是从经济上，让德国公民承担与协约国公民对等税率是公正性的体现。[②] 税收对等制扩大了赔偿的来源。第三，德国国内最低限度支出优先原则。报告指出，如果德国要支付的赔偿额与德国国内最低限度的支出额加起来超过德国的税收能力，"对该年义务的调整显而易见是唯一可行的措施"。[③] 这样，无论德国出于什么样的原因出现金融不稳定时，税收将优先汇入财政部而非赔偿账户。这为德国延期赔偿找到了依据。第四，德国赔偿单一原则。报告指出，德国每年的支付额包括德国给予协约国及参战国因战争产生的所有补偿，包括赔偿、归还赃物赔偿费、所有占领军费用、清理房屋费、各种监督和控制委员会的费用，等等，也包括各种专门支付款，诸如《凡尔赛条约》第 58、124、125 条所规定的支付款。[④] 这大大减轻了德国的负担。因为据估算，1921 年 5 月 1 日前德国仅支付的占领军费用就达 21 亿金马克，而同一时期德国支付的赔偿总额不过 26 亿金马克，占领军费用花费了大量的赔偿却不进入赔偿账户。[⑤] 因此，《道威斯计划》规定的赔款额单一原则减轻了德国的赔偿负担，是对《凡尔赛条约》的一次重大修改。

另外，该计划还详细规定了赔偿来自三部分：烟酒等国家控制的税收、铁路债券、企业债券。报告确定了以上三部分在德国年支付赔偿额中的比例。报告建议头两个赔偿年度（1924~1926 年）为预算暂缓期，第一年免收企业部分和税收部分的赔偿额，第二年免收税收部分赔偿额。1926~1928

---

① Charles Gates Dawes, *A Journal of Reparations*, p. 303.
② Charles Gates Dawes, *A Journal of Reparations*, p. 306.
③ Charles Gates Dawes, *A Journal of Reparations*, p. 304.
④ Charles Gates Dawes, *A Journal of Reparations*, p. 330.
⑤ Carl Bergmann, *The History of Reparation*, p. 72.

年两个赔偿年度为过渡期，各部分都要缴付赔偿。从1928～1929年度起，以后的年度为标准年份，1928～1929年各部分的赔偿总额为25亿金马克，以后年份以25亿金马克为基准再加上按照"经济繁荣指数"确定的附加额，则为该年的支付总额。①

经济繁荣指数是一个复杂的计算程序，它由下列六个部分构成：（1）德国进出口总数；（2）预算收入和消费的总数，包括地区是普鲁士、撒克逊和巴伐利亚，这部分收入要扣除《凡尔赛条约》规定的在本年度支付的数量；（3）铁路运输的吨位；（4）德国糖、烟草、啤酒和酒精消费的货币价值；（5）德国总人口；（6）每个人平均的煤炭消费。第2、5、6部分以1927年、1928年和1929年的平均数为基本参考数据，其他部分以1912年、1913年、1926年、1927年、1928年和1929年的平均数为基本参考数据。从《道威斯计划》实施的第六年开始，也就是在1929～1930年，支付的年金按上述六部分基本参数的增加而按比例地增加。②

道威斯还在报告中强调了赔偿计划是以德国的经济自由不受任何外来干涉为先决条件的。

《道威斯计划》尽量做到以数据说话，不含有任何感情因素，以至评论家用这样的语言来描述它："一个神志正常的人发现自己在疯人院，但又不得不让自己与那些住院者共处一室。"③ 然而专家们实现了道威斯所有的基本目标：让德国重获经济统一，稳定货币，平衡预算。④ 进而达到了通过稳定德国通货来稳定德国经济、促进欧洲经济恢复的目标。

当然《道威斯计划》仍留下许多问题需要解决。专家们没有要求法比退出鲁尔，他们声明这是他们职权之外的事情。然而，道威斯的文件中又明文规定"外国军队"不得妨碍经济活动的自由实施，很显然要求法比撤出鲁尔是他们无法直接言说的意图。⑤ 专家们知道在片面恢复德国的同时，也应为法国留有一定的余地，否则计划也很难推行。

---

① "What the Dawes Plan Has Accomplished", *Congressional Digest*, Aug/Sep 29, Vol. 8, Issue 8/9, from EBSCO.
② Carl Bergmann, *The History of Reparation*, p. 237.
③ *DBFP*, Series 1, Vol. 26, p. 630.
④ William Laird Kleine-Ahlbrandt, *The Burden of Victory: France, Britain and the Enforcement of the Versailles Peace, 1919–1925*, p. 153.
⑤ William Laird Kleine-Ahlbrandt, *The Burden of Victory: France, Britain and the Enforcement of the Versailles Peace, 1919–1925*, p. 154.

第二专家委员会提交了对德国外流资本的调查结果,内容主要如下。委员会认为要准确核定德国外流资本十分困难,至 1923 年末,推算德国外流资本额约在 57 亿金马克至 78 亿金马克,委员会取其中间数定为 67.5 亿金马克。德国国内存有的外币约值 12 亿金马克之多。德国已公布禁止资本外流的法律措施尚不能奏效。委员会认为只有采用第一委员会的计划方案,德国收支平衡和财政状况稳定后,德国资本才会得以停止外流或自然复归。①

三　英国的协调与伦敦会议的召开

(一) 法国的安全要求与英国的外交协调

1924 年 4 月之后,如何实施《道威斯计划》又摆到了眼前。各国面临的共同问题是,在何种条件下接受计划并付诸实施。1924 年 4 月 25 日,在英国驻德大使阿贝农致信麦克唐纳的时候,就表达了这样的观点,英国明显对《道威斯计划》的安排表示满意并予以接受,但该计划在相关国家执行可能会面临较大麻烦。②

德国的态度十分明朗,《道威斯计划》的确构成了德国与相关各方对话的基础,并力争在德国议会通过它,使其变成一个具有约束力的条约。③ 但盟国应按照《道威斯计划》把恢复德国经济完整视为实施计划之先决条件,从鲁尔撤军并把它"完璧归赵"。因此德国政府一方面敦促国人接受《道威斯计划》,另一方面,针对英法首脑两次会谈未把撤军列入讨论议题,呼吁英国敦促法比撤军。④

《道威斯计划》顺利执行最大的阻力还是来自法国。普恩加莱认为《道威斯计划》将使赔款问题陷入危机。他认为计划中的许多条款表面上看是合理的,实际上是有缺陷的。比如,所谓的"经济繁荣指数"是建立在值得怀疑和不可靠的德国政府的各因素评估和统计解释上的。普恩加莱指出,报告只能促使德国制造"不利条件"和"技术难题"来尽可能少地支付赔

---

① Carl Bergmann, *The History of Reparation*, p. 239.
② *BDFA*, Part Ⅱ, Series F, Vol. 35, p. 177.
③ *BDFA*, Part Ⅱ, Series F, Vol. 35, p. 176.
④ *BDFA*, Part Ⅱ, Series F, Vol. 35, p. 178.

偿。因此，法国政府认为不应把《道威斯计划》作为解决赔偿问题的指导性文件，甚至不能作为未来协约国同德国对话的基础，而仅仅作为一系列供赔偿委员会参考的资料集（collection of material）。赔偿委员会在采取进一步行动之前，未来采取行动的性质仍将是不确定的。①

此外，法国安全这个至关重要的问题仍未解决。这一问题是专家们职权之外的，却是普恩加莱关心的。普恩加莱不愿意因为《道威斯计划》而失去大国地位。他评论说报告证实了他一直所坚持的，即德国有支付能力。他认为鲁尔占领成功迫使德国服从。他坚持认为要法比撤出鲁尔需要先解决一个问题：如果德国再次违约协约国应施加何种制裁。② 他认为底线是要有一支法军维持对战区铁路的控制。③

面对德国和法国的不同要求，英国政府此时承担了协调法德矛盾的任务。麦克唐纳认为，来自德国的最大危险不是它诉诸武力，而是工业恶化，它是外国政府向德国索取赔偿引起的。他极为担心德国国内的极端民族主义势力阻挠计划。4月23日，在给英国驻德大使阿贝农的电报中，他表示，各种搜集的资料表明，在德国有部分势力刻意制造事端，造成赔偿无法履行的现实，对于这种情况，英国将严厉督促德国政府，必须予以严厉压制。④ 1924年4～5月，阿贝农多次向麦克唐纳报告说《道威斯计划》在德国政府和商界中不受欢迎，并且对支持计划的德国国内相关党派（主要是民族主义党派）能否组阁上台执政表示担心。⑤ 麦克唐纳很快致答并要求转告德国政府，他非常理解德国政府的困难和弱势地位，但德国不接受计划或采取基于某些条件的政策从而危及计划，也是"极为不幸的"，他害怕德国把接受《道威斯计划》与法国从鲁尔撤军联系起来而遭到法国的强烈反对，使英国挽救德国的工作遇到困难，德国不应对法国迅速撤军期望太高，但英国将不惜一切地确保该计划迅速予以实施，要求大使尽可能把某些共识灌输给德国政府。同时，他力促法国对德做出真正让步。在英国的多方斡旋下，5月2日，德国政府出台了关于接受和执行《道威斯计划》的备忘录。德国政府在备忘录中强调，关于第一专家委员会的报告，提供了解决

---

① BDFA, Part II, Series F, Vol. 35, p. 177.
② William Laird Kleine-Ahlbrandt, *The Burden of Victory: France, Britain and the Enforcement of the Versailles Peace, 1919–1925*, p. 155.
③ DBFP, Series 1, Vol. 26, pp. 658–9.
④ BDFA, Part II, Series F, Vol. 35, p. 178.
⑤ BDFA, Part II, Series F, Vol. 35, p. 195.

赔偿问题的基础，尽管报告给德国的财政施加了异乎寻常的负担，但德国政府将毫无保留地接受它。关于对鲁尔区的军事占领问题，德国政府表示，维持对德国如此重要经济中心长时间的占领并不符合解决赔偿问题的精神，并且将危及德国履行义务的能力。但是本着尽快解决赔偿问题的精神，德国愿意接受占领问题留待最后彻底解决。①

5月，法国"左翼联盟"领袖、激进社会主义者爱德华·赫里欧（Edouard Herriot）上台，他虽然继续奉行前任的保护《凡尔赛条约》权利和追求安全的政策，②但在政策实施手段上改变了以前的强硬方针，更多地从理智与和解原则出发，寻求西欧和平下的安全。赫里欧定下基调，他说自己"对孤立政策和武力政策怀有敌意，也对夺取领土作为保证政策有敌意"。③浓缩他的政策的实质，他说："我想为我的国家得到的是钱，而我不追求德国死亡。"④他也想通过国联继续裁军。他认为法国的安全只能通过与英国合作来取得。

当然，赫里欧也要正确把握自己外交政策的方向，否则可能重蹈普恩加莱的覆辙。因此，他虽然愿意在德国问题上做出某些让步，但又要避免给法国人留下"不关心法国安全"的印象。他坚持法国军队应该留在鲁尔，直到针对德国侵略的有效保证出台才考虑撤出。他为此也向麦克唐纳强调："我的国家有一把指向德国胸部的匕首，离它的心脏不到一寸。我们必须保留这种状况，否则战争中的努力、牺牲，所有这一切都将变得无用。我认为如果我们像大家一样都认为德国不会对我们的未来造成损害，那么我就没有为我的国家尽到义务。"⑤

6~7月，麦克唐纳与赫里欧举行了初步会谈，双方达成共识，一旦德国违约，英国将与法国结成一个共同对付德国的"联合盟国"。至于撤军问题，赫里欧要求英国敞开会谈大门以便日后顺利解决。⑥随后双方商定再举行一次会谈以商定未解决问题。

---

① *BDFA*, Part Ⅱ, Series F, Vol. 35, pp. 211-2.
② J. Néré, The *Foreign Policy of France from 1914 to 1945*, London: Routledge, 1975, p. 63.
③ J. Néré, The *Foreign Policy of France from 1914 to 1945*, p. 280.
④ Quai D'Orsay, Paris VIIème du Ministère des Affaires étrangères, *MAE*, Series Y, Vol. 691, pp. 9-10.
⑤ *MAE*, Series Y, Vol. 691, p. 81.
⑥ David Graham Williamson, "Great Britain and the Ruhr Crisis, 1923-1924", *British Journal of International Studies*, Vol. 3, No. 1, April 1977.

6月21日，麦克唐纳在契克斯别墅（Chekuers，位于伦敦西北白金汉郡的英国首相别邸）首次正式会晤了赫里欧。

麦克唐纳首先发问：作为把它的军队撤出鲁尔的交换，法国想要什么样专门的经济和政治保证。赫里欧回答说法国不得不需要这样的保证：德国要重新开始支付赔偿，这可以通过德国债务商业化以及公开出卖德国的铁路和工业来实现。赫里欧设想把赔偿义务在美国市场出卖变成债券，因此法国将得到钱；如果德国不履行，美国债券持有者将只能得到废纸。赫里欧之所以这么做是因为怀疑德国的意图，害怕德国背信赔偿支付。然而美国人必须进行这笔投资，那就是他们必须得到保证他们能得到一份体面的回报外加最终全部买回债券。但美国银行家告诉英国政府如果法军继续占领鲁尔他们不会让自己的钱冒险。①

麦克唐纳试图消除法国的担心，断言德国违约不可能发生，因为它将引起美国的报复："完全可以肯定美国政府将不允许德国在与协约国缔约后逃避，以及在德国欺诈性破产面前保持沉默。"② 协约国将立即安排紧急会议，以采取武力政策。"甚至以范·蒂尔匹茨（von Tirpitz）领衔的国家主义政府也无法逃避"，麦克唐纳说。③

赫里欧仍不相信。他坚持必须事先限定制裁内容，他想要莱茵兰长久非武装化的保证，这可以通过借助国联理事会权力的支持来确立互不侵犯安全协定来实现。④ 万一法国国家安全遇到危险，该协定将圈定可遵循的程序。⑤

麦克唐纳坚持说他理解法国的危险处境，但拒绝这一方案。他说英国外交部、自治领诸政府、帝国防御委员会以及海陆空军各自参谋部将同样拒绝这一方案。⑥ 他的政府将倒台，一个反动政府将取而代之，那样"法国将只能得到一个虚假的安全"。麦克唐纳向赫里欧许诺，一旦《道威斯计划》解决了，他就将去巴黎，"并花上几天与其就战债、安全等诸问题交

---

① William Laird Kleine-Ahlbrandt, *The Burden of Victory: France, Britain and the Enforcement of the Versailles Peace, 1919 - 1925*, p. 171.
② *MAE*, Series Y, Vol. 691, p. 74.
③ *MAE*, Series Y, Vol. 691, p. 74.
④ *MAE*, Series. Y, Vol. 691, p. 80.
⑤ 赫里欧的方案近似于相互保证条约草案，国联以前出台过。这个草案将在下文讨论。Arnold Toynbee, ed., *Survey of International Affairs*, *1924*, London: Oxford University Press, 1926, p. 475.
⑥ *MAE*, Series Y, Vol. 691, p. 81.

谈——我们必须确保我们的健康,但我们也将努力解决世界和平的伟大的道义问题"。[1] 这是不起作用的安慰,赫里欧悲伤地回答:"我们必须有勇气认识到赔偿问题不仅仅是财政问题,而且是政治和军事问题。如果有一场新的战争,法国将会从世界地图上被抹掉……难道我们不能试图找到一个反对这种危险的方法吗?这种危险将使道威斯报告无用了。……我不能放弃法国的安全,法国无法面对一场新的战争。"[2]

麦克唐纳反对与法国签署一个安全条约,但他同意一个已写好的英法团结宣言,麦克唐纳保证他甚至愿意公开宣布它。[3] 赫里欧认为法国最终与英国在重要领域赢得共识,但这次又理解错了英国的意图。

两天后在接受一名布鲁塞尔记者的采访时,赫里欧说万一德国入侵法国,英国现在将与法国和比利时站在一起,就像1914年一样。[4] 1924年6月26日,赫里欧向法国下议院报告在契克斯会晤的经过。这位新总理没有充分的多数为后盾,当然不能突然中断法国外交政策。他只得向议员们委婉地说明,接受了《道威斯计划》以后,万一德国违约,法国可以获得英国积极的帮助。

麦克唐纳对赫里欧的说法立即予以否认,声明英国没有做出这样的军事义务承诺。劳合·乔治对这种否认感到有趣,开玩笑说:"看起来洗衣店女人的儿子(麦克唐纳)打昏了厨师的侄子(赫里欧)。"[5] 法国新闻界刊载了他的评论。

法国反对派巧妙地运用这种外交上的纠纷,责备赫里欧已向英国投降,充分表现没有领导独立自主政策的能力。巴黎的报纸——《晨报》《巴黎回声报》也渴望在暗处的英国出来澄清自己的真实想法。它们把劳合·乔治的评论上升为英国政府的政策,即剥夺赔偿委员会宣布德国违约的权力。[6]《晨报》声称英国甚至想推翻《凡尔赛条约》并否认法国执行条约的权力。[7] 这种指责得到如此广泛的接受以至于赫里欧担心他可能被逐下总理位

---

[1] *MAE*, Series Y, Vol. 691, p. 81.

[2] *MAE*, Series Y, Vol. 691, p. 81.

[3] *MAE*, Series Y, Vol. 691, p. 81.

[4] Michel Soulié, *La vie Politique d'Edouard Herriot*, A. Colin, 1962, pp. 161 – 3.

[5] *MAE*, Series Y, Vol. 691, p. 98.

[6] *DBFP*, Series 1, Vol. 26, pp. 669 – 70.

[7] *DBFP*, Series 1, Vol. 26, p. 744.

子,他请求麦克唐纳来巴黎表明英法合作的力量。①

1924年7月8日,麦克唐纳与赫里欧在巴黎再次会晤。讨论于7月8日和9日在法外交部和英国驻法大使馆举行。赫里欧和麦克唐纳再次做出努力来协调两国之间对德政策根深蒂固的分歧。

赫里欧知道让法军离开鲁尔已经是无法阻挡的历史潮流,然而他继续坚持得到保证。他希望在《道威斯计划》生效后,不修改《凡尔赛条约》以及万一德国违约要制裁后才能撤出鲁尔。② 赫里欧坚持普恩加莱的要求,应该增加赔偿委员会的实际权力。他担心一旦赔偿问题解决了,关于法国安全的重要问题将被遗忘。③ 赫里欧预言:"如果一个新的俾斯麦出现了,有充分理由担心德国将会立即出现一个执行好战政策的政府。"④ 如果法国没有安全条约,他设想了十年后的"坏情况":"战争年代那些人已没有影响了——而对在战争期间出生的这一代有影响——并且……因为国家不得不承担的财政款项是如此沉重以致很难看出它怎能支持另一场战争。"⑤赫里欧拒绝仅通过德国裁军和进入国联来保证法国安全。他想继续以莱茵兰非武装化作为反对德国进攻的保护——这可以通过英法单独或联合其他大国而得到担保。

麦克唐纳没有接受赫里欧的建议,相反,他谈论"继续道义上的合作",麦克唐纳坚持认为:"真正的和平保证在于我们两个国家之间的谅解。如果我们在1924年或1925年没有能够或者通过国联或用其他方法找到在我们之间达成谅解的办法,那才是真正的不幸。这种谅解要如此密切和彻底以致没有国家——除非它的领导人是十足的傻子——胆敢对像我们这样的两个大国挑战,因为一旦它们之中之一受到挑衅,我们将立即肩并肩站在一起。"⑥

会晤后双方向舆论发表如下公告:"两国政府均认为欧洲经济财政情势严重,必须恢复互信,始可平息债权人的忧虑。但此种必要的措施,似绝不致与履行凡尔赛条约的条款有所冲突。"⑦

7月10日,麦克唐纳返回伦敦,向下院报告巴黎会谈的结果。根据他

---

① *DBFP*, Series 1, Vol. 26, p. 746.
② *DBFP*, Series 1, Vol. 26, pp. 759 – 63.
③ *DBFP*, Series 1, Vol. 26, pp. 750 – 3, 778.
④ *DBFP*, Series 1, Vol. 26, p. 765.
⑤ *DBFP*, Series 1, Vol. 26, p. 766.
⑥ *DBFP*, Series 1, Vol. 26, p. 758.
⑦ [苏] 弗·鲍爵姆金:《世界外交史》第4分册,第262~263页。

的意见，法国的情势凶险。过去从艰辛中得来的收获，可以在片刻间瓦解。法国舆论永远不容许以《道威斯计划》来替代凡尔赛条约。必须向法国让步，并平息法国的舆论。为了预防德国违背凡尔赛条约起见，最好在赔偿委员会里，有一位代表国际债权的美国代表。英、法专家也应共同研究战债问题。此外，对于担保问题，尤其是国联的调解问题，英国政府认为必须继续商讨，并且这一系列问题将在不久召开的伦敦会议上寻求一个圆满的解决。

7月10日，法国参议院讨论外交政策时，普恩加莱激烈地批评英国赔偿的政策及赫里欧投降主义的态度。但他在结语中宣布，在实施专家计划上，绝不故意与总理为难。赫里欧答复普恩加莱的质问，宣布他出席伦敦会议，对于撤出鲁尔、实施制裁等问题，会坚决维护法国的"行动自由"。

（二）伦敦会议与《道威斯计划》的通过

1924年7月16日，伦敦会议开幕。美国对这次会议很重视，历来美国政府只派观察者出席欧洲会议，这次美国政府打破这个惯例，派出正式代表团，其中有驻英大使弗兰克·凯洛格（Frank Kellogg）、赔偿委员会美国代表亨利·洛奇（Henry Cabot Lodge）。赔偿计划起草人杨格作为美国代表团的顾问也参加了会议。

会议的具体工作由各委员会进行。第一委员会讨论由谁来宣布德国违约，以及一旦德国违约将采取何种行动的问题；第二委员会处理恢复德国财政和经济的统一；第三委员会考虑赔款和支付赔偿的种类；第四委员会即法学家委员会，研究需要修改《道威斯计划》的程序。[①] 其中第一委员会讨论的问题是最为重要的，也是最会引起争论的。

7月19日，第一委员会讨论德国能否履行义务的问题，提出报告。制裁的问题以及谁来决定德国故意不履行其义务的问题引起了争论。英、美代表团想使法国正式放弃单独对付德国的行动。如果德国故意不履行其义务，法国保留其执行制裁的权利，但事实的鉴定权则属于赔偿委员会。赔偿委员会的决定则可受仲裁委员会的复审。仲裁委员会由三位公正独立人士组成，而由美国籍委员担任主席。经过这番手续以后，对德制裁的实行，就非得到英、美的同意不可。

---

① *DBFP*, Series 1, Vol. 26, p. 808.

1924年7月16日，在伦敦会议开始讨论实施《道威斯计划》时，第一委员会由英国财政大臣斯诺登（Philip Snowden）为主席处理最重要的问题：德国违约如何决定行动的办法，万一违约应采取何种行动。① 在协调法德关系时，这位外交大臣尽量做到公正行事。斯诺登确保万一德国违约将不自动实施制裁。万一情况发生了，"有利害关系的各国政府将充当它们自己财政利益的联合受托人，它们将协商要实施的制裁的性质以及实施的手段"。② 这一过程需要花费时间，并且即使达成一致，也不能立即行动。斯诺登坚持委员会所有关于违约的决定都要请求于一个独立专家外部委员会。万一僵持不下，这一事件可提交海牙国际法庭。③

法国民族主义者警告赫里欧不要在执行《道威斯计划》上做出让步，除非国家的安全需要得到满足。当时的协约国军事管制委员会主席、战争部长诺勒特（Charles Marie Edouard Nollet）将军，反对撤离鲁尔和取消对该地区重要铁路的控制，即使这意味着违背了《凡尔赛条约》。他还亲自干预赫里欧与麦克唐纳在唐宁街10号英国首相官邸的一次会谈，向赫里欧施加压力。④

面对英美的压力和德国的要求，法国政府内部立场出现分歧，一部分主张让步，他们希望用一年多的时间分阶段撤出军队，并保留法国对莱茵兰铁路的控制，等到《道威斯计划》生效后再全部撤军。

在英美和法国观点对立的情况下，德国代表团于8月4日到达伦敦参加会议。他们要求协约国立即和无条件撤出鲁尔，还要求一个公正的机构而不是赔偿委员会来决定违约问题。法国以撤退须与德国裁军联系在一起做了回应。他们希望用一年多时间分阶段撤出，法国保留对莱茵兰铁路的控制，只有在《道威斯计划》生效后才全部撤离。

在事情悬而未决的情况下，法国政府内部又出现了分歧。普恩加莱已经承认，当他接受《道威斯计划》作为安排的基础时将撤离鲁尔。福煦元帅则主张分阶段撤退，他认为占领鲁尔是没有必要的，甚至不符合法国安全希望，因为这把法军置于一个危险的位置。福煦对维持在莱茵兰余下地

---

① *DBFP*, Series 1, Vol. 26, p. 808.
② *MAE*, Series Y, Vol. 691, p. 204.
③ *MAE*, Series Y, Vol. 691, p. 204.
④ 诺勒特干预了麦克唐纳和赫里欧在唐宁街10号内阁屋的一次会议。麦克唐纳亲自道歉并干其他事情去了，让两个人单独辩论。在麦克唐纳上床后两人仍在那里，过了午夜，第10个服务人员热心地让他们吃三明治。*DBFP*, Series 1, Vol. 26, p. 822.

区一个强大的法国的存在更感兴趣。然而,赫里欧继续坚持延长法国在鲁尔的存在。他说:"我就像一个正在下楼梯的人,手里抓着珍贵的和平物品。如果某人从后面打我,我倒下了。如果我自己倒下了那没什么事,但如果我倒下了,我也会打破我携带的珍贵物品:和平。"①

但是德国态度强硬。德国外交部长斯特莱斯曼明确指出,协约国军队如果不撤出鲁尔,德国国会就不会达到 2/3 多数票来支持《道威斯计划》。在这种情况下麦克唐纳向赫里欧许诺他将解决法国安全问题,但只有在《道威斯计划》运作之后。没有英国的支持,赫里欧无法坚持下去,于是他同意立即撤出多特蒙德,但强调这是他们私下的约定,直到最终的协定达成后才能公开,②他还许诺剩下的军队在德国国会签署《道威斯计划》后离开。第一委员会的争论才告一段落。

1924 年 8 月 2 日,会议各委员会的主要工作均告完成,只有各代表团团长出席的"七人委员会"仍在继续工作。8 月 5 日,七人委员会举行会议,德国代表也列席参加。德国代表对于专家计划发表意见,他们特别声明:在《凡尔赛条约》规定区域以外,军事占领终止问题应列入议程。赫里欧声明撤退是实施专家计划的必然结果之一,但须有步骤。他坚决反对在会议里讨论这个问题。

8 月 16 日,专家计划经过大会通过。麦克唐纳致闭幕词,祝贺各代表团能达成协议。"这一协定,我们可以视作基本的和约,因为我们签署这项协定,我们有一种感想,就是,我们已和可怕的战争年代与战时所笼罩的精神分道扬镳了。"③

伦敦会议通过《道威斯计划》具有很重要的意义。

(1) 会议基本消除了法国在以后可以单独行动的可能性。凡属赔偿问题的争执,应由协约国代表所组织而由美国代表主持的仲裁委员会处理,法国进一步丧失了在赔偿问题上的主动权。

(2) 会议反对鲁尔占领的原则,认为军事的撤退须在一年以内完成。这就进一步解除了法国对德国的经济控制。

(3) 会议反对军事干涉,而主张财政经济的干涉,成立德国开发银行,由外国委员担任主席。德国国家铁路移交私人经营,也由特别指定的外国

---

① *MAE*, Series Y, Vol. 691, p. 178.
② David Marquand, *Ramsay MacDonald*, p. 350.
③ 〔苏〕弗·鲍爵姆金:《世界外交史》第 4 分册,第 265 页。

委员担任监督。关于赔款的现金拨付与货物拨付均受协约国的节制。法国对德国经济事务不能独断专行，而是受到英美的控制。

（4）会议承认法国在一定期间有强制德国交付煤炭及其他工业生产品之权。但德国有权向仲裁委员会申请减少或停止此种强制的实物支付。法国对德国的强制力被严重削弱。

（5）会议决定由英、美银行贷给德国信用借款 8 亿金马克。德国经济得到进一步复兴。

（三）"和平战略"与"安全战略"的进一步协调

伦敦会议的决议案与《道威斯计划》的通过，改变了国际舞台上的力量对比。领导国家英、美集团排在第一位。美国报纸评论华盛顿外交的胜利，认为"《道威斯计划》把欧洲从紊乱中拯救出来，然后置于和平建设的路上"。[①] 显而易见，美国干预德国经济的努力基本得以实现，依靠英国的合作，美国成功达到了扶持德国稳定欧洲经济的目的，同时在欧洲事务上有了更多的发言权。

斯特莱斯曼为伦敦协定是"面向各国家新的合作"而欢呼。[②] 然而德国人已经满意了，为重新获得国家领土和主权以及进一步加速修订《凡尔赛条约》的进程，这是他们必须付出的代价。这是因为，第一，《道威斯计划》成为德国复兴的转折点，它允许德国延期支付赔偿，给予了德国大量贷款。法国也参与《道威斯计划》，由德国经济复兴的阻碍者变成参与者，并且向德国提供了 300 万英镑的贷款。[③] 第二，德国的经济完整和安全得到进一步保证，得到了法国一年内从鲁尔撤军的承诺。德国国会于 1924 年 8 月 21 日签署了协议。

英国则通过《道威斯计划》的签署使自己战后经营的"和平战略"在一定程度上得以实现。正如麦克唐纳所说："在我们达到欧洲和平与安全的目标之前我们还有很长一段路要走。今天最重要的事情是我们应该确信我们走在正确的道路上。"[④] 英国依靠美国的干预，成功实现了扶德抑法的目的，法国的外交走向进一步纳入英国轨道。英国进一步抓住了在重大欧洲

---

① 〔苏〕弗·鲍爵姆金：《世界外交史》第 4 分册，第 265 页。
② *DBFP*, Series 1, Vol. 26, p. 857.
③ 张炳杰、黄宜选译《一九一九～一九三九年的德国》，商务印书馆，1997，第 24 页。
④ David Marquand, *Ramsay MacDonald*, p. 351.

事务上的主导权。

与此同时,英法关系也得到了改善。英国外交事务文件在 1924 年年度评论中认为,1924 年是英法关系逐渐开始改善的一年,经历了 1923 年两国冲突的高潮之后,法国终于认识到单干政策并不能取得成功。[①] 尽管 1924 年初两国的摩擦仍在继续,这主要体现在两国对赔款安排的协商上,但综观整个 1924 年,英法终于走上协商问题的轨道——鲁尔问题、赔偿、安全都得到了商谈。

到 1924 年末,法国已经处于完全不同的心理状态中。伦敦会议达成的协议使赔款问题大部分得到解决,法国在和平安排上改变了对英国的态度。1924 年 12 月 15 日,新任命的法国驻英大使 M. 弗里奥（M. de Fleuriau）向英国驻法大使埃尔·克劳爵士明确表示,他想尽快实现巩固与英国关系的政策,或者"重新建立"友好协约关系。弗里奥称友好协约关系是法国外交政策的主轴,国民议会和总统都是这么看的。[②] 弗里奥不仅希望英法在欧洲问题上达成进一步谅解,而且在它们共同追求的目标上也需要达成明确和清晰的谅解,"不仅在欧洲、近东、远东,实际上涉及任何政治利益"。[③] 最终能证明英法关系确实取得进展的是 1925 年 1 月 28 日赫里欧在国民议会所做的关于英法关系的演讲,他说两国关系从来没有这么好过或者更加忠诚相待。[④] 可见,由英美主导的《道威斯计划》基本上解决了战后英、法两国在赔偿问题上的冲突。

但是《道威斯计划》没有解决法国的安全问题,它虽然解决了欧洲国家在赔偿问题上的分歧,但对法国安全的努力收效甚微。法国不再能阻止德国变成大陆最强大的国家。面对德国一步步发展,法国不得不将国家巨大数量的资源投入到武装力量的配备上,安全问题再度成为法国的心腹大患。因此,法国将继续实施自己的"安全战略",而在这一战略的实施过程中,法国继续需要英国的协调。

---

① *BDFA*, Part Ⅱ, Series F, Vol. 17, pp. 333 - 4.
② *BDFA*, Part Ⅱ, Series F, Vol. 17, p. 334.
③ *BDFA*, Part Ⅱ, Series F, Vol. 17, p. 334.
④ *BDFA*, Part Ⅱ, Series F, Vol. 17, p. 334.

第八章　英国在安全问题上的对法政策与《洛迦诺公约》的实施

一　《道威斯计划》后的安全形势与英国对法政策

（一）德国的复兴和法国的安全恐慌

《道威斯计划》实施后，德国经济不断得到发展，实力不断上升。欧洲大陆上原来法国对德国的优势逐渐开始逆转。

一战使德国损失惨重，按照《凡尔赛条约》的规定，德国损失了14.6％的可耕地面积，74.5％的铁矿石，68.1％的锌，26％的煤产量。[①] 同时，战胜国要德国承担巨额赔偿责任，德国在经济上受制于以法国为代表的战胜国。但是《道威斯计划》为改善德国对法处境提供了机会。因为该计划使外国资本，尤其是美国资本源源不断涌入德国。在以后五年里，差不多每个德国的重要城市和大企业都从美国和英国大量借款。据统计，1925~1927年，它们所借的外债即达43.54亿金马克（约合11亿美元）。1924~1929年，涌入德国的外国资本有150亿金马克以上的长期贷款，有60亿金马克以上的短期贷款。而且实际涌入的外资总额要大大超过这个数目。这些外资的70％是来自美国的。[②]

对于德国经济的恢复和发展，外资的作用就像生命中的血液一样。当然有一部分借款用来支付了赔款，但是绝大多数都用来恢复和发展工业了。

[①]〔美〕C. E. 布莱克等：《二十世纪欧洲史》上册，山东大学外文系英语翻译组译，人民出版社，1984，第299页。

[②] 苏联情报局：《揭破历史捏造者：历史事实考证》，人民出版社，1956，第8页。

事实上，即使德国在偿付赔款，也并不是用它自己的钱财或自己做出的牺牲来偿付，而是用它从外国得到的贷款和投资来偿付的。这些贷款和投资到1931年数目达350亿到380亿马克，而根据赔偿委员会的账目，它同期间向协约国偿付的总数却是210亿马克。[1] 这样法国依靠赔偿压制德国的办法失效了。借着外资和生产技术的改进，借着管理的加强和生产的合理化，德国经济高涨现象从1925年已经开始。它的出口额急剧增长，到1927年已达到1913年的水平（见表16）。

随着德国地位的上升，英、德、法三国之间的国际地位发生了较大变化，主要表现在英、德的国际地位有了不同程度的提高，法国遭到了削弱。英国通过解决棘手的赔款问题，不但增强了影响德、法政策的能力，而且一定程度上提高了国际声誉和威望。德国通过《道威斯计划》获得了经济发展的契机，更为重要的是，德国凭借英美的力量，成功地阻止了法国在政治、经济上压制自己的政策，削弱了法国制裁德国的权力，使德国的主权恢复成为可能。相形之下，法国权力遭到极大限制。法国首先在赔偿事务中失去了对德国制裁的有利地位，答应从鲁尔撤军，又使战后对德军事优势成为明日黄花。伦敦会议严重削弱了法国的外交地位，它标志着"法国拥有大国地位的时代的终结"，[2] 加深了法国对德国未来地位的恐惧和危机感，增强了法国战后一贯孜孜追求的对安全的要求。也就是说《道威斯计划》虽然暂时缓和了欧洲国家因赔款问题而产生的紧张关系，却使20世纪20年代另一个重大问题——安全问题突出出来。

《凡尔赛条约》签订之初，法国的安全曾获得双保险。第一项措施是由英美分别与法国签订安全保证条约；第二项是莱茵河以西的德国领土由协约国军队分期占领5～10年。但前者很快由于美国拒绝批准《凡尔赛条约》而流产，因此法国的安全在20世纪20年代只能仰仗对莱茵兰的军事占领这一种途径了。只要法国军队还待在莱茵兰，就没有直接的危险，法国尚可平静地看待自己的安全问题。[3] 然而，这种军事占领只是一种暂时性的措施，其保证力度不仅有限，而且会随时间的流逝而逐渐减弱。《凡尔赛条约》第429条规定，一旦德国全部履行和约义务，协约国的军队必须在5年

---

[1] 〔英〕C. L. 莫瓦特：《新编剑桥世界近代史》第12卷，第333页。

[2] Paul Gordon Lauren, Gordon Alexander Craig, Alexander L. George, *Force and Statecraft: Diplomatic Challenges of Our Time*, London: Oxford University Press, 1983, p. 79.

[3] *BDFA*, Part II, Series F, Vol. 17, p. 305.

后开始分批撤出，这意味着 1925 年 1 月 10 日为其第一批撤军时间。为此，法国感到非常恐慌，常常在不同场合表示为了安全法国将不顾一切独自采取行动。1923 年 9 月 28 日，普恩加莱对舆论表明，如果法国遭到新的入侵威胁，它不得不首先依靠自己。这种观点就好像是天经地义似的，不容任何反驳。① 即使是在 1923 年 11 月 23 日法国由于赔偿问题而陷入困境时，在国民议会举行的安全问题辩论中，普恩加莱仍表示："在涉及法国的直接利益以及涉及它的安全问题时，法国将保留单独行动的权利。"② 1924 年 6 月，赫里欧与麦克唐纳在契克斯会晤后说："我现在可以这么说，法国宁愿不要德国支付的赔款也不会放弃安全问题。"③

当 1924 年 8 月法国被迫接受《道威斯计划》时，其安全问题不仅没有得到满意的解决，而且距莱茵兰首批撤军的日期也为时不远，法国面临的形势非常被动。当时英国驻法大使馆新闻参事芒多评价法国的形势时表示："法国最想得到的有三件东西，第一是和平，第二是和平，第三还是和平。"④

（二）法国构筑东部安全线：与东欧国家结盟

在法国对自身安全环境日益感到担忧的情况下，它想到了对德国周边小国展开外交攻势。

为了巩固凡尔赛体系，维持多瑙河流域和巴尔干的现状，形成对德国的包围，并加强法国在欧洲大陆上的霸权地位，法国开始支持捷克斯洛伐克与南斯拉夫、捷克斯洛伐克与罗马尼亚、罗马尼亚与南斯拉夫于 1920 年 8 月 14 日、1921 年 4 月 23 日、1923 年 6 月 7 日缔结的防御同盟，该同盟被称为"小协约国"集团。匈牙利在《特里亚农条约》失去的领土主要由捷克斯洛伐克、南斯拉夫和罗马尼亚这三个国家得到，因此，匈牙利念念不忘修改条约收复失地。罗、捷、南三国竭力维护既得利益，时时防范匈牙利的复仇动向，小协约国在很大程度上是针对匈牙利而逐渐形成的。⑤

法国在战后一直把在中欧、东欧和东南欧建立起一个从属于自己的政

---

① *BDFA*, Part Ⅱ, Series F, Vol. 17, p. 305.
② *BDFA*, Part Ⅱ, Series F, Vol. 17, p. 305.
③ *BDFA*, Part Ⅱ, Series F, Vol. 17, p. 306.
④ Alan Cassels, "Repairing the Entente Cordiale and the New Diplomacy", *The Historical Journal*, Vol. 23, No. 1, 1980.
⑤ 孔寒冰：《东欧政治与外交》，北京大学出版社，2009，第 128 ~ 129 页。

治、军事集团作为一项重要任务。其目的正如沃尔夫斯所认为的:"第一,它担心如果德国向东部扩张,将会变得非常强大,最后会成功进攻法国,小协约国将在法德之间构成一道屏障;第二,这些国家军力是不可忽视的,它们是前盟友——沙俄的替代品。"① 德国的战败意味着一个对手的消失,但俄国的十月革命却使法国失去了一个传统的盟友。而法英关系波动较大,英国能对法国提供的安全保证有限,遂促使法国在欧洲大陆寻找新的同盟者,一些欧洲小国成为其结盟的对象。1920 年春,法国积极干预苏波战争,向波兰提供大量的军事装备,并派出以魏刚将军为首的军事代表团前往苏波战场,训练和指挥波军作战。苏波战争结束后,1921 年法国又和波兰签订军事条约,该条约明显指向苏俄,此时又促成波兰和罗马尼亚成立军事同盟,同样带有反苏性质。法国还酝酿建立一个联合某些欧洲小国的联盟——多瑙河邦联,匈牙利在该邦联中发挥较大作用。1920 年 10 月,法国和匈牙利的霍尔蒂政府保持着密切的联系,就创建邦联一事进行磋商。② 法国认为,匈牙利、奥地利和波兰都可成为这一邦联的成员,但这一构想遭到了从奥匈帝国内分离出来的许多独立国家的反对,因为它们都担心匈牙利和奥地利将借机复辟,罗马尼亚便表示,它将坚决反对"任何建立多瑙河邦联的企图"。③

事实上,一些担心奥匈帝国会卷土重来的国家已在悄悄进行接触,讨论各种结盟的可能性。自 1919 年 12 月起,南斯拉夫和捷克斯洛伐克的代表便在巴黎开始谈判,其目的是建立一个反对匈牙利可能发起侵略的军事联盟。1920 年春发生在德国的卡普暴动,以及此后鲁登道夫亲信秘密出访匈牙利,试图和匈牙利极右分子建立起联盟的行动,引起了外界广泛的猜测和疑惧。于是南斯拉夫和捷克斯洛伐克也就加快了相互接近的步伐。1920 年 4 月,捷克斯洛伐克首先向南斯拉夫提出了建立称为小协约国的军事同盟方案。捷克斯洛伐克外长贝奈斯在推动捷、南两国建立军事同盟问题上表现得非常积极,他直截了当地指出,要使摆脱奥匈帝国统治的国家继续保持自己的独立,就得相互结盟。8 月 14 日,捷、南两国签订了同盟条约,规定签约之一方如遭到匈牙利的进攻,另一方即应提供一切必要的帮助。

---

① Arnold Wolfers, *Britain and France between Two Wars: Conflicting Strategies of Peace since Versailles*, pp. 18 – 9.
② 金重远:《20 世纪的法兰西》,复旦大学出版社,2004,第 85 页。
③ 金重远:《20 世纪的法兰西》,第 85 页。

捷、南两国订立同盟一事引起了法国方面的重视，法国政府提出了各种在欧洲建立政治、军事同盟的方案，如建议吸收保加利亚和波兰加入小协约国。不仅如此，法国还曾设想过在中欧和东欧建立起一个包括奥地利、南斯拉夫、捷克斯洛伐克、波兰及希腊在内的具有相当规模的政治及军事集团，必要时还可吸收匈牙利及保加利亚参加。然而法国政府的做法遭到东欧一些小国的抵制，它们并不想立即融入一个目标并不明确的大集团中去，此外它们自然也不希望奥地利和匈牙利这两个奥匈帝国的前身加入它们的行列。

1921年初，一个突发事件加速了小协约国的最终形成。3月底，前奥匈帝国皇帝兼匈牙利国王卡尔一世从流亡地瑞士返回匈牙利，霍尔蒂政权对此未加阻止，直至4月初始表态，要求其离境。与此同时，英、法、意等大国最初也保持一种奇怪的沉默。此事引起了捷、南、罗等国的恐惧，它们不约而同地把它看作哈布斯堡王朝复辟的前兆。罗马尼亚和捷克斯洛伐克尽管为争夺上喀尔巴阡山而长期不和，但此时面临共同的威胁，也尽快将分歧放在一边，于4月23日签订了包括军事协定在内的同盟条约。6月6日，南斯拉夫和罗马尼亚在贝尔格莱德签订了类似的同盟条约，矛头针对匈牙利和保加利亚。至此，小协约国全面形成。此后，捷克斯洛伐克又和南斯拉夫于8月签订了专项的军事协定，规定两国将用武力来制止匈牙利试图夺回失去的土地的行动，使小协约国更加成形，宗旨也更明确。

1921年秋，由于卡尔一世试图利用匈牙利国内出现的不稳局势，进行复辟的尝试，激起了刚组成的小协约国的愤怒和强烈反应。捷克斯洛伐克、南斯拉夫和罗马尼亚共同要求制止这一行为，并迫使匈牙利在小协约国的监督下实施裁军，从而显示了小协约国的决心和力量。11月6日，波兰和捷克斯洛伐克签署盟约，表示既尊重捷克斯洛伐克、罗马尼亚和南斯拉夫之间的盟约，即尊重小协约国，同时也尊重波兰、罗马尼亚和法国之间签订的各种条约。这样，波兰同小协约国以及法国之间都建立了紧密的关系。

1924年、1926年和1927年，法国先后与捷克斯洛伐克、罗马尼亚和南斯拉夫签订了《友好同盟条约》。如果说小协约国在初期带有自发形成的性质，那么最终还是被纳入了法国外交所设计的轨道，成为由法国领导的政治和军事集团。此后，法国便把小协约国视为自己在东欧的支柱，试图取代昔日强大的盟友俄国，但这种希望却是注定要破灭的。首先，组成小协约国的南、捷、罗三国虽然在反对哈布斯堡王朝的复辟问题上能找到共同点，但在领土、经济、政治诸方面仍存在不少分歧和矛盾，因此无法实施一种共同的对外政策。其次，一战后法国经济实力已大不如前，无法向小协约国提供大量的贷款，不能像过去那样随心所欲地控制这些东欧小国。最后，法国在一战后采取的战略是纯粹防御性的，一旦小协约国遭到攻击，法国根本不可能提供任何实质性的援助。因此，随着时间的流逝，小协约国对法国的离心倾向也就越来越大，直至最后完全摆脱法国的影响。①

（三）英国否决日内瓦议定书

法国的安全诉求也是英国所关心的，如果解决不了，则将一直困扰两国关系的发展和欧洲的稳定。在这种情况下，英国想到了利用国际机制来解决法国的安全困境，这个国际机制就是国联。

早在1922年9月的第三届国联大会上，英、法两国就开始讨论安全保障问题，但双方意见并不一致。英国坚持普遍安全公约与普遍裁军公约应互相联系并同时缔结，而法国则主张安全保障问题应先于裁军问题，并提出安全保障应体现在区域协定方面。法国的意图很明显，就是让国联承认法比、法波以及法国和其他国家的军事同盟具有合法的依据。国联大会调和英、法两国的意见提出了一项《互助条约草案》②，并递交1923年的第四届国联大会审议。但该草案最终没有获得表决通过。

对法国的安全问题，历届英国政府尽管有不同的理解和采取了不同的态度，但在尽可能少地承担对法国安全的义务上，态度基本是一致的。工党内阁首相麦克唐纳力图在国联框架内找到缓解法国安全担忧的途径。工党政府认为《互助条约草案》的态度要有建设性的一面，不能单纯地拒绝了事，③ 于是着手起草一个能够弥补该条约缺点的计划便提上了议程。在第五次国联大会召开之前，英国政府派遣了一个七人小组前往日内瓦，起草

---

① 金重远：《20世纪的法兰西》，第86~88页。
② 《互助条约草案》的内容为：（1）侵略战争为国际犯罪；（2）战争爆发后四天之内，国联理事会应认定谁为侵略国；（3）某缔约国受到侵略时，其他缔约国应给予援助，但被侵略国必须根据本条约业已履行了限制军备的义务；（4）国联理事会决定采取制裁手段，给被侵略国以援助，除采取经济和财政手段外，也可以出兵，但履行出兵的义务和从事作战的国家，以发生侵略战争的同一大陆国家为限；（5）侵略战争发生时，为取得缔约国迅速有效的援助，两个或两个以上的国家可以签订互相援助协定，以为本条约之补充，但此种协定必须在国联监督之下签订；（6）所有缔约国取得本条约规定的安全保障，必须裁减军备。
③ Carolyn J. Kitching, *Britain and the Problem of International Disarmament, 1919–1934*, London and New York: Routledge, 1999, p. 81.

代替《互助条约草案》的新计划。在当年9月召开的第五届大会上,英法联合拟定了一个和平解决国际争端的议定书,简称日内瓦议定书。议定书内容主要包括,一切国际争端都要实行强制仲裁;决定从事战争而不把争端提交仲裁的国家或者不执行仲裁委员会裁决的任何国家都将被认为是侵略国,除非行政院做出一致的另外决定。因此,议定书所有签字国都有义务合作,支持《国联盟约》,抵抗侵略国和帮助被侵略的国家,各种必要的制裁形式包括经济的、财政的、陆海空军的都立即执行,不必再经过任何决议。各国必须保证自己的合作"忠诚而有效",并且保留控制自己军队的权力;各国致力于在国联领导下的裁军行动。可以看出,议定书首先试图把仲裁、安全、裁军的三方面捏合成一个国际安全的综合性、紧密联系的体系;其次明确定义了侵略者并强调如果侵略行为发生将实行集体制裁。

在某种程度上,日内瓦议定书是一个针对德国、旨在保证《凡尔赛条约》所划定的疆界,保护法国和其东欧盟国边界现状的一个一揽子计划,是法国寻求安全的尝试遭到多次挫折之后希望通过国联来获得集体安全的又一次尝试,因此对法国利益的维护是显而易见的。因此,法国是第一个签署该协议的国家。麦克唐纳政府也认为这是解决欧洲安全问题的不错方案,也乐见议定书能够在英国获得批准。

然而,英国工党政府的注意力并没有完全在日内瓦。10月即将来临的国内大选使工党高层们的注意力都放在了国内政治方面,他们很少有时间真正地密切关注代表团之间在日内瓦错综复杂的辩论。相比起议定书究竟以一个怎样的姿态出现,保住自己的执政党的位置显然更为重要。而麦克唐纳实际上并没有从任何方面得到国内对议定书的支持。[①] 许多保守党议员、大多数的军队高官和外交部官员都认为,"这样一个议定书背离了英国一贯的外交政策,将使英国卷入欧洲大陆复杂的纠纷之中"。[②] 紧接着在1924年10月的大选中,保守党大胜而工党遭到了惨败。新任外交大臣奥斯汀·张伯伦声明英国政府将就该议定书与各自治领属地政府做深刻的研究,在相当长的时期内不可能形成深思熟虑的意见,请行政院下次开会时再讨论这个问题。

[①] James Robert Norris, *Anglo-French Conflict and the Failure of the Geneva Protocol in 1924–1925*, Washington: Washington State University Press, 1971, p. 71.

[②] James Robert Norris, *Anglo-French Conflict and the Failure of the Geneva Protocol in 1924–1925*, p. 71.

第八章　英国在安全问题上的对法政策与《洛迦诺公约》的实施　165

　　从1924年10月到1925年3月，英国国内对于是否批准议定书进行了激烈的争论。部分英国媒体连篇累牍地对议定书内容进行报道，并不停地对议定书内容的效力提出质疑。在议会里各党派展开讨论的时候，由于英国政府拒绝提供自己对该文件的评价和对议定书问题与其他国家尤其是法国沟通信息，所以妨碍了英国对法及其他相关国家对议定书的讨论。事实上这也反映了新政府不愿意认真考虑这个协议并试图用时间拖垮它的想法。英国主要的考虑还是想看看美国在这方面的立场，但美国迟迟没有表态。而英国军方则明确对议定书持反对态度。很多人担心如果议定书得到批准，可能使英国的海军受制于国联裁减军备和其他意想不到的规定。在经过一段时间的讨论后，1925年1月26日海军部提交给外交部一个备忘录，明确表示了军方对议定书的反对立场。

　　1924年10月，奥斯汀·张伯伦出任外交大臣后，很明显地把外交重心放在解决法国和欧洲安全问题上。他首先把"德国绝对不能再次侵扰欧洲"视为外交政策的重要目标，时刻警惕"德俄之间结成针对欧洲其他地区的谅解"。[1] 在上任5天之后，张伯伦交给内阁一个文件，内容就是关于在麦克唐纳时期就强调的法国安全问题。在文件中他认为与法国安全和英国外交政策有关系的是以下三个问题：赔款、协约国内部的债务问题和安全问题。第一个已经通过《道威斯计划》得到解决，而其他两个却仍然存在。[2] 相比起债务问题，安全问题更加持久，因为它使法国感到潜在的危险。外交部认为日内瓦议定书就试图解决这个问题，但是如果议定书被拒绝或虽然批准了而法国仍然感到还不够，那么法国的担心仍将存在。[3] 英国驻巴黎大使还担心由普恩加莱领导的右派政府可能会通过纯粹的军事优势来寻求安全，这样将会有损欧洲的稳定。而在左派政府领导下，法国将有可能通过达成商业协议来寻求与德国合作，这种协议是采取法德工业联合的方式，这又可能对英国的利益有很大的伤害，所以这两种情况都是英国不愿意看到的。

　　外交部也很清楚议定书使英国承担了过多的义务，并且在预防战争方面可能并不比《国联盟约》更加有效，因为并不是所有国家都愿意卷入一

---

[1] John Robert Ferris, *The Evolution of British Strategic Policy, 1919–1926*, London: Macmillan, 1989, p. 149.

[2] Richard S. Grayson, *Austen Chamberlain and the Commitment to Europe: British Foreign Policy, 1924–29*, London: Frank Cass Publishers, 1997, p. 33.

[3] Richard S. Grayson, *Austen Chamberlain and the Commitment to Europe: British Foreign Policy, 1924–29*, p. 34.

个包括那些愿意用武力解决问题的强国的冲突中去。张伯伦也是同样的意见，但他更关心的是议定书对于法国安全的不足。① 他对赫里欧说过这样一句话："给我的感觉是这样的，即使议定书签了，相互之间如何实施协约问题仍旧会存在"。② 不难看出，张伯伦似乎很早就认定议定书是不会起到太大作用的，因此已经提前考虑与法国单独达成一个新的协定来替代议定书这个问题了。

事实上，当议定书交给英国各部委、自治领讨论时，很多人认为议定书中规定的内容尚需仔细考虑，然后再做决定。而对英国态度至关重要的美国的态度则是日益明确——反对签署议定书。

英国驻美国大使霍华德在张伯伦的授意下频繁与美国国务卿休斯会晤。经过一番耐心细致的试探，1925 年 1 月 5 日，休斯终于说出了美国对议定书的看法，他认为议定书有两方面看上去是特别危险的，第一，他感到"当美国犯有某些侵略行为而很多国家又加入了议定书的时候，如果议定书被看作有实际价值并按照它所宣布的那样做，看上去那将是一个一致反对美国的计划"。③ 第二，主要涉及战争时期的中立国权利的问题，因为一旦作为中立国的美国仍然与侵略国或受制裁国有任何经济和贸易联系，同样会受到经济和军事封锁的影响。霍华德立即向休斯指出第一种考虑的可能性很小，但不得不承认第二个顾虑很可能成为现实。于是休斯进一步强调，"没有一个政府会在没有缔结和批准条约的情况下，使政府违背自己保持中立的声明而承担新的义务"，因此休斯明确了对议定书的反对态度。

1925 年 3 月国联行政院召开会议时，张伯伦发表声明宣布，英国政府拒绝接受日内瓦议定书。张伯伦随即在声明中道出了自己的理由，他说该议定书所设立的普遍及强制的仲裁制度实在是弊多而利少，现在美国尚未加入国联，实施制裁会发生很多困难。事实上，英国拒绝议定书只是提供了一个虚假的接口，在这当中，其对欧洲大陆外交战略的传统占据主要地位，英国要维持的是欧洲大陆的均势，想作为一个离岸平衡者出现，而不是集体安全的参与者。

---

① Richard S. Grayson, *Austen Chamberlain and the Commitment to Europe: British Foreign Policy, 1924 – 29*, p. 35.
② Richard S. Grayson, *Austen Chamberlain and the Commitment to Europe: British Foreign Policy, 1924 – 29*, p. 35.
③ William Laird Kleine-Ahlbrandt, *The Burden of Victory: France, Britain and the Enforcement of the Versailles Peace, 1919 – 1925*, p. 177.

(四) 英国在法国安全问题上的新政策

英国否决日内瓦议定书无疑给追求自身安全的法国泼了一头冷水,法国的安全困境仍无法解决。对此,力主解决法国安全问题的张伯伦又开始了新的政策设计,提出了新的解决方案。

1925年3月19日,奥斯汀·张伯伦在一次公开讲话时表示:"我认为英国此时有能力为欧洲带来和平。要达到这种结果两件事是必不可少的:一是我们应该消除和缓解法国的恐惧;二是我们应把德国拉入欧洲协调。这两点是同样重要的,任何一个都是不充分的,并且第一个是第二个的前提。"[1]

当时,英国驻德大使阿贝农也指出了英国外交所面临的主要任务,他说,必须找到一种办法,"既保证了法国边界的安全,又不致使欧洲面临德国离去的危险"。他警告说,盲目坚持战时盟国的反德政策,"会迫使德国与俄国结成密切的联盟"。[2] 在这种情况下,英国不得不再度站出来,重新与法国协商解决欧洲的安全问题。官方的上述表态显示了英国解决欧洲安全问题的新思路。

张伯伦采取这种政策既是前任的延续,同时也跟张伯伦的个性有关。他的亲密同事索尔特爵士(Lord Salter)对奥斯汀·张伯伦有一个经典的回忆:"奥斯汀·张伯伦庄重、严肃、一丝不苟、想法实际、态度严肃、服饰得体,带有一个出色官员的所有品德,认真、勤奋、精细;忠实于自己的同事、他的官员和他的原则,他从不逃避责任和屈从压力。"[3] 这位同事还回忆说:"首先,奥斯汀·张伯伦是正直的化身。他曾经说过他对外交协商的唯一理解是把牌摊在桌面上,那是他一生的写照。在公众场合和私人生活中,他也总把牌放在桌面上。他最明显的牌风,他似乎最爱出的王牌或许是旧式的绅士遗风:忠于自己的首相职务,用直截了当的方式从事协调……"[4]

---

[1] Richard S. Grayson, *Austen Chamberlain and the Commitment to Europe: British Foreign Policy, 1924–29*, p. 31.

[2] D'Abernon (Lord.), Edgar Vincent D'Abernon (Viscount), Maurice Alfred Gerothwohl, *The Ambassador of Peace: Lord D'Abernon's Diary*, Vol. 2, Hodder and Stoughton, 1929, p. 179.

[3] Robert C. Self, *The Austen Chamberlain Diary Letters: the Correspondence of Sir Austen Chamberlain with his Sisters Hilda and Ida, 1916–1937*, Vol. 5, London: Cambridge University Press, 1995, p. 11.

[4] Robert C. Self, *The Austen Chamberlain Diary Letters: the Correspondence of Sir Austen Chamberlain with his Sisters Hilda and Ida, 1916–1937*, Vol. 5, p. 13.

张伯伦在规划其外交政策时，认为有三个因素是关键的。第一，他相信法国和德国不能单独解决它们的问题。它们需要一个"协调者"以及一个"诚实的掮客"来使它们走到一起，这是英国要扮演的角色。正如他告诉外交大臣艾默里（Amery）的，"如果我们从欧洲撤出，我敢说欧洲就失去了持久和平的机会"。第二，有这样一种认识，即使英国不想参与，也不能置身世界之外，因为科技革命已确定"我们国家真正的防御线现在再也不是海峡了……而是在莱茵"。① 第三，也是最重要的一点是，给法国提供保证已经是时代的需要和当务之急。无论是保守党还是其反对者，都意识到无论他们是否愿意，对法国提供一个附加的保证是政治上的需要，这曾是《凡尔赛条约》的前提。法国为了得到它已做出了让步，而没有签署保证条约使英国一直只能用道德义务和"信用约束"来替代这种保证，因此人们都希望法国会感受到这种"仁慈的礼物"。此外，法国一直受到获得更多安全的希望的困扰，对此英国无法从法国那里得到任何的让步，除非英国愿意为法国付出某种新的担保，法国才愿意协商。奥斯汀·张伯伦认为法国的不安状况是大陆和平的障碍，只有英国答应帮助它，这种障碍才能清除。而且一旦战争爆发，英国无论如何也得站在法国一方，因为英国的战略边界就在莱茵兰。②

那么英国能提供何种形式的保证呢？从长远看，欧洲和平取决于主要大国提供"建设性提案"的能力。③ 在英国看来，这种建设性提案就是与法国缔结的条约不能是一个区域防御联盟，"因为这样最容易在欧洲形成竞争集团或分裂成敌对阵营"，但也不能是英国对法国的单独保证条约，"因为这样会严重妨碍英国行动的自由"，而且正如奥斯汀·张伯伦所说："英国的义务仅局限于我们有实际重要的国家利益的地区。"④ 这个地区就是莱茵兰。

---

① H. N. Gibbs, *Grand Strategy: A History of the Second World War*, United Kingdom Military Series, Vol. I, HMSO, 1976, p. 41; Austen Chamberlain, "The Permanent Bases of British Foreign Policy", *Foreign Affairs*, Vol. 9, No. 4, July 1931, pp. 538 – 9.

② Arnold Wolfers, *Britain and France between Two Wars: Conflicting Strategies of Peace since Versailles*, p. 256.

③ Arnold Wolfers, *Britain and France between Two Wars: Conflicting Strategies of Peace since Versailles*, p. 213.

④ Arnold Wolfers, *Britain and France between Two Wars: Conflicting Strategies of Peace since Versailles*, pp. 257 – 9. 也可参见 BDFA, Part Ⅱ, Series F, Vol. 17, p. 306。BDFA 中强调的是法国安全一直依赖自己的军队占领莱茵兰，这是法国安全的最高利益和最后底线。要想使法国军队最终撤出莱茵兰，除非达成一种国际安全，这种国际安全能取代法国通过占领莱茵兰所获得的安全。英国意识到，要达到这个目的，困难很大。

二 《洛迦诺公约》的签订和英国对法政策的变化

(一) 洛迦诺会议的起源

在这种外交方针的指导下，英国首先打开德国这扇门。[①] 1925 年初，在英国政府的秘密授意下[②]，英国驻德大使阿贝农造访德国外交部国务秘书舒伯特（Carl von Schubert）。[③] 作为外交部长和外交部国务秘书的密友，阿贝农因其思想丰富、建议中肯而得到德国政府的信任。阿贝农告诫德国，法国一直在寻求与英国结盟，对此德国应予阻止，唯一的途径是提出一项德法互不侵犯条约，从中干涉。[④] 他的建议给了德国巨大的启发。1 月 14 日，斯特莱斯曼和舒伯特决定把阿贝农的互不侵犯条约的建议扩充为以国际保证莱茵兰非军事化和维持西欧现状为主体的一项具体方案。同时决定首先由阿贝农把安全建议交给英国政府。1 月 15 日，即将就任的汉斯·路德（Hans Luther）政府立即表明它准备采取协调政策，并提出建议说德国准备缔结仲裁条约来和平解决司法和政治争端。它还声称德国将接受保证莱茵现状的公约以及有义务遵守该公约的不可侵犯性。[⑤] 1 月 19 日，新任内阁总理路德在未告知内阁其他成员的前提下同意了建议。第二天，舒伯特把德国建议交给英国驻德大使阿贝农，后者迅速电报伦敦。[⑥]

在该方案中，德国表达了与法国和解的愿望，承认法国的安全要求是正当的；作为满足这一要求的途径之一，德国提出，对莱茵地区感兴趣的国家可以缔结一项和平协议，该协议不仅应该保证现有的占领状况，而且

[①] 早在弗里德里希·艾伯特政府执政时（1918～1919 年），就曾提出为消除法国对德国进攻的恐惧，应给法国一种保证以消除这种恐惧。1922 年 12 月，德国古诺政府曾提出在莱茵地区有利害关系的国家对法国联合做出保证，维护法国的边界安全，但是这一建议遭到否决。

[②] 有关阿贝农是否受到英国政府的密议来劝说德国与法国和解，学术界历来有所争论。但是，毫无疑问，阿贝农本次造访德国是英国政府有准备的行为。

[③] 舒伯特原是德国外交部西欧司司长，因其外交政策的看法与斯特莱斯曼相近而于 1924 年年底被后者任命为外交部国务秘书，接替外交政策主张东倾的前任马尔藏。从此，他与斯特莱斯曼密切配合，确保德国对西方政策的连续性。

[④] F. G. Stambrook, "'Das Kind'——Lord D'Abernon and the Origins of the Locarno Pact", *Central European History*, Vol. 1, No. 3, 1968, p. 237.

[⑤] *BDFA*, Part Ⅱ, Series F, Vol. 18, p. 42.

[⑥] F. G. Stambrook, "'Das Kind'——Lord D'Abernon and the Origins of the Locarno Pact", *Central European History*, Vol. 1, No. 3, 1968, pp. 252 – 9.

应该保证莱茵地区的非军事化。① 德国政府新的态度引人注目,是德国重新调整与西方国家关系,寻求大国独立地位的一项重大努力。1月30日,德国总理发表正式讲话,表示愿意与法国合作来协商缔结一个安全公约。②

1925年2月9日,德国政府又向当时的法国总理赫里欧提出一个建议备忘录。德国政府的备忘录声明,如果在莱茵河有利害关系的各国,尤其是英国、法国、意大利和德国,能签订一个长期内承担不对订约国发动战争的庄严义务,则德国愿意宣布接受。此外德国也可以接受一个保证莱茵河区疆界现状的公约。③ 这是一个极其重要的文件,法国政府着手同它的盟国磋商。随后赫里欧将建议备忘录内容告知英国大使称,联系德国提出的这些建议,他相信路德政府的诚意,他认为与德国缔结这样一份公约没有严重的障碍,该公约同时也保证了德国的安全。④ 3月2日和4日,英国内阁连续两次开会讨论法国的安全问题。鉴于德国的"积极"态度,英国内阁于3月20日正式表示接受参与莱茵公约。⑤

4月17日,法国政府更迭。在政府成员中,最引人注目的是新任外交部长白里安。这位饱尝战争苦难,发誓要全身心地投入和平事业的温和派代表人物,自执掌外交部起,即把建立与英国的密切关系、寻求法德谅解和在国联内确保法国安全视为外交政策的三大基石。⑥ 5月12日,在答复德国2月9日备忘录时,法国提出了缔约的条件:德国有必要加入国联,不能修订《凡尔赛条约》,比利时应被包括在德国建议的公约中,缔结的公约不能影响协约国占领莱茵兰的相关条约条款规定,德国建议的仲裁条约应是莱茵公约的自然补充而适用于解决所有国际争端,德国所建议的安排应包括波兰和捷克斯洛伐克等。⑦ 5月13日,白里安与其密友兼助手、外交部秘书长伯塞劳特(Philippe Berthelot)讨论后,就法国对德国建议的立场,向

---

① 〔瑞士〕埃里希·艾克:《魏玛共和国史:从帝制崩溃到兴登堡当选(1918~1925年)》下卷,高年生、高荣生译,商务印书馆,1994,第7页。
② BDFA, Part Ⅱ, Series F, Vol. 18, p. 42.
③ 〔英〕温斯顿·丘吉尔:《第二次世界大战回忆录》第1卷《风云紧急》上部《从战争到战争》第1分册,吴万沈等译,商务印书馆,1974,第39页。
④ BDFA, Part Ⅱ, Series F, Vol. 18, p. 42.
⑤ Arnold Wolfers, *Britain and France between Two Wars: Conflicting Strategies of Peace since Versailles*, p. 228.
⑥ Gordon A. Craig and Felix Gilbert, *The Diplomats, 1919 - 1939*, Princeton: Princeton University Press, 1972, p. 53.
⑦ BDFA, Part Ⅱ, Series. F, Vol. 18, p. 42.

英国提出了两份草案，要求在细节谈判开始前，法、英两国就某些问题达成一致意见，使两国对德谈判有一个共同立场。一个星期后，张伯伦与白里安举行会谈并取得了结果，双方同意，德国加入国联应作为缔约的前提。英法意图很明显：把德国拉入国联既可限制德国的行动，同时可促进三国更多走向对话来解决矛盾，为未来欧洲的持久和平奠定基础。6月8日，张伯伦和白里安就答复德国照会的最后措辞达成协议并于6月16日递交德国。照会宣称，除非德国加入国际联盟，否则不能达成任何协议；德国不得提出修改《凡尔赛条约》的任何提议；比利时应列入订约国之内；最后，应订立一个法德仲裁条约，作为对莱茵公约的补充。[①]

英国积极参与欧洲安全事务，引起国内舆论的反对，一些报纸纷纷指责英国违背"光辉孤立"的传统，越来越多地卷入到欧洲事务当中。6月24日，英国下院就英国对欧洲大陆安全应采取什么态度举行辩论。张伯伦说，按公约规定，英国所承担的义务只限于西欧。法国也许要确定它同波兰和捷克的关系，但英国将不承担在《国际联盟盟约》所明确规定之外的任何义务。各自治领对西欧公约并不热心。丘吉尔在回忆录中描述了当时的情形，并发表了自己的看法："在我看来，解决法、德两国千年来的冲突，似乎是我们最高的目标。如果我们能把高卢（法）及条顿（德）两大民族，在经济上、社会上和道德上促成密切的团结，以防止发生新的纠纷，而实现共同的繁荣和相互的依赖，使过去的对立消失，则欧洲即可再度兴旺起来。在我看来，英国人民的最大利益，似乎在于调和法国和德国之间的纠纷，此外似乎没有其他利益可以与此相比或与此相抵触的。直至今日，我的见解仍然是如此。"[②] 对此问题，张伯伦也发表了一篇著名的演讲，要求英国政府能够以更加务实的态度，参与解决战后欧洲安全问题。他说："无论过去的情况可能是怎么样的，但今天任何一个国家都不能被孤立或者把自己孤立起来。我不是说在一些小的地区或一些国家再也不会有小的战争或冲突，而是我肯定地说影响欧洲和平的任何事情，在当今情况下，有影响的事件必定会深深影响每个国家，无论那个国家是交战国还是非交战国……我们已经签订了《国联盟约》，我们在盟约上签字是与孤立行为不一

[①] 〔英〕温斯顿·丘吉尔：《第二次世界大战回忆录》第1卷《风云紧急》上部《从战争到战争》第1分册，第39～40页。

[②] 〔英〕温斯顿·丘吉尔：《第二次世界大战回忆录》第1卷《风云紧急》上部《从战争到战争》第1分册，第40页。

致的，与任何地区可能引发战争或者引发冲突采取漠视行为也是不一致的……我国和英帝国不仅有国联规定的义务，而且有《凡尔赛条约》规定的特殊义务和权利……充分强调这些事情是想表明孤立的梦想只是一个梦，仅此而已。由于我们参与了，我们已经无法摆脱地与欧洲的命运联系在一起，无论是为了正义还是邪恶。我们的安全不在于试图忽视那些义务，不在于寻求不可能实现的孤立，而在于明智而审慎地运用我们的影响和力量来维持和平，阻止战争再次爆发。因此我认为，无论我们是否喜欢都要参与，我们要考虑的问题是在什么样的限度内，在什么样的原则下，以及在什么样的目的中我们能从事新的义务。"[1] 张伯伦的讲话在某种程度上平息了舆论的质疑。

英法的照会能否成为谈判基础，成了西方安全公约会谈能否继续和深入的关键。7月20日，德国送往巴黎一份正式照会，照会大致表述下列观点。在西欧，斯特莱斯曼把安全公约与莱茵兰现状联系起来，认为安全公约"即便不能改变《凡尔赛条约》，但也不能使德国处于相比《凡尔赛条约》更糟糕的地位"，要求鲁尔和科隆地区尽快撤军。只有这样，德国加入国联才有可能。在德国东部，斯特莱斯曼为了敞开德波边界修正的大门，坚决要求德国与东部国家的仲裁协定不得接受外来国家的保证。此外，他着眼于德国在西方国家和东方苏联之间所处地位的考虑，着眼于苏联已表示不反对德国加入国联但同时申明德国必须执行一条独立于西方大国的政策，不参与对苏经济制裁的原则，要求与西方签订的公约不得与德苏《拉巴洛条约》相冲突。德国加入国联后必须享有盟约第16条的豁免权。[2]

德国照会内容公布后，张伯伦和白里安都认为德国有必要加入国联，但不得拥有特殊地位。英法的分歧点在于东西边界的保证上。在判断是否违背莱茵兰非军事化和保证国是否承担援助受害国的问题上，英国关心的是承诺义务的程度和拥有权力的大小。它一开始建议把决定权交给国联，而后又提出英国要有决定谁是侵略者及被侵略者的权力。英国的态度变化暴露出其外交政策赤裸裸的民族利己主义本质，而德国提出西方安全条约保证迎合了英国，得到了英国的赞同。在德国与东方边界国家的仲裁条约保证问题上，法国要求它们有类似西方安全条约那样的保证国。英国既不

---

[1] Charles Petrie, *The Chamberlain Tradition*, Lovat Dickson, 1938, pp. 181-2.

[2] Arnold Toynbee, ed., *Survey of International Affairs*, 1925, Vol. 2, London: Oxford University Press, 1927, p. 40.

想答应法国承担义务的要求，又不愿德国因法国的强硬态度而撤回建议，结果只能从原则上采取偏向德国的立场，要求法国尽量接受西方安全保证条约。

8月11日，白里安与张伯伦在伦敦举行会谈，就答复德国照会的内容达成共识，决定邀请德国参加由英法等国组成的法律专家会议，就彼此悬而未决的问题继续磋商，为正式会议做出准备。8月24日，经过修改的答复和一份德国参加法律专家会的邀请书送至柏林。8月27日，德国致电表示接受邀请。

在洛迦诺会议正式召开前一个多月，德国和协约国法律专家聚会伦敦。会议讨论的重点是东方仲裁条约的保证问题，德国声称不能签订保证条约，法国则表示，除非波兰得到保证，否则法国不能缔约。德法两国各执己见，互不相让，会议陷入困境。这时，英国代表出面调解，外交代表赫斯特（Hurst）宣布英国不准备对东方仲裁条约提供保证，但考虑到法波结盟，英国接受法国给予保证的建议。会议虽未就东方保证问题达成一致，但英国的倾向性意见为解决法德分歧敞开了一条道路。法律专家之间的会晤，为西方安全公约谈判的正式进行扫清了道路。

（二）洛迦诺会议与《洛迦诺公约》的缔结

9月15日，协约国向德国发出参加外长会议的邀请，26日，德国表示接受，从而揭开了讨论西方安全公约等一系列问题的洛迦诺会议。英、法、德、比、意和波、捷代表出席了会议。会议并没有摆脱大国操纵的阴影，英、法、德三国是大会的核心成员，它们之间的利害冲突贯穿会议始终并影响着它的进程。

从10月5日开幕至16日结束，会议历时11天，共召开9次正式全体会议。与历次会议相比，欧洲大国一致赞同把会址设在一个中立小国，旨在向世界表明，欧洲存在战胜国与战败国之分的状况已一去不复返了，欧洲国家之间只有平等与协调。在会议期间各国矛盾冲突频仍，但始终未引发大的危机。

关于法国要求保证东方仲裁条约的问题，在10月6日会议上，斯特莱斯曼要求法国对保证问题做出明确解释，并力图阻止法国对东方仲裁条约做出保证。白里安说，法国与一些国家有条约义务，在寻求自身安全时，不能忘了其他同盟国，法国的保证不是对另一国家的旧式结盟，它只是一个互保问题。对此，斯特莱斯曼说，正是考虑到法波的特殊关系，德国才提出仲裁条约，他话锋一转，既然法国声称对东方仲裁条约的保证不超过盟约规定的义务范围，那么，这样的保证纯属多余。白里安则解释说，由于盟约第16条没有保证条约规定的那么清楚和详细①，它不能替代讨论中的保证条约，因此，给仲裁条约以特殊保证是自然的，合乎逻辑的。白里安随后以攻代守，说法国不怀疑现行德国政府渴望和平的态度，但一旦德国发生政权更替、公众舆论难以驾驭时，德国还能不能奉行和平政策呢？英国则重复既有立场，声称自己的最大利益是和平，愿意承担盟约第16条的义务，把一切都交给国联支配，同时又说，盟约第16条所规定的义务不太明确，可根据不同情况给予不同解释。张伯伦指出，德国不能因承诺不与波兰开战而拒绝约束自己的行动（指德国享受盟约第16条豁免权），又要求对法国根据盟约而采取的行动加以限制。在英国的坚持下，德国遂做出让步，不过德国被要求在未来的西方安全公约中不再提及法国东方仲裁条约的保证一事。②

在东方仲裁公约保证一事得到处理后，德国和协约国讨论重点转到《国联盟约》第16条对不久即将加入国联的德国的适用问题上。此时德国方面已从与苏联的交往中得出结论：德国能否妥善处理盟约第16条将直接影响到德苏关系。10月7日，斯特莱斯曼提出第16条不适用于一个被解除了武装的国家，希望协约国对德国给予特殊考虑以避免参加制裁苏联的措施。他陈述了德国参加国联对苏制裁措施的三种可能：直接军事参与、间

---

① 国联盟约第16条规定如下：（1）联盟会员国如有不顾本盟约第十二条、第十三条或第十五条所定之规约而从事战争者，则据此事实应被视为针对所有联盟其他会员国的战争行为。其他各会员国当立即与之断绝各种贸易上或财政上之关系，禁止其人民与破坏盟约国人民之各种往来并阻止其他任何一国，不论为联盟会员国或非联盟会员国之人民与该国之人民财政上、商业上或个人之往来。（2）遇此情形，行政院应负向相关各政府建议之责，俾联盟各会员国各出陆、海、空之实力组成军队，以维护联盟盟约之实行。（3）又联盟会员国约定当按照本条适用财政上及经济上应采取之办法时，彼此互相扶助，使因此所致之损失与困难减至最少限度。如破坏盟约国对于联盟中之一会员国实行任何特殊措施，亦应互相扶助以抵制之，对于协同维护联盟盟约之联盟任何会员国之军队，应采取必要步骤给予假道之便利。（4）联盟任何会员国违反联盟盟约内之一项者，经出席行政院之所有联盟其他会员国之代表投票表决，即可宣告令其出会。世界知识出版社编《国际条约集（1917～1923）》，第269～273页。
② 原拟定的西方安全公约第2条中规定，一旦德国首先发动战争，法国可根据盟约第16条或国联全体会议的决定，在对德行动上享有额外权利。由于法国即将与波、捷签订互保条约，在西方安全公约中重申法国对东方仲裁协定的保证，无疑强调了给予保证的意义。在德国的坚持下，协约国最后取消了这一条，文中提及即指此事。

接军事参与、经济制裁。他认为"德国处于解除武装状态",不能参加军事行动;"让外国军队通过自己的领土,就会发生严重的内政和外交纠纷,会对德国迫切需要的和平发展带来巨大的损失";参加经济制裁未尝不可,但德国对苏联的经济封锁将会招致苏联对德国的报复。① 在这里,斯特莱斯曼借题发挥:如果全面裁军取得更大进展,上述问题就会迎刃而解,因为"武装与非武装国家之间的区别就消失了",两者就可以站在同一起跑线上,否则,每个国家应有权"决定其参加国联第 16 条的范围"。对德国自行决定第 16 条取舍的要求,白里安针锋相对地指出,第 16 条是谈判中的所有公约赖以存在的基础,"如果这个基础有变化,一切都要变化,那时无论什么样的联合都将不可能"。② 国联是彼此保证反对战争的联盟,是普遍平等原则的体现,既然德国"提出了关于平等的要求,就不应有所保留",德军数量少并不能作为不参加国联制裁的借口。③

在盟约第 16 条问题上,英国出于自身考虑,愿意对第 16 条的强制性质作适当的调整。张伯伦认为,在军事制裁上每个国家可有权决定是否参与。但英国又不愿走得太远,放任德国任意行事而失信法国。为此,张伯伦警告德国不要既想加入国联,享受会员国的特权和保障,又不愿在某些问题上给予让步。④ 他还拒绝了在洛迦诺会议上讨论德国关于放宽军事条款、增加警察的要求,拒绝斯特莱斯曼为避免参加对苏制裁,在德国与协约国之间增加一项给德国以特殊考虑的建议。最后,经英国从中斡旋,德法互相妥协的第 16 条被解释为:"国联每个成员国应忠诚有效地合作支持盟约,在其地理条件和军事及经济状况允许的范围内抵抗任何侵略行为。"⑤ 10 月 16 日下午,洛迦诺最后一次会议签订一系列协定并达成最后议定书:"出席本会议各政府代表宣布上述条约和专约的生效将大大地促进各国间紧张局势在精神上的缓解,有力地推进许多政治或经济问题按照各国人民的利益和感情得到解决,并深信在巩固欧洲和平与安全的同时,将有效地加速《国际联盟盟约》第 8 条所规定的裁军。"⑥

---

① 王绳祖主编《国际关系史资料选编》,法律出版社,1988,第 605 页。
② 王绳祖主编《国际关系史资料选编》,第 606 页。
③ 王绳祖主编《国际关系史资料选编》,第 607~608 页。
④ Anne Orde, *Great Britain and International Security, 1920–1926*, London: Royal Historical Society, 1978, p. 138.
⑤ Anne Orde, *Great Britain and International Security*, 1920–1926, p. 139.
⑥ 王绳祖主编《国际关系史资料选编》,第 617 页。

总之，为期 11 天的会议，与会各国草签了《洛迦诺会议最后议定书》和其他 7 个条约，以及"关于国际联盟盟约第 16 条给德国的集体照会"，这些文件总称为《洛迦诺公约》。①《洛迦诺公约》主要内容如下。

第一，签订《德国、比利时、法国、英国和意大利相互保证条约》，简称《莱茵保证公约》。这是公约的主要文件。该文件规定：德法和德比之间的边界领土维持现状；法德双方不得攻击和侵犯，并且在任何情况下不得诉诸战争；彼此通过外交途径与和平的方法解决它们之间的一切争端；《凡尔赛条约》中关于莱茵非军事区的规定和 1924 年伦敦会议通过的《道威斯计划》仍然有效；英、意两国充当该公约的保证国，承担援助被侵略国的义务。

第二，德国同法、比、波、捷分别签订了双边仲裁协定。缔约双方保证，今后发生的一切冲突和争执，不论其性质如何，如不能通过正常的外交方式和平解决时，应该提交仲裁法庭和国际常设法院解决。但在德波和德捷协定中，没有维持边界现状的内容，对它们之间可能发生的边界纠纷，也没有规定任何保证的办法，这就给德国以向东侵略的行动自由。

第三，法国同波兰、捷克斯洛伐克分别签订了相互保证条约，规定如缔约任何一方遭到来自别国的侵略时，互相约定立刻彼此给予支援和协助。这是法国在争取德国同波、捷签订安全保证公约的外交努力失败后，对其东欧盟国采取的一种安慰措施。

（三）《洛迦诺公约》与法国"安全战略"受挫

如果说，欧洲国家领导人抱着不同的心情和动机加入西方安全公约的谈判和洛迦诺会议，那么，洛迦诺会议结束之时，各国领导人都可以满意而归。《洛迦诺公约》的各项协定于 1925 年 12 月 1 日在伦敦正式签署。

奥斯汀·张伯伦为自己的外交成就感到高兴。英国把本国承担的义务降到最低程度却不失保证法国的安全，取得了法国的信任，密切了两国关系，为《凡尔赛条约》的适度修改创造了前提和条件。② 对此，张伯伦在下院对英国在此次外交斡旋中的真正动机做了深刻的阐述，他表明了英国对

---

① 《洛迦诺公约》总共由 9 个文件组成，即《洛迦诺会议最后议定书》、"关于国际联盟盟约第 16 条给德国的集体照会"、《德比法英意相互保证条约》、《德比仲裁条约》、《德法仲裁条约》、《德波仲裁条约》、《德捷仲裁条约》、《法波相互保证条约》及《法捷相互保证条约》。参见世界知识出版社编《国际条约集（1924～1933）》，第 205～219 页。

② Marshall M. Lee and Wolfgang Michalka, *Geman Foreign Policy, 1917–1933: Continuity or Break?* Berg Publishers, 1987, p. 78.

《洛迦诺公约》的态度:"我谈谈现实的《洛迦诺公约》——相互保证条约,这是陛下政府唯一建议签署的条约。我首先对它做出三点评论。第一,它是一个不针对任何人、不威胁任何人的条约。第二,它是一个相互保证条约。法国对德国的义务与德国对法国的义务是相同的;比利时对德国也是一样。担任保证的大国意大利、英国的义务与它们对德国以及对法国的义务是相同的。这也不是由一群大国控制着用来反对其他大国的条约,而是当事大国相互之间维护和平的条约。第三点是我请下院注意,洛迦诺发起的所有协定严格遵守盟约的精神和国联的精神,它们被置于国联的监管下,至于对提出的问题国联是最终的权威,我们所要做的就是不要减少国联的力量和权威,而是支持和巩固那种权威和力量来解决国家之间的冲突。"①由此可以看出,该公约的签订是英国外交的胜利。英国在公约中起着保证国的决定作用,其地位居于德、法、比三国之上,拥有利用局势左右三国的合法权利。

张伯伦继续分析了条约的细节,并表明:"是否发生了直接的危险,英国政府是裁定者,唯一的裁定者。""我认为已经做了一项伟大的和平工作。我首先是这么认为的,因为它是本着和平精神来做的,它也促成了和平精神。如果所有的政府,我愿意加上所有的国家,认为没有必要开启国际关系新的、更好的篇章,公约不可能缔结。但是如果这个国家不准备分担保证,公约也不可能缔结。……我们生活在大陆附近,我们不能使自己与那里发生的事情断绝联系,我们的安全、和平,我们海岸的安全明显与大陆的安全,首先是与西欧国家的安全联系在一起。这些情况使我们必须做出决定;我们请求下院批准签署《洛迦诺公约》,就是相信借助这个条约我们正把危险从我们国家、从欧洲转移,我们正在保卫和平,我们正在与几年前的敌人们奠定协商和友谊的基础。"②

此次英国通过充当德法之间"诚实的掮客",促使德法缓和,在一定程度上为欧洲谋取了和平。奥斯汀·张伯伦说:"洛迦诺使英国再次担当起大战后新欧洲的协调者和和平缔造者的角色。"③ 沃尔夫斯评论说:"现在英国可以满意了,因为在法德之间确立了真正的均势,这种安排减少了德苏亲

---

① Charles Petrie, *The Chamberlain Tradition*, p. 186.
② Charles Petrie, *The Chamberlain Tradition*, pp. 186-7.
③ Arnold Wolfers, *Britain and France between Two Wars: Conflicting Strategies of Peace since Versailles*, p. 260.

近的危险。看起来似乎没有什么东西再能够比这样一个西欧协调公约能提供更多的真正的和平机会。"① 《洛迦诺公约》并不是一个联盟条约，也没有指向任何一个国家，它基本上是曾经是对手的国家间的协定。因而，它实现了英国经常表述的想法：避免把欧洲大陆分成竞争的集团。因为英国认为："一个防御联盟容易形成一个竞争集团，这个过程可能最终导致欧洲分裂成敌对阵营。"英国保留了决定怎样履行其保证的自由，英国义务明确限定在某一地理区域。正如奥斯汀·张伯伦所说："英国的义务仅局限于我们有实际重要国家利益的地区（德国）。"正因为此，对东欧现状就没有给予莱茵那样的保证。②

对白里安来说，《洛迦诺公约》确认了德国不以武力改变现状的原则，使法国获得了英国迟迟不肯做出的一旦出现战争危机立即提供军事援助的承诺。在法国看来，它也标志着法国政府最终放弃了普恩加莱体制下的"强硬政策"而使协调政策得到进一步确认。③ 法国一些重要的安全目标得到实现：国联的权威得到维持和加强，法国在波兰和捷克斯洛伐克的地位得到重视，莱茵兰安排得到保障，法德比承诺不彼此入侵对方，以及规定了通过仲裁、协调和和平解决国际争端等。④

有一个词汇经常与洛迦诺联系在一起——"蜜月"。奥斯汀·张伯伦在洛迦诺会议期间曾写道："当真的发生下列场景时，我擦亮眼睛，并怀疑我是否在做梦：法国外长邀请德国外长庆祝我妻子的生日，一起乘'橙色花朵'号汽船在马乔利湖上游览，橙色花朵习惯上是结婚男女在婚礼上使用的，大家还偶尔谈谈私事。"⑤ 《英国外交事务文件》关于英法关系的1925年年度报告指出，由于《洛迦诺公约》解决了双方的一大心病，英国首相奥斯汀·张伯伦和法国总理赫里欧不止一次地说英法关系从来没有像现在这样心心相印，双方已经能够互相理解，对于共同解决欧洲纠纷充满信心。⑥

---

① Arnold Wolfers, *Britain and France between Two Wars: Conflicting Strategies of Peace since Versailles*, p. 262.
② Arnold Wolfers, *Britain and France between Two Wars: Conflicting Strategies of Peace since Versailles*, p. 259.
③ *BDFA*, Part II, Series F, Vol. 18, p. 42.
④ *BDFA*, Part II, Series F, Vol. 18, pp. 42 – 3.
⑤ David Dutton, *Austen Chamberlain: Gentlemen in Politics*, Bolton, 1985, p. 230.
⑥ *BDFA*, Part II, Series F, Vol. 18, pp. 47 – 9.

但是英国真正卷入针对法国的西欧安全保证了吗？不。贝尔评论说："橙色花朵很快凋谢了，蜜月也行将结束了，因为洛迦诺只是组建了一个三角家庭①，是非常脆弱的结合。"② 确实，当时英法的良好合作关系给世人造成了一种美好的幻觉，实际上英国的保证仅限于德国"公然侵犯"条件下，而且英国政府对此情况还有最终的裁定权。公约中提供的保证只是形式上的。它强调了英国思考问题的方式，把自己看成西欧事务和法德纷争的局外人，英国在洛迦诺给予法国的保证除了表明一种姿态，毫无实际价值。它真正的目的是营造一种信任的气氛。在这种气氛中，逐渐培育出法德协调的关系。③ 奥斯汀·张伯伦本人告诉帝国国防委员会，他认为《洛迦诺公约》标志着英国义务的减少，而不是增加。④ 他的传记作者大卫·杜登（David Dutton）强调，《洛迦诺公约》并不表明是英国加入欧洲事务的开始，只是有限参与而已。⑤ 当英帝国总参谋部在1926年7月修订帝国国防政策时，他们得出的结论是《洛迦诺公约》减轻了他们的任务：拥有一个友好的法国，莱茵变成了英国在陆地上的战略边界，只需要做好空中和海洋力量建设即可，陆军可以缩减了。⑥

《洛迦诺公约》之于德国的利益更使斯特莱斯曼感到满意。当初他发起西方安全公约的谈判，根本目的是阻止德国陷入外交孤立，现在，德国不仅实现了上述目标，而且一定程度上修改了《凡尔赛条约》。他与英法领导人建立的良好私人关系以及会后形成的大国和谐气氛，使德国有望在裁军和提前撤军上赢得英法的谅解。《洛迦诺公约》确立的其生效必须以德国加入国联为前提的原则加快了德国政治上重新跻身大国的步伐。

《洛迦诺公约》使德国与英、法关系的内容也发生一定变化。战后协约国对德国的优势，某种程度上是因为英法形成了旨在维持《凡尔赛条约》现状的协约关系，德国违背《凡尔赛条约》将受到条约缔造者的共同反对。如今，有了所谓的"洛迦诺和平"，"战胜国和战败国之间横亘的一条敌对

---

① "三角家庭"，是法文专用语（menage a trois），指结婚双方及其中一方的情人住在一起的家庭，用来暗指英、法、德三方表面上和气，但迟早会发生矛盾。
② Philip Michael Bett Bell, *France and Britain, 1900–1940: Entente and Estrangement*, p. 150.
③ Philip Michael Bett Bell, *France and Britain, 1900–1940: Entente and Estrangement*, p. 151.
④ Philip Michael Bett Bell, *France and Britain, 1900–1940: Entente and Estrangement*, p. 151.
⑤ David Dutton, *Austen Chamberlain: Gentlemen in Politics*, p. 259.
⑥ Philip Michael Bett Bell, *France and Britain, 1900–1940: Entente and Estrangement*, p. 151.

的鸿沟"——"普遍存在的战争情绪"已不复存在。① 由于《洛迦诺公约》对《凡尔赛条约》所确定的欧洲现状做了一定程度的修改，因此，英法原有关系演变为英法德共同维持修改后的欧洲和平的新关系。在洛迦诺会议后的所谓"洛迦诺精神"鼓励下，德国可以振振有词地向原来的协约国索取报答，提出"有助于"欧洲"和平与稳定"的莱茵兰撤军要求。

在《洛迦诺公约》中，英国拒绝对德国的东部边界做出保证。这样英国进一步缩减了自己在欧洲大陆的义务，放松了对德国的限制，在法德之间进一步确立了均势的态势，有利于更好地实施"和平战略"。另外，英国所采取的均势政策实际上在打击了法国的"安全战略"的同时，对欧洲东部的隐患未采取任何措施——英国的"和平战略"是不完整的。对法国来说，虽然《洛迦诺公约》表面上解决了法国的安全问题，实现了其战后一直追求的"天然边界"的"安全战略"，但实际上并没有消除法国的不安全感。一方面，《洛迦诺公约》的签署使法国不能对德国违反《凡尔赛条约》的行为进行制裁，法国今后的边界安全要依赖英国甚至意大利的保证，而这种保证并没有切实可行的措施；另一方面，由于公约没有各大国共同对法国的盟国波兰和捷克斯洛伐克的西部边界提供保证，法国长期经营的欧洲同盟体系受到严重的打击，法国在欧洲的地位进一步下降。弗兰克林·布叶龙说："世界的神经系统不是在莱茵区，而是在波兰。在那里发生冲突是肯定的，目前没有人采取行动去避免这一危险。"② 这样，法国的"安全战略"遭受了英国"和平战略"的进一步打击，法国没有达到确保自己安全的目的，因此，它会继续通过其他方式寻求解决自己的安全问题。

三 《非战公约》与英国对欧洲安全保证的继续

（一）《非战公约》的提出

《洛迦诺公约》并没有切实增强法国的安全感，德国快速发展的经济使法国越来越感到担心。这时候，在获得英国的一定保证的同时，法国也尝

---

① D'Abernon (Lord.), Edgar Vincent D'Abernon (Viscount), Maurice Alfred Gerothwohl, *The Ambassador of Peace: Lord D'Abernon's Diary*, Vol. 3, p. 199.

② Anthony Adamthwaithe, *The Lost Peace*, *International Relations in Europe, 1918 – 1939, Document Collection*, London and New York: Edward Arnold, St. Martins Press, 1981, p. 78.

试与美国缔结相关保证的可能性。1927年4月7日，在美国参加第一次世界大战十周年纪念日里，白里安致信美国政府，在这封信中他建议法、美两国互相保证绝不把战争作为解决政治纠纷的手段。① 6月20日，白里安向美国正式提出外交照会，要求：（1）法、美两国庄严宣布谴责和摒弃战争，不以战争作为国家政策的工具；（2）和平解决两国之间的一切争端。这就是白里安在1927年的"和平攻势"。

英国对提议表示惊讶，外交大臣奥斯汀·张伯伦说白里安是"心血来潮"，可能对他自己的"著名宣言"并无"明确的概念"。②

其实，法国早在大战结束后，就曾打算同大西洋彼岸的美国结盟以壮大自己的声势，在与英、德的对峙中争取到有利地位。法国政府要员曾说，至少要"使美国永远不站在反对法国的一边"。③

当法国在1927年采取"和平攻势"时，美国政府由于受孤立主义的影响，对法国的建议并不感兴趣。不过，白里安的建议还是引起了美国民众当中为数众多的和平主义者的兴趣，他们强烈要求美国政府迎合法国的倡议。参议院外交委员会主席威廉·博拉（William Borah）一开始就支持美国缔结一个包括英国、德国、意大利在内的非战公约。④ 他的建议在国会中产生了一定的影响。博拉的传记作者C. O. 约翰逊（C. O. Johnson）认为，美国国务卿凯洛格后来就是剽窃了他的思想，并据为己有。⑤

不过当时美国政府确实让凯洛格全面处理白里安的提议，凯洛格对白里安的建议研究了六个月后，得出的结论是，白里安的建议实际上接近美法防御同盟，而且其他欧洲国家定会这样看待。⑥ 面对国内舆论和参议院的态度，1927年12月28日，凯洛格接受了美国国务院欧洲司司长威廉·R. 卡斯尔和美国驻法大使保罗·克劳德尔提出的建议，将法美双边协定扩大到尽可能使所有国家都签订的一个多边协定。当天，凯洛格照会法国，建议由美、法两国向世界各国发出联合倡议，先由六个大国签署白里安提出的《非战公约》，然后为所有国家的签署敲开大门，这就是把"双边"公

---

① 〔法〕让-巴蒂斯特·迪罗塞尔：《外交史》上册，第98页。
② *DBFP*, Series IA, Vol. 4, p. 509.
③ *DBFP*, Series IA, Vol. 4, p. 495.
④ Gaynor Johnson, *Locarno Revisited：European Diplomacy, 1920–1929*, Taylor & Francis, 2004, p. 62.
⑤ C. O. Johnson, *Borah of Idaho*, University of Washington Press, 1936, p. 400.
⑥ *DBFP*, Series IA, Vol. 4, p. 612.

约修改为"多边"公约的美国对策。美国之所以提出多边公约是基于如下考虑的。

第一，凯洛格清楚地知道："门罗主义如果遭到破坏，美国会毫不犹豫地走向战争。欧洲国家有些重大利益也不能排除需要战争解决，它们怎么能宣布废弃战争呢？"[①] 但是法国的建议至少在表面上符合欧洲人的利益诉求，美国不便反对。而且，美国从20世纪20年代的欧洲和平中获得了巨大的经济利益，维持这种状况对美国有利。

第二，1928年是美国的选举年，共和党政府的和平倡议必然会加强它在总统竞选中的地位，所以英国外交大臣奥斯汀·张伯伦指出："凯洛格的主要思想不是为了国际和平，而是为了共和党的胜利。美国国务院利用对外政策为国内政治服务的习以为常的做法又多了一个例证。"[②]

第三，凯洛格深信外交实践中的下列著名原理：一项条约的签字国越多，它的约束力越小。[③] 如果所有国家都参加签字，《非战公约》便会在实际上失去"特殊的效力"，而成为一次普通的"国际亲善"活动，从而使美国获得缔造和平的荣誉，而避免承担《非战公约》的义务。

凯洛格的建议遭到法国的反对，但是美国国务院很快就在1928年1月4日公布了这个建议。这使得法国十分尴尬，接受该公约有失它的本意，拒绝它则会使法国处于孤立境地。在这种情况下，白里安不得不与美国进一步交涉，争取在最有利的条件下达成条约。

从1928年1月到3月，法美两国多次交换照会。白里安提出由法、美两国首先签订公约，然后由两国邀请世界各国参加。凯洛格以"在法美两国之间可能签订的条约，理应能在主要国家之间取得协议"作为理由进行了回应。[④] 法国表示它已为《国联盟约》和其他条约承担了义务，如《国联盟约》第16条规定，盟约遭到破坏时，成员国有组织军队以维护盟约的义务。白里安认为"签订多边《非战公约》将会同上述义务矛盾"。但美国坚持认为，"多边公约是以法国的草案为基础的，不会妨碍法国在欧洲承担的义务"。[⑤] 法国则认为，《非战公约》的范围应限于侵略战争。凯洛格回应称，白里安在最初的草案中没有提出仅限于侵略战争，美国不了解现在为

---

① *DBFP*, Series IA, Vol. 4, p. 621.
② *DBFP*, Series IA, Vol. 4, p. 552.
③ Robert H. Ferrell, *Frank B. Kellogg*: *Henry L. Stimson*, Cooper Square Publishers, 1963, p. 115.
④ *FRUS*, 1928, Vol. 1, p. 4.
⑤ *FRUS*, 1928, Vol. 1, p. 4.

什么要修改，并且补充说，"所有的战争都会破坏人类社会的稳定，所以应该制止"。① 法国还提出必须由全世界所有国家签署，此项条约才能生效，试图以此把公约拖延下去。但凯洛格向法国施加压力说，如果法国拒绝多边公约，他就要同各大国直接商谈签订公约问题。②

美国的反应超出了白里安的最初预期，他本来只想对解决欧洲安全问题发出和平呼吁，美国却借机赋予它重大意义，并盼望好好谈谈这个问题。

与法国相反，德国一开始就对公约充满了兴趣。德国出于本国军事力量薄弱，一再呼吁英、法等西方盟国遵循《凡尔赛条约》和《洛迦诺公约》的规定，实行全面裁军。由于德国在这方面缺乏强有力的手段，英法对此一直持消极态度，德国常有一种被戏弄的感觉。1928年4月13日，美国继上年12月响应白里安签订放弃战争条约的倡议后，又对几经修改的非战方案提出了新的意见，美国的态度无疑提供了良机。德国不但可以借助美国的力量推动英、法等国的裁军，还可以借机向国际社会显示德国外交政策的和平意愿，展示其积极的独立外交。因此德国从一开始就对美国的建议寄予极大希望并给予积极支持。德美外交官在柏林和华盛顿频频接触，协调彼此立场。4月27日，德国不顾英、法等国的巨大压力，率先对4月13日美国的新照会给予了肯定答复，此举引起了英、法等国的强烈不满。7月11日，德国又对经过修改的美国建议给予了支持。德国积极支持美国的政策"加快了和平公约实际的缔结"。③

（二）《非战公约》及"和平战略"与"安全战略"的继续协调

英国的大国地位及其与列强错综复杂的关系使它成了《非战公约》能否顺利签署的关键国家。英国外交大臣奥斯汀·张伯伦认为"公约完全不符合英国的需要"。他说，犹如美国有门罗主义需要保护一样，英国也有自己的门罗主义。英国外交部认为，如果英国的殖民地印度反英，"英国不能用战争去保护自己的利益"，这会是"致命的"。④ 但当美国寻找英国的支持时，英国却表示支持。当美法关于《非战公约》问题达成一致意见时，奥斯汀·张伯伦与内阁达成一致意见："对公约采取积极态度，同时密切注视

---

① *FRUS*, *1928*, Vol. 1, pp. 10 – 1.
② *DBFP*, Series IA, Vol. 4, p. 541.
③ Manfred Jonas, *The United States and Germany: A Diplomatic History*, Cornell: Cornell University Press, 1984, p. 189.
④ *DBFP*, Series IA, Vol. 4, p. 608.

各国对公约建议的反应。"① 这是为什么呢?

首先,凯洛格的建议如果遭到拒绝,美国国务院便会表明,美国是反对战争的,而欧洲国家是反对和平的。由于1927年英、美、日三国海军裁军会议和1928年日内瓦裁军会议都失败了,所以英海军当局认为,英国应该抛弃任何裁军计划,而接受凯洛格公约草案,来满足公众的和平愿望,以表明英国和其他国家一样反对战争。

其次,据英国外交部在1928年4月对国际形势的分析,英美海军、经济、财政竞争激烈。为了平息美国的大海军主义者对英国的猜疑和不满,英国有必要表示一下自己的姿态:英国"不会为了国联或其他别的原因,除了它自己的领土完整或真正的国家荣誉,而冒同美国冲突的危险"。②

最后,凡尔赛和平在20世纪20年代中期一直呈现不稳定状态。奥斯汀·张伯伦主张德法和解,以列强的保证来维护欧洲大陆上有利于英国的和平均势。美国是这种保证的关键,奥斯汀·张伯伦指出:"英国就是要建议一种美欧联合的同盟。"③ 他试图通过《非战公约》维护欧洲的现状和欧洲的和平,他认为《非战公约》在一定程度上会比《洛迦诺公约》更进一步解决法国的安全问题。④

英国依据上述考虑,权衡利弊之后,认为经过修正和保留的《非战公约》对它"所得多于所失",于是采用了"我们接受,但是……"的策略,同美国进行斡旋。奥斯汀·张伯伦说,英国支持美国的建议,但要声明英国在世界上某些地区有特殊的重大利益,因此,不得不"清楚地宣布",对这些地区的干涉"不能容忍"。他还说英国在这些地区"防御攻击是自卫",必须清楚地取得"谅解",英国政府只能在这一谅解之上接受公约。⑤ 奥斯汀·张伯伦多次表示,英国在苏伊士、波斯湾、阿富汗等地区有特殊利益需要保护,正如美国在巴拿马有特殊利益一样,如果遭到攻击,有权从事"自卫"战争。

与此同时,奥斯汀·张伯伦一再指示英国驻巴黎大使设法鼓励法国提出保留条款。他建议德国政府在回答美国照会之前要同欧洲各国互相交换意见。他还训令英国驻日本大使秘密询问日本政府:英国认为日本在满洲

---

① Gaynor Johnson, *Locarno Revisited*: *European Diplomacy*, 1920 – 1929, p. 61.
② *DBFP*, Series IA, Vol. 4, p. 612.
③ Gaynor Johnson, *Locarno Revisited*: *European Diplomacy*, 1920 – 1929, p. 63.
④ Gaynor Johnson, *Locarno Revisited*: *European Diplomacy*, 1920 – 1929, p. 63.
⑤ *DBFP*, Series IA, Vol. 5, p. 661.

的地位类似英国在埃及的地位,而日本在送致美国的复照中何以未对满洲提出保留。① 日方回应称,之所以未提出保留是为了不使中国和美国对日本产生"敌对情绪"。日本政府认为,有关自卫的条款,使它"在满洲有行动的自由"。② 总之,奥斯汀·张伯伦力图用自卫权之类的保留条款把《非战公约》导向同列强的势力范围政策并行不悖的轨道。

正是在英国外交这种纵横捭阖之下,有关缔结《非战公约》的会议得以召开。1928年8月27日,美、法、德、英等15个国家在美国拟议的《非战公约》上签了字。公约主要有两方面内容:(1)所有公约参加国同意绝不把战争作为推行本国政策的工具;(2)所有参加国同意各国之间的争端用和平方式解决。由于该公约承认自卫战争的合法性,以及对于违反者没有提出任何制裁措施,因此1929年1月美国参议院以85票对1票通过了该公约。③

白里安只好宣布同意,但提出了一些保留条款。法国在1929年4月提出新的修正案,要求给公约写上如下保留条款:(1)不损害合法的自卫权;(2)不违背《国联盟约》;(3)不违背《洛迦诺公约》;(4)不违背其他有关中立的国际保证条约;(5)在公约遭到签约国之一破坏时,其他签约国自动解除所承担的条约义务;(6)公约在世界各国都签字时生效。④

意大利对法国提出的保留条款表示同意,日本也提出了自卫权问题。英国又提出,门罗主义遭到破坏时美国是否从事战争?如果与美国敌对的国家在中美洲获得一个港口,美国政府怎么办?如果英国信守公约,而别国如德、苏破坏公约时,怎么办?奥斯汀·张伯伦表示,英国的任何政府都不可能轻率地赞同以美国的建议来促进和平事业。⑤

由于美国自己有"特殊利益",特别是美国在拉丁美洲的"利益"需要用战争保护,所以《非战公约》并不反对列强提出的所谓自卫权、势力范围等保留条款,美国只反对把保留条款公然写入约文。美国通过种种方式对英法等国的要求一一予以回复,实际上用解释、默认之类的手法,满足了它们的愿望。这样它们把非战的范围限于侵略战争时,特意把谁是侵略

---

① *DBFP*, Series IA, Vol. 5, p. 685.
② *DBFP*, Series IA, Vol. 5, p. 698.
③ Thomas Andrew Bailey, *A Diplomatic History of the American People*, Prentice Hall PTR, 1980, p. 650.
④ *FRUS*, *1928*, Vol. 1, p. 36.
⑤ *DBFP*, Series IA, Vol. 5, p. 635.

者和谁是被侵略者的判断权留在自己手中。如果殖民地人民反对殖民统治者,那么殖民政府就能将其武力镇压宣布为自卫战争。

最后,英国建议在签字仪式上由各国全权代表阐明自己对条约的理解,然后写入会议记录,并说明记录同条约有同等价值。法国表示同意,美国则表示可以采纳。法美之间,实际上是美、英、法之间的一场外交谈判,至此成交。

通过《非战公约》的缔结过程,我们可以看到,英国为贯彻在欧洲的"和平战略",支持美国的要求,反对法国试图同美国单独订约的企图,并通过《非战公约》的签订,进一步巩固了自己在欧洲发言人的地位。在这一过程中,英国采取一边打压、一边联合的两面手法来拉拢法国,制定最有利于自己的安排,最终使法国再度屈从于英国对欧洲事务的安排。

从表面看来,《非战公约》的签订使英国的欧洲"和平战略"得到进一步贯彻,而法国的"安全战略"也获得了进一步实现,两国的友好关系得到进一步巩固。英国外交大臣斯诺登于12月12日参加第二次海牙会议时说:"人们开始意识到英国工党政府对法国没有敌意,或者法国希望把与英国的友好关系作为欧洲和平和繁荣的基石。"[①] 正因为如此,《非战公约》签订后,曾博得一致好评。白里安说,该公约的签订是"人类历史新纪元的第一天",[②] 自此以后,战争都被视为非法的。凯洛格认为,公约"将是防止第二次世界大战的一个实际保证,这件事本身就是对人类的一个巨大贡献"。[③]

实际上正如我们上面所分析的,《非战公约》并不能有效制止战争。公约没有提到裁军问题,对于违反公约的国家,也没有实际的制裁办法,而且在战争发生时又提出过多的保留。1930年,各大国召开了裁减军备的伦敦会议,由于受到《杨格计划》影响,各国对于裁军问题更是讳莫如深。英国试图在会议中作为法德军备竞赛的公正和友好的调解者,劝说两国放弃军备竞赛。[④] 但是正如沃尔夫斯所说:"英国的友好协调是不起作用的,法德之间不可能有妥协的空间。如要使法国安全,英国必须给予法国更多

---

① *BDFA*, Part Ⅱ, Series F, Vol. 19, p. 193.
② 〔法〕让-巴蒂斯特·迪罗塞尔:《外交史》上册,第99页。
③ 国际关系学院编《现代国际关系史参考资料 (1917~1932)》,第384页。
④ Arnold Wolfers, *Britain and France between Two Wars: Conflicting Strategies of Peace since Versailles*, p. 371.

的实实在在的保证,而这一点英国是做不到的。"① 1934 年,裁军会议彻底失败,这成为英国贯彻 20 世纪 20 年代和平战略一个败笔。

但是,《非战公约》并不是一无是处,它的某些规定还是有积极意义的。它宣布在国家相互关系中废弃以战争作为执行国家政策的工具,主张和平解决国际争端,并以国际条约的形式否定了侵略战争的合法性,树立了互不侵犯原则的法律基础。

---

① Arnold Wolfers, *Britain and France between Two Wars: Conflicting Strategies of Peace since Versailles*, p. 372.

第九章 《杨格计划》与英国"和平战略"的进一步实施

一 赔偿问题的再度出现与英国的协调努力

（一）有关各国对赔偿、战债和撤军的基本态度

1924 年《道威斯计划》的实施为德国经济发展带来了契机，从 1926 年下半年起德国经济开始走向繁荣，德国工业生产在 1927 年就达到战前水平。同时，德国商品出口额到 1926 年超过了战前水平，到 1929 年又比 1926 年水平超出 28%。[①] 德国在世界贸易出口中比重持续增长，同 1924 年的 5.73% 相比，德国 1926 年出口额占比增加到 7.28%，1929 年增加到 9.72%。[②]

但是，尽管《道威斯计划》对德国经济起了输血的作用，德国对该计划仍不满意。

第一，《道威斯计划》只是一个临时计划，只规定了前五年德国的年支付额，而对于五年后的规定甚为含糊，即自 1929 年起，德国的赔偿额为 25 亿金马克外加按照德国"经济繁荣指数"确定的附加额，德国不断提出疑问：到底怎样确定年支付额以及赔偿什么时候才能终止？

第二，德国的经济生活尚未达到自主。对此德国人认为协约国对德国领土的军事占领将是德国正常经济活动和主权的最大威胁，希望协约国能够提前从莱茵撤军。[③] 自 1926 年 1 月协约国从莱茵第一占领区撤军后，德

[①] 国际关系学院编《现代国际关系参考资料（1917~1932）》，第 292、297 页。
[②] 国际关系学院编《现代国际关系参考资料（1917~1932）》，第 293、297 页。
[③] Frank Costigliola, *Awkward Dominion: American Political, Economical and Cultural Relations with Europe, 1919–1933*, Cornell, Cornell University Press, 1984, p. 207.

国政府就敦促协约国早日从莱茵其余地区撤军,到1928年德国政府将协约国"从尚被占领的莱茵部分地区撤军和修正《道威斯计划》中的赔偿规定"作为其外交政策的两大主题。①

1928年8月27日,斯特莱斯曼在巴黎会晤了白里安和普恩加莱,希望法国能够提前从莱茵第二、第三占领区撤退。而原来按《凡尔赛条约》规定,德国在执行了裁军条款后,协约国要分别在1930年和1935年从莱茵撤军。白里安和普恩加莱同意提前撤军,但他们提出了一个前提条件,即提前撤军要有一个赔偿计划作为基础,他们把莱茵占领看作"收到赔款支付的唯一保证"。② 这样,赔偿和撤军问题就紧密地联系在一起。

那么面对这一新出现的国际形势,主要的当事大国英、美是怎么打算的以及采取了什么样的具体应对措施呢?

这要从战债问题谈起。第一次世界大战结束时,欧洲各国对美国欠下巨额债务,其中英法又是欠美国债务最多的国家,意大利次之。虽然《凡尔赛条约》规定英法等可以从德国得到战争赔偿,但同时要偿还美国的债务。所以英法主张将赔款和战债问题联系起来讨论。1920年5月,英法两国政府首脑发表声明,主张同时一笔勾销对美国的战债和对德国的赔偿要求。当德国财政、经济状况进一步恶化,已无力偿还协约国的赔款,英法等在德赔款问题上的矛盾也日趋尖锐之时,1922年8月1日,英国外交大臣贝尔福向法、意等六个协约国发出照会,即著名的"贝尔福照会"(Balfour Note),照会主要是针对美国的,它提出英国"准备放弃对德国赔偿的一切未来权利。但前提条件是赔偿和战债问题应该作为一个整体来加以考虑"。③ 言外之意,或者是与美国一同废弃战债与赔偿,或者英国得到的赔偿足以补偿美国战债。1923年10月1日,美国总统柯立芝对报界声明,反对将战债与赔款联系起来讨论。英国不仅是美国的债务国,同时也是德法意的债权国,它对美债务的清偿都依靠它的债务国的还债来进行。而且英国有更长远的想法,依据《道威斯计划》,英国从德国那里每年所得的本息在1.29亿美元到1.37亿美元之间,它对美国每年应偿的本息为1.6亿美元

---

① William C. McNeil, *American Money and the Weimar Republic: Economics and Politics on the Eve of the Great Depression*, New York: Columbia University Press, 1986, p. 156.

② Erich Eyck, *A History of the Weimar Republic: From the Locarno Conference to Hitler's Seizure of Power*, Vol. 2, New York: Harvard University Press, 1962, p. 228.

③ Arthur Turner, *The Cost of War: British Policy on French War Debts, 1918 - 1932*, Portland: Sussex Academic Press, 1998, pp. 59 - 62.

到 1.87 亿美元，到 1984 年期满。至于它每年由法意所偿的战债，由 1928 年起为 0.58 亿美元，自 1957 年起增加至 0.9 亿美元。由此计算，英国作为债权国所得的收入足以偿清美国的债务，而且有余额。但是英国在《道威斯计划》所得的本息是属于大不列颠帝国的，而它对美国的债务是归英国独自负担。英国各属地每年从《道威斯计划》中分得的本息占整个本息的 13%，约 0.15 亿美元。同时，在《道威斯计划》没有实施前，英国已对美国偿还 9 亿美元，因此英国想将上述两项款项所造成的亏空没有损失地收回来。① 在美国不放弃英国欠其债务的情况下，英国只好寄希望德国的赔款问题好好解决，才不致让自己损失更多。

另外，随着德国经济的飞速发展，英国一部分出口工业因市场受到德国工业的排挤而日趋萎缩。为了挽回颓势，财政大臣丘吉尔在 1925～1926 年财政规定中单方面对一些德国非奢侈工业品征收高达 33.3% 的税收。英国财政部更关心的是确保英国获取德国赔款的利益不受到损害，同时在与德国的贸易中有更多的获利。然而，随着法德两国关于赔款问题讨论的不断深入，英国意识到，解决德国赔款问题的谈判已难避免，而与此相联系的撤军问题也必须得到讨论。

于是，1928 年 5 月 30 日英国外交大臣奥斯汀·张伯伦给驻法大使克鲁发去电报，电报称英国对德政策将致力于"尽快与德国政府达成一致"。奥斯汀·张伯伦认为，协约国不应推迟或阻挠和德国实现正常关系的那些突出问题的讨论，其中"最为明显的是……就被占领的莱茵兰的提前撤军与德国政府开始谈判"。②

但是法国的想法与英国不同。法国是德国的主要债权国，同时是欧洲的第二债务国，它对英美应偿还的债务自 1928 年到 1940 年为 0.71 亿美元至 1.75 亿美元，自 1940 年到 1942 年为 1.85 亿美元，自 1957 年起为 1.93 亿美元。法国要偿还它对英美的债款及在赔款项下分拨一部分为填补其对休整战争破坏区所预付的款项，这两笔款项加在一起总计达 100 亿法郎，按

---

① 袁道丰：《杨格计划与海牙会议》，《东方杂志》第 26 卷第 21 号，1929 年。袁道丰博士为当时中国驻巴黎领事馆总领事。1929 年《杨格计划》还在协商和缔结当中，他就实地追踪和记载了这一历史事件，并作为通讯从巴黎发回北京。他的这篇文章成为比较权威的记载《杨格计划》的回忆和史料。

② *DBFP*, Series IA, Vol. 5, p. 78.

1929 年外汇折算价格约为 4 亿美元。① 由于法国财政危机陆续缓解，法郎价值持续走高，法国在 1929 年之后陆续以法郎偿还美债时损失必定惨重。再者如《道威斯计划》延长实施至对英美债务偿付期满为止，则德国应增加对法国的赔款以偿还其债务，这一点英德显然不会答应。② 随着赔款问题讨论的深入，法国越来越把占领作为获得足以抵销英美战债的赔款的保证。1926 年 4 月 29 日，法国与美国经过艰难谈判，就法国如何偿还对美战债达成了《梅隆－布朗热协定》（Mellon-Berenger Agreement），该协定规定把法国对美债务利息由 5% 降至 1.6%。协定还规定法国在 69 年内还清所有对美债务。如果法国议会在 1929 年 8 月 1 日前没有批准该协定，那么法国就得支付 1919 年购买美国战争物资欠美国的 4 亿美元债务。③ 但是，法国议会不愿意在关于德国赔偿问题的最后协定签订前批准该债务协定。因此，普恩加莱急切希望尽快制定一个能保证法国债务收支平衡或保证法国处于净债权国地位的关于德国赔偿问题的最终解决计划，以争取法国议会尽快批准《梅隆－布朗热协定》。1929 年 3 月间，法国外交部秘书伯塞劳特多次向德国驻法大使赫希表示，"莱茵兰撤军、赔款和债务整个问题必须而且应该视 1929 年 3 月美国新总统的意见而定"。④ 这就意味着美国的态度将是缓解英法对德赔款问题的关键。同时，欧洲国家也在积极酝酿和准备召开一次欧洲会议来协商赔款、裁军和战债这些问题。

美国的态度比较明确：支持修改《道威斯计划》并确定德国赔偿总额，同时敦促英法等协约国提前从莱茵撤军。这是因为德国经济虽然发展了，但赔款的负担依然严重。1928 年，德国政府承担 12 亿～15 亿马克的赔款，负担较重。⑤ 同时，德国的财政支出急剧上升，单社会福利一项，就从 1924～1925 年的 1.29 亿马克增加至 1927～1928 年的 3.45 亿马克。⑥ 此种状况引起了负责德国赔偿事务的总监、美国人帕克·吉尔伯特（Parker Gilbert）的忧虑。吉尔伯特考虑到美国是德国的最大投资者，德国经济地位的

---

① "Chronology of the Young Plan, 1927 - 1929", *Congressional Digest*, Aug/Sep29, Vol. 8, Issue 8/9, from EBSCO.
② 袁道丰：《杨格计划与海牙会议》，《东方杂志》第 26 卷第 21 号，1929 年。
③ Arthur Turner, *The Cost of War: British Policy on French War Debts, 1918 - 1932*, pp. 214 - 5.
④ *DBFP*, Series IA, Vol. 4, pp. 212 - 4; Vol. 5, pp. 267 - 9, 305, 315, 392, 394.
⑤ 根据 1924 年《道威斯计划》，德国第 1 年应支付 10 亿金马克，以后逐年增加，至 1928 年进入支付正常年，以后每年支付 25 亿金马克。
⑥ Erich Eyck, *A History of the Weimar Republic: From the Locarno Conference to Hitler's Seizure of Power*, p. 153.

巩固有助于它获得更大投资收益，又考虑到《道威斯计划》未定赔款总额，他便于 1927 年 10 月向德国政府发出告诫并暗示对德国赔款总数作一重新考虑。12 月 10 日，吉尔伯特在年度报告中说："随着时间的流逝，以及实际经验的积累，我们愈益看清下列事实：只有给德国一个明确的任务让它完成自己的义务，赔偿问题及与赔偿相关的其他问题才会最终解决。我认为这是过去三年得到的主要教训。"① 同时，美国政府再次强调，为维持德国经济稳定与独立，应该考虑从莱茵兰提前撤军。

自第一次世界大战结束以来，美国与它的债务国缔结的债务为 11.5 亿美元，限 62 年偿清，其利息依债务国的付款能力而定。美国仅从英法意比每年所得的本息，在 1929 年就达 2 亿美元，1940 年达 3.3 亿美元，1950 年达到 4 亿美元。② 此外，美国还能在《道威斯计划》中支取一部分利息。随着时间的推移，协约国如英、法、比、意均主张取消战债，但美国政府拒绝，要求战债必须全数偿还，只是对于利息问题愿意根据债务国的经济情形而稍作让步，同时又拒绝英、法等国以德国赔款抵偿战债的要求。随着美国生产及储备金逐日增加，它的商品和资本都需要向外部发展，其中美国在南美、远东进行了投资，但是那里需要的资本和购买力毕竟有限，远远不如欧洲。美国银行家和经济学家鉴于此种情况，也急着想让赔款问题迅速解决，使欧洲经济恢复稳定。这样一来可以销售其商品并利于投资，二来战债可以得到完全偿付。③

美国政府官员虽然一如既往公开坚决反对将赔偿与债务联系起来，但是欧洲战后的现实也使美国意识到，单纯让它们从腰包里掏钱还债是不现实的，因此私下也默认将赔偿与债务"巧妙地"联系在一起。④ 因此，美国的这种态度就为德国赔款问题的最后解决开辟了道路。

（二）各国对赔偿和撤军的讨论

就在美国为修改《道威斯计划》做准备的时候，欧洲大国已经开始迈

---

① "Chronology of the Young Plan, 1927 – 1929", *Congressional Digest*, Aug/Sep29, Vol. 8, Issue 8/9, from EBSCO.
② "The Young Plan for Reparations Settlements", *Congressional Digest*, Aug/Sep29, Vol. 8, Issue 8/9, from EBSCO.
③ 袁道丰：《杨格计划与海牙会议》，《东方杂志》第 26 卷第 21 号，1929 年。
④ Frank Costigliola, *Awkward Dominion: American Political, Economical and Cultural Relations with Europe, 1919 – 1933*, pp. 206 – 8.

出第一步。1928年9月5日至16日,德国与英、法、意、比等国外交部长会聚日内瓦,集中讨论莱茵兰撤军和赔款问题。随着形势的变化,各国都认识到,修改《道威斯计划》和解决赔偿问题已经是势所必然,英法等大国对此问题的协商没有遇到什么大的阻碍。9月16日,与会各国达成如下三点协议:(1)就德国政府提出的从莱茵兰尽早撤军的要求开始正式谈判;(2)有必要全面和明确地解决赔款问题,为此目的,由六国政府任命一个财政专家委员会;(3)建立检查与和解委员会,其构成、行动、目标和时间将由有关政府谈判确定。①

在各国外交家就赔款等问题达成初步协议后,吉尔伯特的外交活动也取得进展。在巴黎,他提出,普恩加莱应把放弃美国削减战债作为讨论赔款协定的前提。在伦敦,他以德国未来的年赔款支付数不低于20亿马克的保证,换取了丘吉尔为首的英国财政部同意讨论赔款问题。10月底,吉尔伯特还与德国财政官员进行磋商,他一方面告诉德国,英法想从赔款中获得足以补偿战债的份额,德国不能无视这一要求,也没有理由要求从轻处置。另一方面,他敦促德国尽快同意召集专家委员会。在吉尔伯特的影响下,德国内阁于10月30日发布公报,正式倡议召集专家委员会。

12月9日,国联行政院例会在瑞士卢加诺(Lugano)举行会议,赔款和撤军是会议的主要议题。德国外交部长斯特莱斯曼在会上表态,希望专家能迅速得到任命并开始工作,协约国应立即和单方面地撤军。会议上,英国对德国提出的要求表示理解。英国政府认为,莱茵占领不符合英国的根本利益,况且,随着《凡尔赛条约》规定的莱茵撤军日期越来越近,占领本身的价值已经越来越小,因此英国希望协约国军队终止占领,而且越早越好。但是,英国的意见遭到与会法国代表白里安的坚决反对,白里安多次警告参加会议的英国外交大臣奥斯汀·张伯伦说,英法两国都是美国债务国,如果不能从德国身上得到切实的赔款保障,两国就要面临巨大的风险。在这种情况下,英国不得不重新考虑自己的外交政策。它认识到,法国政府和人民对此态度一直非常强硬,如果英国不顾法国的意愿而单方面答应撤军有可能使自己的外交陷入被动地位。因此,英国外交部经过审慎考虑,决定暂时追随法国的要求,应以占领作为赔偿的保证,但是这种占领不能拖得更长,一俟赔款方案确定下来,将会立即督促法国撤军。于

---

① *DBFP*, Series IA, Vol. 5, p. 335.

是，就在会议进行当中，英国率先采取了打破僵局的做法，通过英国驻德临时代办哈罗德·尼科尔松（Harold Nicolson）向德国传达了英国的意见：德国总理不要把撤军看作十分简单的问题，法国政府不可能不向法国人民表明，只有在获得某些补偿的前提下才能提前撤军，对此，德国政府应对协约国要求以某种保证作为撤军的前提条件有充分的准备。德国对英国的意见表示接受。这样英国就统一了和法国对赔偿、撤军的立场：撤军的讨论与赔款的谈判应同步进行，一旦专家达成赔款协定，随后撤军将全面开始。

在各国外交部长会聚卢加诺，为撤军和赔款问题进行协商时，在巴黎同时进行的普恩加莱和德国驻法大使利奥波德·赫希（Leopold von Hoesch）关于专家委员会组成的谈判取得突破性进展。12月22日，两人发布公告，就专家委员会的组成和权限达成一致：（1）被任命的专家将是独立的，他们不受政府的任何指令；（2）专家们将起草各种建议，全面并最终解决赔款问题。两人还就德国在专家委员会中享有平等地位达成共识。①

二 《杨格计划》的实施和赔偿问题的解决

（一）《杨格计划》的制定

1929年1月，英、法、比、意4个主要盟国以及德国和美国分别任命了赔款委员会专家：英国是约瑟夫·坦普（Joseph Tamp）和查里斯·艾迪斯（Charles Addis）；法国是埃米尔·莫罗（Emile Moreau）和让·帕门特（Jean Parmeuter）；德国是贾玛尔·沙赫特（Hjalmar Schacht）和路德维希·卡斯特（Ludwig Kastl）；意大利是阿尔贝托·皮雷利（Alberto Pirelli）和弗尔维奥·苏韦奇（Fulvio Suvichi）；美国是杨格和摩根；比利时是埃默尔·弗兰奇（Emile Franqui）和朱特（Jutt）。2月11日，专家会聚巴黎制订德国新的赔款计划，《道威斯计划》的制订者之一、美国财政专家欧文·杨格当选为赔款委员会主席。

会上，德国的态度十分明确：未来的赔款总数不能超出德国的支付能力。谈判第1周，德国银行行长沙赫特和其他财政专家向大会详细陈述了德

---

① Arnold Toynbee, ed., *Survey of International Affairs*, *1928*, London: Oxford University Press, 1929, p. 135.

国的财政状况，沙赫特指出，赔款的年支额应限制在 10 亿马克，支付年限不超过 30 年。① 法国把赔款和战债联系起来，认为德国的赔款方案不足以抵销法国欠英、美的债务。法兰西银行行长埃米尔·莫罗暗示，法国不同意德国年支付额仅仅确定在 10 亿马克，也不赞成把支付年限定为 30 年，它应与法国偿付战债的年限（即 60 年）相始终。英国要求每年支付 20 亿马克，在这方面，它与法国利益基本一致。会谈一开始，两种立场泾渭分明且针锋相对。显然，能否取得妥协或达成一致将很大程度上取决于同赔款和战债密切相关的美国的立场。

美国关心的是如何确保自己的金融利益不受到损害，它认为欧洲相关国家试图把赔款解决与战债问题联系起来，最终促使两者都被修改和减少。美国宣称，德国的赔款必须在不触动各国间现有战债协定的情况下确定，当然，赔款的解决也应适当考虑"各相关国的合法要求"。杨格认为，欧洲各国支付战债的资金，德国完全有能力偿付，10 亿马克不代表德国的现有实力，杨格对德国的赔款拟出了下列折中方案：德国的年支付额确定在德国和债权国要求之间的 22.5 亿马克，分有条件偿付和无条件偿付两部分，前者约为 15 亿马克，后者必须支付，约为 7.5 亿马克。② 但是杨格妥协案并未就德国总的支付数和支付年限提出意见。不久，一年一度的复活节来临，各国专家陆续回国。

3 月 25 日，杨格委员会在巴黎举行第 2 阶段会议，各国对上一阶段悬而未决的问题陈述立场。德国财政部长沙赫特向杨格私下表示，德国总的赔款应为 280 亿马克，缴付期限为 30 年。③ 法国继续坚持要求德国在 58 年中年支付额为 22.5 亿马克。法国代表莫罗表示，如德国对此不予接受，莱茵兰将继续被占领。4 月 11 日，英法等债权国提出德国支付赔款的期限总共为 58 年，其中前 32 年的支付开始时每年为 18.5 亿马克，以后逐年增加，直至年平均数达到 22.5 亿马克，后 26 年德国支付款项只需与赔款接受国支付给美国的战债持平。17 日，沙赫特在专家委员会上宣读了德国的新意见，他认为，《道威斯计划》从一开始就规定，德国的赔款来自出口利润，事实上，德国的支付款项多来自外国对德国的贷款，因此，《道威斯计划》已不

---

① Arnold Toynbee, ed., *Survey of International Affairs*, 1928, p. 142.
② Jon Jacobson, *Locarno Diplomacy: Germany and the West*, 1925 – 1929, Princeton: Princeton University Press, 1972, p. 253.
③ *FRUS*, 1929, Vol. 2, pp. 1029 – 34.

再可行。德国的新的赔款方案是，年支付额为 16.5 亿马克，缴付期限为 32 年。沙赫特进而提出，由于德国的赔款能力因失去殖民地和东欧农业区、需要进口原料和食物而受到极大限制，因此，如要满足赔款要求，德国必须"建立自己的殖民地原料生产基地"，采取"适当的措施"消除由于东欧领土丧失而导致的"不利条件"。① 沙赫特的意见如一枚重磅炸弹，引起了与会各国的愤怒，法国代表莫罗拒绝讨论附有政治条件的赔款方案。沙赫特的意见使谈判陷入破裂的边缘，也使盟国代表对德国的真实意图产生了怀疑。

由于沙赫特的言论使德国外交陷于极其被动的地位，德国内阁于 4 月 19 日做出决定，反对沙赫特的个人外交。20 日，德国专家回到柏林，经讨论达成一致意见，德国放弃沙赫特所提出的政治条件。

4 月 22 日，沙赫特回到巴黎，继续进行谈判。3 天后，杨格拟出一份在他看来可为美国和英法接受且德国有能力支付的赔款新方案，其要点是：(1) 德国缴付期限为 58 年；(2) 前 32 年年支付额始为 17 亿马克，逐渐增加，最后升至 24.3 亿马克，平均为 20.5 亿马克，其中每年的 6.6 亿马克为无条件支付，其余视德国经济状况好坏，可作适当延期；(3) 32 年期满后的 19 年，年支付额适当减少，约为 16 亿马克至 17 亿马克；(4) 再以后 7 年，年支付额继续减为 9 亿马克。杨格方案公布后，很快遭到各方反对。德国攻击它负担太重，法国认为它没有对战争导致的损失作补偿，英国指责它没有与偿付欠美战债相挂钩。为平衡各方要求，杨格随后又进行了补充规定。对德国，他解释道，赔款总义务得到减轻，且盟国取消了对德国经济的监督，德国对此应该感到满足；为满足法比要求，他说服英国对债权国分配赔款的斯巴协定进行了修改，英国获得的赔款份额从原来的 22% 减至 20.6%，法、比的份额有所增加。②

这样，在杨格的努力调停下，专家的报告在 1929 年 6 月 7 日获得通过，这就是著名的《杨格计划》，它的主要内容是：第一，德国赔偿额和年限比伦敦会议计划规定都减少了，该计划规定德国赔偿总额为 1139 亿马克，交付年限为 59 年。其中，在前 37 年德国每年赔偿额平均大约 19.88 亿马克，比《道威斯计划》规定的标准年赔偿额削减了 20% 左右；后 22 年德国每年的赔偿额平均大约 15.67 亿马克，比前 37 年每年赔偿额又削减了约 21%。

---

① *DGFP*, Series B, Vol. 2, p. 247.
② Joel H. Wiener, *Great Britain: Foreign Policy and the Span of Empire, 1689 – 1971: A Documentary History*, Chelsea: Chelsea House Publisher, 1972, pp. 81 – 2.

除每年的赔偿额外，一律取消了按照德国"繁荣指数"确定的附加额。第二，德国每年的偿付额分两部分：一部分是在任何情况下不得延期交付的赔偿额，为 6.6 亿德国马克，另一部分是在经济困难时可以延期交付的赔偿额，但延期不得超过两年。第三，德国在前 10 年内可以用实物交付，但用实物交付的比例应逐年递减，到 10 年以后全部用德国马克交付。第四，取消对德国的财政监督，由德国负责将交付赔偿的德国马克兑换为外国货币，由纯粹的金融机构"国际清算银行"处理有关德国赔偿的一切结算事宜。

(二) 英法有关《杨格计划》的分歧

《杨格计划》呈报各相关国政府后，各国政府立即着手召集国际会议磋商新计划的批准问题。当时各国政府对于开会时间、地点进行了磋商，最终确定于 8 月 6 日在海牙召开会议。与会者为英、法、德、意、比、日、罗、南、希、葡、波、捷 12 国，美国派代表旁听。此次会议是要彻底解决赔款问题，对相关各国经济影响较大，因此出席的代表都是政府要员：英国财政大臣斯诺登、法国内阁总理兼外交部长白里安、德国外交部长斯特莱斯曼、意大利财政部长莫科恩（Morcone）、比利时内阁总理亚斯皮尔（Henri Jasper）、日本驻法公使亚大喜、美国驻法使馆一秘威尔逊（Wilson）。比利时代表亚斯皮尔年龄最大，被选为大会主席。随后各国代表轮流担任，这主要是因为英国代表斯诺登害怕大会主席席位让白里安长期霸占，因此提出这种建议。会议的工作分成财政、政治两项，组织两个委员会专门讨论它们。海牙会议财政委员会主席由比利时财长莫里斯·霍塔德（Maurice Houtard）担任，政治委员会主席由英国外交大臣阿瑟·汉德逊（Arthur Henderson）担任。

就在筹备海牙会议期间，英国政局发生变动，6 月 8 日以麦克唐纳为首的英国工党击败鲍德温领衔的保守党再度执政。新政府面临严峻的财政赤字和失业问题，因此，新政府在《杨格计划》问题上坚决拒绝大量牺牲英国利益的赔偿安排。外交大臣阿瑟·汉德逊和财政大臣斯诺登都是反《杨格计划》派。[①] 在 7 月 15 日的备忘录中，斯诺登从三方面"公开批评"了《杨格计划》：(1) 根据协约国间的协定，英国每年平均缩减了 240 万英镑赔偿数额；(2) 有 5/6 的无条件赔偿给予了法国；(3) 继续采取让德国用

---

① Bruce Kent, *The Spoils of War: The Politics, Economics, and Diplomacy of Reparations, 1918 – 1932*, New York and Oxford: Clarendon Press, Oxford University Press, 1989, p. 307.

实物支付赔偿的办法，虽然缩减到 10 年，但一旦发生支付困难，就有可能出现更大规模的缩减赔偿安排。①

于是 7 月间，汉德逊和斯诺登与普恩加莱多次会晤，希望即将召开的海牙会议增加英国所得的赔偿比例。但是，法国财政部长奇庸（Cheron）拒绝将英国的赔偿份额恢复到 22%。② 于是，英法对赔款的争论注定在海牙会议上会再度爆发。

8 月 6 日，海牙会议召开。会议一开始就充满火药味，英国代表斯诺登以非常强硬的态度，要求废除《杨格计划》，他宣称：（1）《杨格计划》的专家委员不能对政府负责；（2）英帝国不能接受新计划所分给英国的不充足赔款，而且此赔款没有依照斯巴百分法分配；（3）《杨格计划》所规定的以货物抵付赔款危及英国经济的平衡；（4）当英国没有与它的债务国处理债务前，英国要偿付美债，目前仍有 2 亿英镑债务没有交付给美国。英国在战时牺牲很大，现在更承受巨大的经济负担，应该将《杨格计划》废除，才能使赔款公平分配。如果英国得不到满意的结果，就会退出会议。③

与会的 12 国中，同意批准《杨格计划》的有 11 国，如果斯诺登不反对，会议会很快结束。自斯诺登发表意见后，海牙会议有破裂的危险。但法国不想做出让步，法国财政部长奇庸将英国代表的演说词逐条据理力争，并严词拒绝其要求。他认为，《杨格计划》是整体而不可分割的，而且专家委员会内英国也曾派代表协同工作，它与政府往返文件、函电、磋商，世人共知，现在英国代表想一一推翻，这不是矛盾吗？④

8 月 7 日，法国财政部长继续驳斥英国财政部长的要求，并引用贝尔福照会为证据称英国为美国的债务国、法意的债权国，它在赔款上的所得，以能清偿其债务为止，英国应履行自己的说法。他说："我希望英国能够意识到世界和平的宝贵，不要因为在赔款问题上的争论而使会议失败……"⑤

斯诺登坚持其主张并宣称："法财长对贝尔福照会的解释无法令人满

---

① *DBFP*, Series IA, Vol. 6, pp. 420-6.

② Bruce Kent, *The Spoils of War: The Politics, Economics, and Diplomacy of Reparations, 1918-1932*, p. 309.

③ 袁道丰：《杨格计划与海牙会议》，《东方杂志》第 26 卷第 21 号，1929 年。英国提出的质疑也可以这样概括：《杨格计划》把大部分"不得延期"的赔款偿付给法国，这违反了 1920 年斯巴会议确定的各国赔款比例；关于实物支付的期限不应过长。见〔法〕让-巴蒂斯特·迪罗塞尔《外交史》上册，第 103 页。

④ 袁道丰：《杨格计划与海牙会议》，《东方杂志》第 26 卷第 21 号，1929 年。

⑤ 袁道丰：《杨格计划与海牙会议》，《东方杂志》第 26 卷第 21 号，1929 年。

意，我认为是'无聊''滑稽'……我提议海牙会议应尽早结束……我不想再待在海牙了，我要马上回国。"① 斯诺登的强硬态度引起财政委员会全场与会者的反感。

但是白里安没有因为会议出现分歧而听之任之，他试图消除英法分歧，鼓励各国继续谈判。同时，法国政府已经签署了《梅隆－布朗热协定》，不想再拖延《杨格计划》的执行，于是，白里安在当天做出如下声明："我们虽然经过了颇为严重的困难，但是我绝不信这次国际会议会遭失败，这个会议的工作超过我们所熟知的财政范围内的问题，因此我们可以说它本身负有世界及欧洲和平的希望。我们不能欺骗世界而没有认识到这也是为了全球人的利益……我们的会议属于政治方面的，但是因为它的成果完全仰赖财政会议成功与否，因此，我们可以说它应负国际会议失败之全部责任……我不相信在此会议中有某一国家会想把海牙会议所给予世界人民之希望绝灭。"②

声明发表后，英国也采取针锋相对的态度。8月8日，英国首相麦克唐纳致电斯诺登，一面赞许其态度，一面暗示其让步。麦克唐纳指示在适度让步的情况下决不能在实质问题上让步，他在电文中说："财政委员会将犯严重的错误，而且会绝灭全世界对于国际协作之希望。假如它还不了解专家委员会的草案须适应并顾及英国的正当请求，全英国人民无论哪个党派都坚持你所保护的利益……我们以诚心为基础来重建欧洲的行动证明我们祝愿会议成功，无论是经济还是政治方面，但是我们已经做到最大限度的牺牲，过此限度，我们不能再承担不公平的负担。"③

英国的强硬态度终于达到了效果，在双方僵持不下的情况下，法、意、比、日率先表示，它们初步提出满足英国要求的45%，8月12日又增加到60%，8月20日又答应满足英国的一半要求（2400万马克）并将《道威斯计划》最后五个月的剩余份额付给英国。④ 同时，四国虽然表示让步，但只允许在《杨格计划》外设法满足英国要求的每年年息4800万马克。但斯诺登不妥协，仍坚持其主张，拒绝四国的让步。他又对报界发表如下声明：

---

① Bruce Kent, *The Spoils of War: The Politics, Economics, and Diplomacy of Reparations, 1918 - 1932*, p. 309.
② 袁道丰：《杨格计划与海牙会议》，《东方杂志》第26卷第21号，1929年。
③ *DBFP*, Series IA, Vol. 6, pp. 511 - 2.
④ Bruce Kent, *The Spoils of War: The Politics, Economics, and Diplomacy of Reparations, 1918 - 1932*, p. 309.

"为补偿《杨格计划》对大不列颠造成的损失，英代表团要求37年内增加年金0.48亿马克。四国第一次让步计达0.216亿马克，仅及大不列颠要求的45%。8月22日会议主席亚斯皮尔发言，英代表团得知四国让步已增加至0.28亿马克，仅及我们要求之60%……英代表团实难接受。"①

在法国不愿做出彻底让步的情况下，斯诺登转向意大利要求它的让步。其实英国不仅想要意大利在以货物抵付赔款及《道威斯计划》最后五个月赔款的分配项下让步，而且想分裂法、意、比、日四国联合战线。8月25日，尽管墨索里尼阻挠意大利对英国让步，但意大利政府还是做出了提供给英国2860万马克补偿的决定。②

海牙会议持续了近三个星期毫无结果，各国代表焦急万分，都想尽快解决问题。在财政会议陷入僵局的情况下，英法等国开始寻求从政治委员会中寻找出路。

（三）英法对于撤军问题的解决及英国"和平战略"的彻底实施

1929年8月30日，英国外交大臣汉德逊在写给英国驻德大使罗纳德·林赛（Ronald Lindsay）的信中说："尽管会议对财政问题的讨论是最重要的，并且一开始就引起了公众的极大关注，但也不能因此就认为政治委员会的讨论就不重要了。相反，从一开始与会各国都有一致的愿望：在撤军等政治问题上达成谅解。"③ 这位外交大臣在信中还说："英国代表团的任务，首要的是努力确保所有协约国军队在最早的时间内全部撤出莱茵兰，其次是动用我们的影响和才智，拟定一个文件，在撤军问题上既要满足法国人的需要，也要满足德国人的需要。"④

8月8日，政治委员会第一次会议召开，委员会集中处理1928年9月16日日内瓦决议的第一条和第三条：（1）确定协约国军队撤出莱茵兰的日期；（2）建立某种组织来处理将来在非武装区可能出现的纠纷。汉德逊在会上认为，两个专家委员会毫无疑问需要在一定的日程中详细处理这两个问题，但首先应进行一次广泛的讨论，而且应该重视这样的问题：虽然眼下财政委员会的讨论最为引人关注，但从长期来看，只能从政治领域才能

---

① 袁道丰：《杨格计划与海牙会议》，《东方杂志》第26卷第21号，1929年。
② Bruce Kent, *The Spoils of War: The Politics, Economics, and Diplomacy of Reparations, 1918 – 1932*, p. 309.
③ BDFA, Part Ⅱ, Series F, Vol. 40, p. 269.
④ BDFA, Part Ⅱ, Series F, Vol. 40, p. 269.

达到希望的结果。①

在这次会议上白里安阐明，会议上政治问题的解决要取决于财政问题的明确解决。法国政府会接受提前撤出整个莱茵兰，但有一个前提条件，即会议必须达成在实践中能够实施的财政安排，关于赔偿问题必须有一个明确的解决方案。② 斯特莱斯曼持这样的看法，在解决赔偿问题上，政治问题和财政问题没有真正的联系，协约国军队应该尽早从莱茵区撤出。他声称在政治上达成协议是最重要的，作为德国接受《杨格计划》的条件，必须在德国被占领土问题上达成一个满意的解决方案，无论如何，也要在1929年9月1日后把占领军的费用限制到最小数目。③

第一次政治委员会会议表明，如果赔偿问题不解决，法国不会再谈及撤军问题。汉德逊见再深入讨论撤军问题也是无益，便建议休会一天，以便腾出时间与法德代表进行私下交涉。8月9日上午，汉德逊拜访了白里安和斯特莱斯曼。在与白里安的谈话中，他说工党政策在选举时就许诺下来了：立即从莱茵兰撤出英国的军队。但英国政府一直拖延此事，是希望能够继续维持与法国的忠诚合作关系，但现在英国政府不能再拖延了。④ 白里安首先对英国的立场表示感谢，但话锋一转，他说如果与会各国能够在《杨格计划》上达成协议，法国会在10月中旬或10月末签署撤军令。⑤ 汉德逊感到失望，他进一步提醒法国说，英国政府已经准备在9月15日撤军。白里安针锋相对地说，法国议会签署了撤军令才是法国撤出莱茵兰的前提。⑥ 不过，为缓和谈判的气氛，白里安说，法国会按照英国的要求撤出第三区，在英国军队撤出后，法国稍晚时候撤出第二区。这是白里安第一次表示法国将在不同时间撤出第二区和第三区。至此，汉德逊的私下会谈没有达到目的。8月9日下午，政治委员会第二次会议召开，会议注定不会有什么结果，在会上，英国只能建议法国拟定一个关于撤军问题的详细报告。然后政治委员会休会到8月12日。

政治委员会的进展不能令人满意，但确定莱茵兰具体撤军日期已经提上日程，否则会影响赔款问题的解决。8月10日，白里安派自己的私人代

---

① BDFA, Part Ⅱ, Series F, Vol. 40, p. 269.
② BDFA, Part Ⅱ, Series F, Vol. 40, p. 269.
③ BDFA, Part Ⅱ, Series F, Vol. 40, p. 269.
④ BDFA, Part Ⅱ, Series F, Vol. 40, p. 269.
⑤ BDFA, Part Ⅱ, Series F, Vol. 40, pp. 269-70.
⑥ BDFA, Part Ⅱ, Series F, Vol. 40, p. 270.

表 M. 马斯基里（M. Massigli）向汉德逊的私人代表 E. 菲普斯（Sir E. Phipps）转告说，白里安不再愿意撤出第三区，并提出英国军队撤退日期要推迟到 9 月 15 日以后。菲普斯反驳说，让最后一个英国士兵在莱茵兰过圣诞节是不可能的。① 英法的分歧加大。

实际上，法国政府一直坚持这样的政策：如果财政方面的决议（即赔款问题）不做出，法国也不想政治委员会的讨论有什么进展。8 月 12 日白里安宣布，如果财政委员会没有达成解决办法，政治委员会的任何讨论结果都是无效的。② 法国的表态迫使汉德逊再度推迟会期。

8 月 13 日，汉德逊继续与白里安会谈。汉德逊坚持英国一定要在 9 月 15 日撤军。而白里安则坚持法国军队将在 12 月撤出第二区，比利时也追随法国的观点。此外，白里安还对汉德逊说，英国撤退后应保留一小支部队在莱茵兰，因为没有英军的存在，英国在协约国最高委员会就不具有代表性了。汉德逊说，没有英军在莱茵兰，英国仍可以好好待在最高委员会，两者没有什么必然联系。③ 8 月 19 日和 21 日，汉德逊和白里安两次会谈，白里安仍坚持不决定具体的撤军日期。

在财政委员会和政治委员会的讨论都陷入僵局的情况下，英国不得不先从政治委员会着手寻找解决问题的出路。一方面，英国不得不加紧政治委员会做出决议的进程，另一方面，英国认识到法国立场的强硬，不会在撤军问题上做出大的松动，于是英国决定向法国做出一定让步，促使政治委员会早日确定莱茵兰撤军的日期，进而使财政委员会对赔偿问题早下结论。

8 月 23 日，英国再度召集各国代表召开政治委员会会议，会议前一天，英国劝说斯特莱斯曼对协约国提前撤军的要求适当向法国做出妥协，尽早确定撤军日期，完成政治委员会的使命，进而签署《杨格计划》。从长远来看，这对德国是有利的。④ 受到英国建议的启发，斯特莱斯曼同意对法国要求不加以抵制。在会上，英国的让步最终也使法国做出小小让步，白里安指出在 11 月底法国将撤出第二区的军队。不过法国也指出了在两三个月内完全撤出莱茵兰是非常困难的。法国有 1 万名士兵待在莱茵兰，许多士兵有了家庭、居所和工作，要立即撤出并复员这些士兵，法国政府很难一时解

---

① *BDFA*, Part Ⅱ, Series F, Vol. 40, p. 270.
② *BDFA*, Part Ⅱ, Series F, Vol. 40, pp. 270 – 1.
③ *BDFA*, Part Ⅱ, Series F, Vol. 40, p. 271.
④ *BDFA*, Part Ⅱ, Series F, Vol. 40, p. 272.

决。因此，白里安请求将完全撤出的日期定在1930年4月1日，在此期间，法国将陆续撤出各种军备物资，1930年3月底开始撤军，4月1日完成任务。[①] 在后来的协商当中又准许法国推迟两个月完全撤出。8月28日，英、法、德、意、比五国再次开会，接受了法国的建议。8月29日，政治委员会召开最后一次会议，宣布完成使命。政治委员会对撤军问题的解决，为《杨格计划》的最终签署开辟了道路。

财政委员会早些时候已经知道英、法、德等大国在撤军问题上达成协议，与此同时，法、意、比经过协商愿意再向英国的赔偿分配做出一点让步，这两个条件促使财政委员会会议顺利召开。8月27日，英、法、美、德、意、比六国代表召开会议，会议由下午5点讨论至次日凌晨1点，法、意、比与英国的协议终于签订，双方最终都做出部分让步，英国代表接受了达到其最初要求的75%的方案，法、意、比对英国的让步是3600万马克。它的具体内容包括：（1）四国允诺37年内每年支付英国3600万马克；（2）由《道威斯计划》最后五个月的赔款中取出一亿马克作为本金，其本金产生的利息计720万马克付给英国；（3）又由《道威斯计划》最后五个月的偿付赔款的剩余取出两亿马克作为本金，其产生的利息1400万马克给英国；（4）意大利以奥匈帝国债务所得的赔款取出700万马克为本金，产生的利息付给英国。以上总数达2860万马克，仍缺740万，将由法、意、比三国分担，其分担比例为法国54%、比利时20%、意大利26%。这样，每年英国接收的无条件赔款由8860万马克增至9600万马克。

最终，经过各国谈判，各代表原则上同意通过《杨格计划》。8月29日，英、法、比、德签订《莱茵撤军协定》。内容为：（1）莱茵兰撤军从1929年开始；（2）英比军队全部撤退，在第二占领地区内的法军三个月内撤退完毕；（3）在第三占领区内的法军，一旦德、法、比批准赔偿协定，并于《杨格计划》实施后立即进行撤退，但法军开始撤退时间至迟不能超过1930年6月30日。

1930年1月3日，英、法、比、意、德、日、罗、南、捷、奥、波、瑞士、匈、希、保等国代表又集会于海牙（罗以下九国系列席），召开了第二次海牙会议。第二次海牙会议设立两委员会，一个为办理德国赔款委员会，一个为办理奥、匈、保赔款委员会（亦称处理东方赔款问题委员会）。

[①] *BDFA*, Part Ⅱ, Series F, Vol. 40, p. 272.

前一个委员会确定德国定于每月 15 日向国际清算银行缴纳赔款。德国铁路公司应缴纳给国际清算银行的款项，德国政府答应于每月 15 日先行垫拨。所谓"东方赔款问题"和德国赔款问题有密切联系。其债权国为罗马尼亚、南斯拉夫，债务国为奥地利、匈牙利和保加利亚。后一个委员会达成如下协议：（1）奥地利不再负任何赔偿责任；（2）匈牙利负赔偿责任，但从 1943 年起每年缴纳 100 万金法郎。保加利亚赔款从《杨格计划》实施之日起，连续 37 年，每年支付 100 万金法郎。第一次海牙会议后，德、比于 1929 年六七月间在布鲁塞尔举行了德、比马克赔偿问题谈判，德国赔偿由于战时马克纸币跌价给比利时造成了损失。7 月 13 日双方达成协议，德答应从 1930 年 3 月 31 日起，在以后 37 年中，向比支付 5 亿多法郎，以示补偿。另外，德国承诺《杨格计划》中赔款支付或有延期，但对于比利时的赔偿支付绝对不延期。此次会议还正式批准采用《杨格计划》。就在《杨格计划》出台的同时，1929 年爆发了资本主义经济大危机，《杨格计划》只实施一部分便告作废。

《杨格计划》完善了对赔偿问题的规定，进一步放松了对德国的限制，这对德国军事、经济的恢复是有好处的。法国和英国也从中得到一定的赔偿数额。欧洲整体环境趋向和缓，有利于经济的进一步恢复和发展。在《杨格计划》协商阶段，英国成为最大的赢家，它不仅将鲁尔危机以来的对法优势延续下来，而且转变成实实在在的利益，迫使法国在对德赔偿份额分配上不断对英国做出让步。这样，英国不仅通过解决对德赔偿问题稳定了欧洲的经济局势，而且也部分解决了大英帝国经济恢复需要的部分资金。英国迫使法国提前从莱茵区撤军，彻底解放了德国，实现了扶德抑法的愿望，英国对欧"和平战略"得到完全实施。

总体来说，《杨格计划》对法国是十分不利的。《杨格计划》的制订，虽然使法国政府在 1929 年 7 月 16 日批准了《梅隆－布朗热协定》，法国对美债务问题也得到解决，但是法国的安全问题面临着更大的威胁，由于法国被迫提前从莱茵区完全撤军，这样就进一步削弱了对德国的限制。法国在战后事务中失去了更多的发言权，被迫跟随在美英政策之后以求得安全的生存环境，安全战略进一步受到打压。沃尔夫斯一语道破："战后每次经济调整都伴随着英国对德国的让步，实质上是英美对法和平战略的胜利。"[1]

---

[1] Arnold Wolfers, *Britain and France between Two Wars: Conflicting Strategies of Peace since Versailles*, p. 207.

第十章　英国在欧洲大陆外交战略的政治学分析与思考

一　英国的均势战略并不是一项与时俱进的战略

一项战略要想做到与时俱进，就必须根据形势和情况的变化，不断调整目标，调适和更新手段和工具，使其更具政策弹性和延续性，并且为战略施动者提供更多的战略机遇和战略收益。与此相反，若一项战略无法实现上述条件，则势必面临失败的结局。英国的均势战略是否是一项与时俱进的战略，主要应从此项战略设计的可靠性和应对形势的弹性来加以评估。

笔者首先对英国1914~1929年对欧洲大陆采取的均势战略的可靠性和科学性进行大致的评估。

通过本书前面的分析可以看到，从政治上看，英国基本上在法德之间维持了一种均势，进而使欧洲大陆保持在一种均势状态之下。英国主要是调整了与法国的政策，经历了合作—协调—遏制—合作的过程，一步步地打压法国压制德国的做法，最终使法国走向与德国和平共处的轨道，使法国由战后压制德国转变为容纳德国进入欧洲体系，共同维护欧洲的和平与稳定。

但笔者认为，需要从长远来看均势战略存在的问题，因为英国均势战略所缔造的和平局面是短暂的。英国对欧洲大陆采取的一系列政策固然维持了和平，但这种和平是有重大的缺陷的：英国过分压制了法国，扶持了德国。《道威斯计划》虽然达到了使德国复兴的目的，但英国对于遏制德国的侵略潜力根本没有采取任何的防范措施，主要是无法做出精确的计算和预判，这就为另一场大战的爆发埋下了隐患。同时，《洛迦诺公约》没有从根本上解决法国和东欧国家脆弱的安全问题，为以后德国入侵法国、东欧进而发动世界大战打开了一个缺口。

从经济上看，英国均势战略的根本目的是要使欧洲经济恢复并发展，进而使英国的经济得到恢复并获得较大的发展。一战结束后，欧洲经历了较长一段动荡期。协约国组织起来联合绞杀新生苏维埃政权，历时两年多的惨烈战斗以协约国的失败而告终；巴黎和会结束后，法国因不满和会对安全问题的安排，1920～1923年连续三次派军强行进入鲁尔，在欧洲引起极大的动荡。在一个接一个的危机和冲突中，英国审慎地实施自己的外交政策。对于法德在赔偿问题上的矛盾，英国尽最大努力采取了适当的补救措施。《道威斯计划》《洛迦诺公约》《杨格计划》的出台和实施基本上解决了悬而未决的赔偿问题。我们暂且不说随后发生的危机和冲突是如何冲破了英国所缔造的脆弱的和平，但就当时的情况来看，英国外交战略确实发挥了很大的作用，欧洲暂时处于一种经济稳定发展的状态，各国经济都经历较大的发展，逐渐恢复了战争破坏的经济。

从英国方面来看，到1929年，英国国内钢产量已达到979.1万吨，比1925年增长30%；煤炭产量达到26204.6万吨，在克服了煤炭危机的情况下，仍比1925年增长6%。英国的海外贸易此时也获得较大增长，1929年总出口比1925年增加近9%，比1919年则增加近48%，进步比较明显；它的进口在1929年比1925年增加近7%，比1919年则增加近31%。从统计可以看出，英国的海外贸易进入战后以来的最活跃时期。受海外贸易的带动，它的产品加工业发展也较为迅猛，1929年比1925年增长了14%，比1920年增长了40%；GDP比1925年增长6%（见附表1、4、6）。

然而，英国所取得的成果并不都令人满意，它最关注的自身的经济发展问题就喜中有忧。英国经济发展动力和速度一直不如法德那么大和那么快，并逐渐被这两个国家赶上甚至超过。由于国际形势的变化加上英国国内经济和政治体制等原因，英国经济财富总量在欧洲大国中占有量越来越少。1900年英国财富占到欧洲的37%，到1913年只占到欧洲财富总量的28%，出现了较大的下降，而德国占到40%，居欧洲第一位。第一次世界大战结束后，德国一度衰弱，英国的财富骤然出现较大增长，占到欧洲的44%，大英帝国达到辉煌的顶峰，但是这种情况是建立在德国战败的基础上的。经过美国的扶持，德国经济迅速发展，到1930年英国财富只占到欧洲的27%，德国又超过英国占到33%，法国则占到22%。如果把这种趋势进一步延展到1940年，局势就更加明朗了：英国占24%，德国占36%，而法国仅占9%（见表5）。从中我们可以看出，英国经过一战再也无法恢复往日的辉煌，均势政策并未确保其财富增长潜力超过德国，而是被德国逐渐甩在身后。更为致命的是，英国为欧洲大陆设置的法德均势目标也彻底失败，德国财富到1930年已经大大超过法国，到1940年德国财富总量已经达到法国的四倍，两者之间的均势早已不复存在。

可以这样说，英国均势战略并没有达到均衡法德力量的目标，在英国所设计的均势框架内，德国出人意料地成为这一战后国际框架的"搭便车者"，成功地借用均势存在的缺陷，"收割"了均势为其所创造的利好条件。与此相应，在英国"均势战略"下法国的发展却不容乐观。政治上，法国对天然边界的追求由于受到英国的打压，一步步地丧失了自己在天然边界上的权益，"安全战略"遭受很大打击。正如法国众议院外交委员会主席弗兰克林·布叶龙所深刻指出的："法国是在英国外交政策的压力下参加洛迦诺谈判的，而英国的政策是被无知和短见支配的。我们被迫跟着瞎子走，我们受到政治和财政的压力。情况是十分严重的，法国今天面临的威胁犹如1914年一样。"[1] 经济上，法国一战后经济恢复的形势虽不错，但其经济发展的潜力、后劲和总量已经无法同德国媲美。

上述分析表明，均势战略在科学判断上存在一定的滞后性，其指标核算非常复杂，无法成功拣选一国发展的全部因素和潜力因素，且无法正确剔除一国发展的非根本因素，而只能是大致估算，因此，它注定是一个不完善、不稳定、缺乏精确评估的战略体系。从本书的案例研究情况看，英国一直采取扶德抑法政策，但德法之间的发展潜力已经处于不均衡状态，英国的均势战略只能是进一步加重了这种不均衡。事实上，欧洲在近代历史中之所以能够出现均势体系，且能够较为成功地运转两个世纪以上，是因为19世纪中期以前约200年里，除法国革命战争和拿破仑战争期间外，战争的规模和技术处于基本停滞状态。[2] 这一发展相对缓慢的时代背景，使得欧洲的外交家们能够比较准确地估量和预测体系中成员的实力大小和意图所在。但19世纪中期之后，随着科技革命兴起，德国、意大利统一，国际形势已经日新月异，战争的形式、内容，国家实力增长的内涵已经发生巨大变化，均势战略无法科学涵盖这些新变量。

---

[1] Anthony Adamthwaithe, *The Lost Peace*, *International Relations in Europe*, *1918-1939*, *Document Collection*, London and New York: Edward Arnold, St. Martins Press, 1981, p.77.

[2] 倪世雄等：《当代西方国际关系理论》，复旦大学出版社，2001，第158页。

均势战略还需要有强大的实力作为后盾，在均势评判出现问题的时候，可以用自身的干预加以修补，但如果把均势作为一种纯外交手段的话，其生命力存续注定是短暂的，科学性也必然会打折扣。就英国来说，均势战略是英国想延续和维护自己在欧洲乃至世界的霸权地位的战略工具。美国的崛起对英国的霸权造成强有力的挑战。英国在海洋上的霸权地位由于一战的影响和实施"十年规则"的战略影响，以及美国的迅速崛起而逐渐被侵蚀。英国在欧洲大陆的霸权则受到法国强大军事存在的影响而无法发挥最大作用，更何况英国对欧洲大陆的控制力早在一战前已经由于德国的兴起而被严重削弱。英国协调的结果只是使欧洲大陆表面上处于一种均势，英国不是大陆上的主人，而是协调者和"诚实的掮客"。想单纯依靠外交实现战略目标是有困难的，必须以实力作为后盾。但英国均势战略家们显然没有意识到这一点。

目前来看，均势战略更因其理论前提缺乏包容性，而无法成为一项与时俱进的战略。

均势战略的全面发展是与西方早期传统的威斯特伐利亚体系相伴相生的，其理论前提在于承认国际体系的无政府状态，以及国家作为基本的国际行为体在无政府的国际体系结构中处于博弈以求得利益最大化的状态。均势战略忽视国际体系中日益增长的相互依赖的因素，以及行为体和次行为体复杂互动而对整个国际体系的影响。大英帝国均势战略在近代早期能够屡试不爽，根源在于民族国家在自我构建进程中不断地对威斯特伐利亚体系中的主权和国家利益因素进行强化，英国借助独一无二的实力后盾和民族国家间的对抗而使均势战略收益能够不断得到保证。但自新航路开辟后，全球依赖进程已经开启，至一战前后，这种依赖进程加速，至一战结束时，凡尔赛体系下的大国依赖达到了前所未有的紧密程度，欧美对欧洲稳定的市场的依赖更是前所未有的，均势战略赖以存在的土壤已经逐渐受到侵蚀，但它无法找到对应的调整办法，对相互依赖因素缺乏开放性，导致英国的均势战略对整个欧洲体系做了不合理的切割，它追求的均势是局部的和片面的，而无法顾及整个欧洲日益相互依赖的现实。二战后，英国本应该意识到均势战略已经不合时宜，应果断抛弃，但英国心理惯性没能被除，其战略构想和设计的前提仍是认为法德关系以竞争为主。但欧洲大陆国家为避免悲剧重演，携手走上了合作共赢的道路。欧洲一体化进程快速启动，英国一度被边缘化于一体化进程之外。

二 财政状况决定了英法两国的战略发展走向

在英法外交战略背后的支撑因素是什么呢？不同的人有不同的答案。然而，很少有人了解财政状况与战略之间的关系是如此紧密，事实上财政基础或者财政安排是左右外交战略的至关重要的因素之一。

一战之前的近百年，大英帝国缔造了近代史上独一无二的帝国。从伊丽莎白女王到维多利亚女王，英国完成了从一个欧洲一隅的岛国向"日不落"帝国的转变。这种转变是以军事力量作为坚强而有力的支撑的。军事力量不但确保了英国在欧洲大陆纵横捭阖，成为大陆实际上的战略主导者，而且在全球范围内，英国得以利用其强大的工业实力与海军实力，击败竞争对手，最终成为世界霸主。同时，通过坚持贸易自由原则，英国在全球范围内辐射自己的经济影响力，并用军事力量加以保障。但一次大战从很大程度上改变了英国一贯的战略模式，前所未有的收缩战略开始出现，这在很大程度上是因为财政难以为继。英国在第一次世界大战中财政损失高达118亿英镑，战后，英国欠美国40亿美元的债务。英国政府认为，笼罩在英国财政和经济上的危机比战争危机更可怕。[①] 由于一战损失严重，英国不得不削减军费开支。可以说，在增强军事力量和扩充军备上，最大的阻力来自财政部。战后初期，财政大臣奥斯汀·张伯伦对海军部提出的1.7亿英镑的军费预算表示"极度的震惊"，他提请首相劳合·乔治注意英国正面临的财政困境。他指出，摆脱困境只有削减政府的开支，最主要的途径就是削减军费支出，建议将1919~1920年的军费开支从5.2亿英镑削减到原有的五分之一。[②] 内阁秘书兼帝国国防委员会秘书汉基在给劳合·乔治的备忘录中表达了类似的观点，指出要复苏经济只能将武装部队的人数减至国家安全所需的最低数，并反对武装干涉苏俄以及与美国展开海军军备竞赛。劳合·乔治赞同张伯伦和汉基的看法，认为在当时的情况下政府不能在国内的社会和经济事务上冒险，只能在国防上做出牺牲。

1919年8月11日，在外交大臣和各军种大臣不在场的情况下，财政委

[①] 李庆山、梁月槐编著《百年烽火：20世纪的世界军事撷录》，经济科学出版社，1999，第84页。

[②] H. N. Gibbs, *Grand Strategy*, *A History of the Second World War*, United Kingdom Military Series, Vol. I, HMSO, 1976, pp. 4–5.

员会①(the Finance Committee)在首相府讨论施行"十年规则"政策的相关问题。为此,海军大臣朗(Walter Long)抱怨,在明确海军未来任务之前,施行削减军费的做法是欠妥的。陆军大臣兼空军大臣丘吉尔建议各军种部起草备忘录,便于内阁综合考虑未来十年各军种的责任。8月13日,内阁收到海军部的备忘录,海军认为五年的时间比十年更安全,理由是从所得到的情报看,美国和日本的海军计划只涵盖接下来的五年,并认为国联维护世界和平的作用是值得怀疑的。②但是,这份备忘录被内阁忽视了。8月15日,英国内阁正式通过了一系列的原则,用以指导各军种今后的发展战略。其中,"十年规则"(Ten Year Rule),即"为修订国家支出预算,应采取以下原则:大英帝国在未来十年内不进行任何大规模的战争,无须为此目的组建远征军",③成为一段时期内英国战略的指导性原则,直到1932年因国际局势的变化而被取消。

事实上,"十年规则"并非把十年作为一个固定的年限,从一开始它就是模糊的,此后的每一年都向后延长。英国采取"十年规则"与其财政状况异常窘迫有关。由于战后英国的经济一直处在低迷的状态,1929~1933年又逢世界性的经济危机,政府和公众都把主要视野放在国内,重点应对国内的失业等社会问题。为缩减财政,政府不得不在各个领域减少预算支出,而军事战略首当其冲受到影响。在"十年规则"战略原则的主导下,英国"财政部大大削减国防预算,从1919年三军的6.04亿英镑削减到1922年的1.11亿英镑";④ 1920~1922年英国用于防卫的支出减少了82%;⑤ 1922年2月10日的格迪斯报告又建议"三军各部应削减经费4600

---

① 财政委员会1919年8月成立,成员为首相劳合·乔治及其亲信奥斯汀·张伯伦、掌玺大臣博纳·劳、殖民地事务大臣米尔纳勋爵(Lord Milner),它取代战时内阁成为重要决策机构。
② 参见 H. N. Gibbs, *Grand Strategy*, *A History of the Second World War*, United Kingdom Military Series, Vol. I, HMSO, 1976, p. 3。"十年规则"这个术语,只是在1932年该规则取消后才使用,此前在英国政府的正式文件中使用"十年时期"(Ten Year Period)、"十年原则"(Ten Year Principle)、"十年设想"(Ten Year Assumption)。最初"十年规则"只是诸规则中的一个,并不是总揽全局的,在1925年之前财政部对各军种军费的控制并非那么严格,之后随财政部对军队的影响加大,"十年规则"才真正得以施行,它本身及其影响比前面的学者认为的要复杂得多。
③ 李庆山、梁月槐编著《百年烽火:20世纪的世界军事撷录》,第84页。
④ 徐蓝:《英国与中日战争(1931~1941)》,北京师范学院出版社,1991,第17页。
⑤ Paul W. Doerr, *British Foreign Policy, 1919 – 1939: Hope for the Best, Prepare for the Worst*, Manchester: Manchester University Press, 1998, p. 92.

万英镑"。① 1924 年丘吉尔就任财政大臣,为了节约政府的经费开支,又提出了削减军备支出的计划,即使在经济恢复良好的战后繁荣时期,英国的国防预算也没有增加,"全部国防预算 1923 年是 10500 万英镑,1929 年则为 11300 万英镑"。②

"十年规则"的直接后果,就是使英国的国防力量处于准备不足的状态,"用于武装部队的开支在 1933 年只占公共开支很小一部分(10.5%),而社会服务却占了 46.6%"。③ 仅以陆军为例,一战结束后,英国陆军立即开始了大规模的复员工作,以每天 1 万人的速度,在很短的时间内,几百万陆军到 1919 年底只保留了 5 个本土师。"十年规则"中明确表示英国不再组建赴欧洲大陆作战的远征军。"陆军和空军的主要职责就是为印度、埃及以及新的委任统治地区和所有英国控制下的领土(自治领除外)提供卫戍部队,同时为国内的政府权力提供必要的支持。"④ 此后,英国陆军一再缩减。尽管英国在战后想努力保持自己在海军上的优势地位,但是限于财政上的压力,英国对一战后出现的新的海军军备竞赛感到力不从心,财政上的困难以及美国的竞争迫使英国于 1920 年 3 月宣布打算放弃自 1886 年以来在海军力量上一直坚持的"两强标准",而采用"一强标准"。一年后英国正式通知美国宣布放弃"两强标准"。在这种状态下,即使是履行《国联盟约》和《洛迦诺公约》中的条约义务都难以得到保证,更别提如果再发生世界大战,英国国防力量要保障本土和整个帝国的安全。因为设想"十年之内没有重大战争",各军种的规模和装备水平发展滞后,与国防密切相关的军事工业也因之发展缓慢,"自 1918 年战争结束后,各军种的装备一直靠原有的库存,新的订货数量被减至最低"。⑤

"十年规则"对整个英国社会上下心理上的影响更值得关注。由于长期沿用这一规则,英国政府各部门思维不可避免地出现固定僵化,甚至 20 世纪 30 年代局势越来越紧张的情况下,英国的重整军备不力直接受此影响。

---

① 〔英〕W. N. 梅德利科特:《英国现代史(1914~1964)》,张毓文等译,商务印书馆,1990,第 182 页。
② 〔英〕佩林:《丘吉尔传》,沈永兴等译,东方出版社,1988,第 339 页。
③ 〔美〕保罗·肯尼迪:《大国的兴衰:1500~2000 年的经济变迁与军事冲突》,王保存等译,求实出版社,1988,第 309 页。
④ Brian Bond, *British Military Policy between the Two World Wars*, London: Oxford University Press, 1980, pp. 24 – 5.
⑤ H. N. Gibbs, *Grand Strategy*, *A History of the Second World War*, United Kingdom Military Series, Vol. I, HMSO, 1976, pp. 63 – 4, 79 – 80.

"英国政府在重整军备的过程中,突出强调经济力量的重要作用,把它比作'第四个军种',并以此作为压缩国防经费的理由","英国重整军备不力,还由于受到消极防御战略的影响"。① 英国公众则和政府官员一样,对外交和国防充满了自负的乐观主义。他们"绝大多数人是孤立主义者,既相信战争能够避免,又相信应当避免",一些甚嚣尘上的和平团体主张,"为争取和平而冒险,进一步削减已经缩减的武装力量,使那些解除了武装的国家失去重建武装力量的任何借口"。② 这些思想在20世纪二三十年代的英国社会深深扎下了根,"即使'十年规则'废止后,在二战爆发时,无准备和不确定的后遗症仍没有消除"。③ 例如张伯伦在1939年10月8日写到,"上星期的3天内,我收到了2450封来信,其中1860封是以这种或那种形式要求停止战争……一些人呼吁,'您以前阻止过战争,那么在我们都被推到悬崖上之前,您现在一定能找到解决的办法'",而张伯伦则私下表示,"我是多么讨厌和憎恨这场战争,我从没有打算成为一名战时的首相"。④ 1936年7月,时任首相鲍德温在阐释英国的军备重整问题时谈到,"对一个自由国度来说,在1934年开始不受约束地武装起来是极端困难的"。⑤

与英国的情况相似,法国的欧洲战略同样深受财政状况的影响,甚至更严重一些。法国财政状况对其战略影响有两个方面:首先是在战略延续性上,其次是在具体的军事战略设计上。

法国战后历届政府因财政和赔偿问题的牵绊导致政局波动,政策难有延续性。如文中所述,法国遭受一战重创,经济损失惨重,最发达的工业区遭受战争破坏尤巨,因为战争问题而大举借债,从而成为美国的债务国。法国解决财政困境的手段不多,恢复和发展经济无法在短时间内实现,因此只能寄希望德国的赔偿来弥补财政亏空,而且无论执政者还是民众似乎都把它视为解决财政危机的唯一出路。一战后法国右翼政党上台执政。1922

---

① 齐世荣:《30年代英国的重整军备与绥靖外交》,见齐世荣主编《绥靖政策研究》,首都师范大学出版社,1998,第5页。
② 〔英〕W. N. 梅德利科特:《英国现代史(1914~1964)》,第344~345页。
③ H. N. Gibbs, *Grand Strategy*, *A History of the Second World War*, United Kingdom Military Series, Vol. I, HMSO, 1976, p. 3.
④ Robert C. Self, *The Austen Chamberlain Diary Letters: The Correspondence of Sir Austen Chamberlain with His Sisters Hilda and Ida, 1916 – 1937*, Vol. 4, London: Cambridge University Press, 1995, pp. 454 – 5, 458.
⑤ Philip Williamson and Edward Baldwin, eds., *Baldwin Papers*, London: Cambridge University Press, 2004, p. 375.

年法国总理阿里斯蒂德·白里安因答应让德国适当延长一下偿付赔款的时间而被赶下台,白里安当时采取的妥协和协调立场无法为政府和社会所容忍。雷蒙·普恩加莱上台后采取强制德国赔偿的方式,并为此不惜代价派兵占领鲁尔区作为压迫德国的办法,但是1924年他同样被赶下台,主要是因为从德国那里获得的赔偿数量仍然不让国民满意,而且他还采取增税的政策(法国当时税收太低而无法平衡预算)。左翼党派的保罗·赫里欧上台执政后,为了弥补财政赤字,法国采取紧缩政策来省钱,政府一再压低国债的利率,导致卖出国债越来越困难并使得财政赤字更加严重。为弥补这一鸿沟,政府不得不出台新的征税政策。左翼党派希望通过一个大规模的针对富裕阶层和普通百姓的新征税办法,而右翼党派则希望通过一项征收范围更加广泛的税收办法,征收营业税,降低政府工作人员的薪酬。但因为只获得了微弱多数的支持,左翼党派无法说服反对派。1925年4月,赫里欧因不信任投票而下台。在随后的15个月时间里,受财政僵局的拖累,连续有六届总理上台又被赶下去,部分总理人选只在位子上待了几周就黯然下台。政府不断倒台严重影响了安全战略的延续性,导致在与英国的交手中不断被动,并且英国成功借助财政因素向法国施加压力,迫使法国不得不追随英国的欧洲政策。

不过,法国的政局和政策也最终因为财政和预算状况的好转而有所转机。为了解决利益恶化的危机,普恩加莱1926年当选总理并被赋予了在财政问题上近乎独裁的权力(dictatorial powers)来解决危机。运用其权力,普恩加莱采取新的征收营业税办法以及削减官僚机构,很快1926年的预算就达到平衡,普恩加莱因为这种业绩而被称为"民族英雄"。他被称为民族英雄并不是因为法国在战场上打了胜仗,而是因为解决了国家的财政困境。当然,这个时候普恩加莱解决财政问题,只是有利于维持政治稳定和保住自己的位子,其对外战略走向整体上已经不可逆转,即"安全战略"服从于英国的"和平战略"。

财政对国家战略影响这么大,与法国独特的历史传统有关。向百姓征税是一个高度敏感和影响国家稳定的全局性问题。[1] 在路易十四时代,为建立绝对君权体制,国王经常以种种免税特权对贵族和教士进行收买和驯服,正是这种仅有少数人可以享受的免税特权加上对平民的苛刻征税政策激化

---

[1] 关于财政政策重要性的论述,见陆连超《新财政史:解读欧洲历史的新视角》,《天津师范大学学报》(社会科学版)2008年第4期。

了社会矛盾，埋下了大革命的种子。1787 年，路易十六要求通过举债和增税计划，导致其与高等法院的持续冲突。1788 年，巴黎议会否定了国王抽税及修改司法程序的通令。路易十六为了筹集税收，迫不得已于 1789 年重新召开自 1614 年以来从未召开的三级会议，却引发了大革命，步了查理一世上断头台的后尘。就在这一年，法国发布了著名的《人权宣言》，规定人民财产不得任意侵犯，将宪政精神融入宪法和法律之中，终于走上了宪政民主之路。《人权宣言》和其后若干份宪法，都贯穿了限制征税和负担平等的精神。因为"前车之鉴"，法国随后的历届统治者都不敢轻易动用税收这个工具来解决国内财政困境。因此，当法国出现财政困境时，其外交战略必定要受到影响。能够有胆略和智慧解决财政困境的，自然会被视为"民族英雄"。而普恩加莱解决了这个问题，同时也解决了财政和赔款的博弈困境问题。

财政状况对法国的另一影响就是在军事战略设计上，具体体现在法国放弃自拿破仑以来一直信奉的攻势战略思想，而全面采取以防御为主的理论。这一战略构想的形成既是对法国在第一次世界大战中经验的总结，也跟法国战后窘迫的财政状况有关。采取防御战略总比进攻战略耗费要少。1914 年法国军队在马恩河进攻失败的惨痛教训及随后四年中坚固防线所显示的巨大威力，使法国军事思想界产生了一种新的防御战争理论。贝当及其信徒是这种理论的倡导者和拥护者。在他的主持下，法国军事理论界把连续的设防战线奉为信条。事实证明，这种防御为先的思想对法国影响极其深远，直接导致马其诺防线的构筑以及二战中的快速败亡。虽然导致法国二战中迅速败亡的因素很多，但保守的防御战略是其中的根源之一。

三　决策体系中应设计容纳不同观点的机制

一般而言，外交决策是通过集体讨论而形成的。在这方面，西方民主议会体制值得称道，因其议会辩论是打磨外交政策的最适合的场所。然而，通过本研究可以发现，即使在西方民主国家，同样涉及对不同观点的制度容纳能力问题。

法国在讨论和签署和平条约过程中，对于一些问题的考虑事实上缺乏前瞻性，对事情的难度估计不足，导致和约签署后步步被动。但并不是说法国的外交决策者一无是处，在这里就有一个人物值得大家关注和重视，他就是代表法国左翼的激进社会党（Radical Socialist Party）、参议院外交事务委员会主席亨利·富兰克林－布永。

早在1919年3月25日，法国参议院就和会政策立场、苏俄问题、财政预算等一系列问题进行辩论，布永就显示出其长远的战略眼光。布永在讨论中坚持认为，法国政策的核心是法国东部边界问题、与德国关系问题以及财政安排问题。总结布永的观点，他至少在下列几个方面把握住了问题的实质。

第一，需要真正懂得外交的人来讨论和平条约。

布永曾经为法国的巴黎和会外交圈定了下列目标：重新收回在过去一个世纪德国从法国掠夺的所有财产，德国再也无法通过莱茵河左岸来入侵法国。他指责法国政府在停战协定中没有采取措施解除德国军备，并且对德国没有明确的政策。他说出现这样问题的原因是没有任命合适的人选来操作此事。外交部没有明确的政策方向，权力掌握在战争部（Ministry for War）手里，所以派出去的官员虽然是优秀的军事将领但不懂得外交。[①] 这一点对法国来说是很要命的，军事将领只懂得要收益，却缺乏外交手腕，不擅长在权力场中纵横捭阖来获取自身利益。

布永认为，如果法国在外交手段上采取合适的办法，可能会获得更为有利的安排。他说法国一开始就怕自己过分要求某些东西而陷入国际孤立，但外交场就是名利场，为达目的而不择手段是必需的。他说，英国、美国、意大利和日本并不害怕被孤立，结果如何呢？英国从一开始就宣布它不可能放弃海军的优势地位，这个看起来是美国和英国之间所有问题中最难解决的问题，最后从议事的议题中消失了。美国宣布它不可能容忍放弃"门罗宣言"，每个国家立刻给它的观点让路。日本威胁退出和会并拒绝签署条约，除非把拥有四千万人口的山东交给它，最后的结果是四千万人被按期交给了日本。法国怎么样呢？法国提出的要求是基于福煦元帅2月22日的备忘录，它的盟友虽然得到了自己想要的，却宣布法国的要求是不可接受的，而克里孟梭所能说的全部就是他无法说服协约国盟友，为什么一定要说服盟友呢？[②] 法国在巴黎和会的外交是彻头彻尾的失败。

法国应该一开始就向它的盟友美国清晰地提出全部要求——就像英国所做的那样，尤其是其在海军的优势地位上所做的成功努力。关于处理问

---

① *BDFA*, Part Ⅱ, Series F, Vol. 16, pp. 6–7.

② *BDFA*, Part Ⅱ, Series F, Vol. 16, p. 7.

题的次序问题，克里孟梭坚持把法国最关心的问题放在最后，这样有利于创造积极的气氛。布永则认为，法国应该做的是一开始就向它的盟友们确认，法国的边界就是欧洲文明的边界，然后问题就很容易在积极的气氛中被处理了，把它作为一个协约国的问题，而不仅仅是法国的问题。①

第二，美国一定不会签署保证条约。

当谈到克里孟梭接受与英美达成协议时，布永认为，从与英国达成的协议看，这些条约给予法国的安全比法国在1914年的状况更差，对英国来说这只是一个简单的协议，万一遇到战争，可以像一战爆发前期一样，派遣几个师象征性地帮一下法国的忙。他说美国和英国的条约是有附加条件的，每个条约都取决于对方是否签署条约，但是必须记住的是，在美国有两千万爱尔兰人，他们会阻止签署条约。在美国，政治决定是由国会而不是总统做出的，而且每届国会的意见都可能被继任者否决。不能忘记的是美国花了三年时间才下决心参战，因此让美国在欧洲大陆承担义务是非常困难的事情。② 因此，美国是一定不会签署条约的。布永的观察是非常具有远见的，在事情尚未发生之前，他已经准确预判到结果了。正是因为失去了美国的保证条约，法国安全战略步步陷入被动，且永远无法弥补，这个深刻的教训是值得吸取的。

第三，法国虽为战胜国，但在全球格局中掌握的实际权力被缩小了。

在当时国际治理的重要机构国联的权力分配上，布永敏锐地观察到法国作为战胜国，其实际权力被缩小的事实。布永指出法国在重大事项表决上只有1个投票权，而英帝国则有6个投票权，美国通过门罗宣言的控制拥有11个投票权。这是一个致命的信号，法国作为战胜国的外交代表性没有得到充分的体现。法国要想借助国联实现安全保证、集体安全、裁军、赔偿等，仅仅凭借1个投票权是远远不够的，必须在国联理事会寻求多数支持，这在事实上使其处于被动地位。③

第四，在赔偿问题上法国应有自己的立场，不能使其成为一个久拖不决的问题。

法国议员克劳斯认为德国必须为法国的每项损失支付赔偿，但布永认为他无法从对和平安排的规定中得到这种保证。法国应该从协商一开始就

---

① BDFA, Part Ⅱ, Series F, Vol. 16, p. 40.
② BDFA, Part Ⅱ, Series F, Vol. 16, p. 41.
③ BDFA, Part Ⅱ, Series F, Vol. 16, p. 41.

向协约国呼吁帮助法国承担负担,而不是听从协约国的意见,把赔偿作为一个不需要马上讨论出结果的问题搁置下来。美国在参战前三年花费了约 1000 亿法郎,而在参战后花费了 1500 亿法郎。法国在战争期间花费了 3500 亿法郎,和平安排在纸面上许诺 30 年内予以偿还。布永认为不应该是 30 年,而应该是马上,法国的重建必须立刻开始,法国需要这笔钱。赔偿的具体数额需要在和平条约签署前而不是签署后讨论。政府需要在议会确定立场,议会需要支持政府与协约国进行博弈,而不要让和平条约变成法国政治家与协约国的私人交易。对于赔偿这么重要的问题,他无法相信法国作为战胜国却被英美压制。[①]

从布永的上述言论中,可以看到,作为一个外交决策者,他是法国那个时代少有的战略家,在事情尚未发生时已经准确预判到结果。法国在手握战胜国大权、势力重新回到欧洲大陆巅峰的情况下,仍然无法掌握自己的命运,其背后的原因是非常复杂的,外交手段缺乏、战略远见不足应该是重要原因。

可以说,布永的思想闪现着远见卓识和智慧的光芒,然而,它很快被淹没,只能成为档案里还可能看到的空洞文字。究其原因,是法国部署战略时,无法容纳不同思想智慧的声音,导致战略不断处于被动,受制于人。因此,在决定国家政策时,应适当考虑到有容纳不同政策立场的平台和机制。将不同观点作为一种预案来加以考虑,而不是不加考虑地加以摒弃。民主制度的投票表决机制存在巨大缺陷,尊重程序而不是事实(事实有时候掌握在少数智者手里)往往会产生悲剧性结果。

四 欧洲地缘政治仍是影响该区域大国外交战略的本质因素

据笔者在正文所分析的,地缘政治决定了英国和法国在欧洲大陆的外交战略。事实上,无论过去、现在还是将来,地缘政治均会对国家对外战略产生深远影响,也是我们分析一个国家对外战略的最本质因素之一,只有抓住了这一点,才会对一国外交战略形成最基本、最科学的认识。

欧洲地形以平原为主,海拔 200 米以上的高原、丘陵和山地占全洲面积

---

① *BDFA*, Part Ⅱ, Series F, Vol. 16, p. 41.

的 40%，海拔 2000 米以上的高山仅占 2%，海拔 200 米以下的平原约占全洲面积的 60%。欧洲平均海拔 340 米，是世界平均海拔最低的一洲。这种多平原地形的特征，必然生长出独特的地缘政治及军事战略。历史经验表明，地缘政治位势占据较大优势的国家大多是其版图在本地区占据主体地理板块的国家，而不是对等拥挤在一起的国家。在北半球地区地缘政治中，欧洲的板块是最破碎的。如不考虑俄罗斯，与亚洲和北美洲相比，欧洲国家众多且呈对称性分布，其矢量对冲也表现得更为直接。多国边界犬牙交错，有的还直接重合，经济重心紧邻、多边实力均等，呈对等制衡状态。这正好符合合力计算中所表现的"两分力大小不变，其矢量相交的夹角越大，合力就越小"的原理。欧洲内部的这种对称型挤压，使欧洲在不到半个世纪的时间里成了两次世界大战的策源地。[①] 而英国和法国由于其不同的地缘背景，而逐渐形成了各自的独特对外战略。英国充分利用大陆的这种特点而获利，法国则身处大陆之中，与德国、俄国、意大利以及曾经强大的奥匈帝国、奥斯曼帝国发生矛盾也就成为必然的结果了。

随着科技的进步，地理要素似乎在某种程度上被削弱了，然而，事实并非如此。在地缘争夺中，只是战争手段发生变化，而地缘政治因素从来没有消除。欧洲发展的历程就给我们做了一个很好的注脚。欧洲板块的破碎性注定了国家之间的争夺是常态，它们在历史发展进程中，要么选择你争我夺，要么选择合作，否则永远也避免不了悲剧的命运。第二次世界大战后的欧洲一体化进程，则证明为了避免地缘上悲剧的重演，欧洲各国选择了化剑为犁，走和平合作的发展道路。伴随着时代的发展和科技的进步，欧洲各国更加紧密地联系在一起，并更加注重地缘因素在发展欧盟内部国家关系和对外战略上的作用。地缘政治因素在技术因素推动下，在不同历史情境下，以一种新的形式呈现出来，而并未消失。

科学技术的发展的确深刻地影响着地缘政治的演进，但无论科技怎么发展也改变不了一个国家的地理位置，也无法改变地缘政治格局的现实，如它没有改变北方世界与南方世界的贫富差距（相反却加剧了这种差距），没有改变强权政治的暴力性和任意性，没有也绝不会改变全球在财富的产生和权力的分配方面的格局。掌握现代高科技的只有为数不多的几个国家。最鲜明的例子便是北约野蛮轰炸南斯拉夫，一方是所谓的"零伤亡战争"，

---

① 张文木：《中国地缘政治特点及其变动规律（上）》，《太平洋学报》2013 年第 1 期。

而另一方是 5000 多人伤亡，数十万人无家可归。因此，如果说现代科技的发展对当代地缘政治产生了影响的话，那么，它只是加强了原有的地缘政治形势。

五　中东欧国家能够找到适合自己的发展道路

中东欧国家在历史上很多时期扮演着非常重要的角色。麦金德那番著名的言论，即"谁统治了东欧，谁就能控制大陆心脏；谁统治了大陆心脏，谁就能控制世界岛；谁统治世界岛，谁就能控制全世界"，[①] 便表明了中东欧地理位置的重要性。然而，这句话也隐含着一个潜台词，就是中东欧国家注定是要被控制的一个区域。

中东欧之所以容易被控制，是有内外原因的。内部原因在于区域不和，纷争不断，民族、宗教、领土纠纷错综复杂，从而一开始就铸就了不和的基因，容易被外部势力所掌握而各个击破。一战后的《凡尔赛条约》安排就证明了这一点。根据凡尔赛体系对战后边界的安排，东欧国家分化成两个相互对立的阵营：一个是凡尔赛体系的牺牲品，其代表性国家为匈牙利与保加利亚；一个是凡尔赛体系的受益者，其代表性国家包括捷克斯洛伐克、塞尔维亚－克罗地亚－斯洛文尼亚王国（1929 年改名南斯拉夫）和罗马尼亚。在很大程度上说，后者的受益是以牺牲前者为代价的。以匈牙利为例，在 1920 年 6 月协约国与之签订的《特里亚农条约》中，匈牙利受到了极大的削弱，它丧失了 1867 年奥匈协议所承认的匈牙利王国 2/3 以上的领土，致使该国领土面积缩减为 9.2 万平方公里，人口缩减为 800 万人。所有的邻国都从匈牙利的损失中获益：通过割让特兰西瓦尼亚，匈牙利 36.2% 的领土给予罗马尼亚，在北部，22.3% 的土地给予捷克斯洛伐克，7.4% 的土地给了南斯拉夫，甚至连奥地利这一小国也得到了 1.4% 的土地。这样，只有 67.5% 的匈牙利人被留在缩小了的匈牙利国家内，32.5% 的马扎尔人流散在其他国家，其中，16.7% 流散在罗马尼亚，10.8% 流散在捷克斯洛伐克，4.6% 流散在南斯拉夫。[②] 这一切都促使匈牙利成为凡尔赛体系的修正派，并且梦想着统一所有的马扎尔人。毫无疑问，这种力图修正凡

[①] 〔英〕麦金德：《民主的理想和现实》，武原译，商务印书馆，1965，第 73 页。
[②] Raymond Pearson, *National Minorities in Eastern Europe, 1848–1945*, London: Macmillan, 1983, p. 172.

尔赛体系的思想，必然会使其周边国家为之惶恐不安，1920 年 8 月，塞尔维亚 - 克罗地亚 - 斯洛文尼亚王国、捷克斯洛伐克和罗马尼亚之间成立军事同盟（被称为"小协约国"），主要就是针对匈牙利等国的修正行为的。而外部大国就是利用了中东欧国家这种弱点，各取所需。如法国就极力拉拢小协约国，抵制德国，维护《凡尔赛条约》。而对条约不满的意大利、德国则极力拉拢匈牙利和保加利亚等国家，意图修改凡尔赛体系，中东欧国家就这样被分而治之。

外部原因是其处于大国夹缝之间，很容易成为大国争霸和冲突的牺牲品。一战之后，中东欧这片在历史上几乎一直是"所有国家的战场"[①]的地区最终迎来了各个民族国家的独立，但这种独立是英法美等几个大国精心设计的。法国为了阻止德国向东部扩张，故意通过《凡尔赛条约》在那里竖起了一道由许多人为安排组成的屏障，即小国群立的分裂地带。这个分裂地带也兼具阻隔苏俄和德国，防止两国联手对付西方大国的作用。凡尔赛体系对中东欧的安排引起德国强烈的不满。这片在一战后由英国帮助建立的"第三地带"（The Third Tier）被德国地缘政治学家们形容为捆在他们国家周围的一条可恶的魔带。德国的地缘政治思考和随后采取的东进政策始终围绕着铲掉这道屏障，确保由德国的控制体系取而代之的目的。[②] 中东欧这些刚独立的国家根本无能力抵抗这种"缓冲地带"的命运，它们注定是列强博弈的棋子。

中东欧每每成为欧洲悲剧的突破口或者是最薄弱环节。布永就曾一针见血地指出，欧洲矛盾的焦点似乎在法德之间，但必须记住的是战争在塞尔维亚而不是阿尔萨斯和洛林爆发。[③] 第二次世界大战同样如此，因为国际社会对中东欧的安全管理存在致命问题，法西斯国家才得以首先从欧洲这一最薄弱环节下手。综观两次世界大战之间欧洲小国的外交取向，其对一次大战后的欧洲均势和大国外交的影响是十分明显的。投入法西斯怀抱的国家，虽然一时提升了法西斯阵营的力量，但走的是一条自我毁灭之路；追随英法、指望英法保证的国家，要么成了英法绥靖政策的牺牲品，要么成了法西斯侵略政策的囊中物。

[①] 〔英〕杰弗里·帕克：《地缘政治学：过去、现在和未来》，刘从德译，新华出版社，2003，第 159 页。

[②] 龙静：《变动的地缘政治与中东欧地区》，《俄罗斯中亚东欧研究》2008 年第 2 期。

[③] *BDFA*, Part II, Series F, Vol. 16, p. 41.

上述历史事实是否证明，中东欧国家无法主宰自己的命运，找不到自身的发展道路呢？事实上，它们是可以找到这样的历史机遇的。欧洲一体化则是中东欧可以死抓住的难得机遇期，变"大国的缓冲带"为大国之间"联系的纽带"，展示自身存在的独特价值。如波兰就扮演着俄罗斯和欧盟大国关系的纽带，斯洛文尼亚就扮演着西巴尔干入盟的桥梁。因此，中东欧国家应抓住欧洲一体化这一难得的历史机遇，重塑自我，发挥自身在区域乃至全球的影响力。

附　表

表1　20世纪20年代欧洲主要大国力量均势

1921年	英国	法国	德国	意大利	苏俄（联）
人口（千人）	42769	38798	59859	37974	132000
15~24岁男性（千人）	3730	3134	6350	3573	14595
常备陆军（人）	201127	462000	100000	250000	1595000
殖民地陆军（人）	84200	251000	0	25000	0
海军（人）	121600	25500	15000	41000	—
空军（人）	30880	22600	—	—	—
无畏战舰（艘）	39	22	6	8	8
钢产量（千吨）	3762	3099	9997	700	220
煤炭（千吨）	165871	28960	236962	1143	9520
电能（千瓦）	8410	6500	17000	4690	520
1925年	英国	法国	德国	意大利	苏俄（联）
人口（千人）	43783	40228	63181	39693	132008
常备陆军（人）	158257	419176	100000	326000	260000
殖民地陆军（人）	65307	265873	0	26567	0
海军（人）	100787	25500	15000	46000	—
空军（人）	36000	32886	—	24512	—
无畏战舰（艘）	22	12	47	8	5
钢产量（千吨）	7504	7464	12195	1786	1868
煤炭（千吨）	247078	48091	272533	1197	16520
电能（千瓦）	12110	11140	20330	6450	2930
机动车（辆）	167000	177000	49000	49600	—

续表

1929年	英国	法国	德国	意大利	苏俄（联）
人口（千人）	45741	41020	63603	41169	153956
常备陆军（人）	147732	317076	99121	251270	562000
殖民地陆军（人）	65755	150910	0	50580	0
海军（人）	98800	25500	15000	46000	—
空军（人）	32500	36800	—	22981	—
无畏战舰（艘）	20	8	37	7	5
钢产量（千吨）	9791	9716	16245	2122	4854
煤炭（千吨）	262046	54977	337895	1006	40067
电能（千瓦）	16980	15600	30660	9630	6220
硫酸（千吨）	930	1032	1704	835	265
机动车（辆）	239000	254000	128000	55200	2200
大学生（人）	59474	73600	121183	44940	—

资料来源：William Laird Kleine-Ahlbrandt, *The Burden of Victory: France, Britain and the Enforcement of the Versailles Peace, 1919–1925*, University Press of America, 1995, pp. 295–297.

表2 两战期间英国的人口增长情况

单位：千人

年份	人口
1914	41714
1918	38836
1921	42770
1933	45262
1939	46465

资料来源：B. R. Mitchell and P. Deane, *Abstract of British Historical Statistics*, London: Cambridge, 1962, p. 10.

表3 两战期间英国出生、死亡和移民人口数

单位：千人

时期	出生	死亡	自然增长	净移民	实际增长
1911~1921年	9466	6670	2796	-858	1938
1921~1931年	7935	5344	2591	-565	2026
1931~1941年	6930	5770	1160	+650	1810

资料来源：Derek H. Aldcroft, *The British Economy between the Wars*, Philip Allan, 1983, p. 23.

表4　1919～1929年英国的海外贸易（1913年=100）

年份	总出口	煤炭出口	总进口	净进口 总数	净进口 食物	净进口 物资	净进口 燃料	手工业
1919	55.0	48.0	87.7					
1920	70.3	34.0	87.7	88.0	88.0	90.7	162.1	77.0
1921	49.5	33.6	74.1	73.5	90.8	55.2	210.5	50.5
1922	68.1	87.5	85.2	86.5	99.5	73.6	201.6	67.2
1923	74.7	108.3	92.6	96.9	114.7	73.0	218.6	83.3
1924	75.8	84.0	103.7	109.1	126.5	83.8	266.1	96.6
1925	74.7	69.2	107.4	113.1	124.3	90.3	262.9	109.8
1926	67.0	28.2	109.9	118.2	122.9	87.5	604.8	110.3
1927	76.9	69.7	112.3	121.2	127.5	86.4	380.7	121.8
1928	79.1	68.2	108.6	117.2	127.5	86.4	384.7	121.8
1929	81.3	82.1	114.8	124.2	131.8	96.3	391.9	127.6

资料来源：B. R. Mitchell and P. Deane, *Abstract of British Historical Statistics*, London: Cambridge, 1962, pp. 121-2; M. F. Scott, *A Study of United Kingdom Imports*, London: Cambridge, 1963, pp. 244-5.

表5　20世纪初到二战初期欧洲财富占有状况

国家＼年份	1900	1910	1913	1920	1930	1940
英国	37%	30%	28%	44%	27%	24%
德国	34%	39%	40%	38%	33%	36%
法国	11%	12%	12%	13%	22%	9%
俄国/苏俄/苏联	10%	10%	11%	2%	14%	28%
意大利	1%	2%	2%	3%	5%	4%

注：这里的财富是指一个直接的综合指数，它把钢/铁以及各种能源消费都计算在内。

资料来源：〔美〕约翰·米尔斯海默《大国政治的悲剧》，王义桅、唐小松译，上海人民出版社，2003，第94页。

表6 1914～1929年大英帝国国内生产总值（以1980年英镑价值为换算基数）

单位：万亿英镑

年份	消费者的消费	政府年度总消费	国内固定总资本	股票实际增长价值	商品和设施出口	商品和设施进口	按市场价格计算的GDP	产值调整系数	按产值系数计算的GDP
1914	49.6	13.4	5.6	0.9	16.2	-14.5	73.6	-10.5	63.2
1915	50.7	40.1	3.7	-3.4	13.5	-15.3	80.9	-10.7	70.2
1916	46.5	45.6	2.6	-4.0	15.6	-14.2	80.8	-10.0	70.7
1917	42.9	49.9	2.9	-1.1	11.1	-12.1	81.2	-8.6	72.1
1918	42.5	47.7	2.9	0.9	8.7	-12.3	79.8	-8.4	70.8
1919	48.6	20.9	3.5	0.9	12.7	-13.9	72.8	-9.8	63.0
1920	48.7	12.0	6.0	-0.7	13.6	-13.8	67.9	-10.7	57.7
1920	46.6	11.2	5.8	-0.7	14.2	-14.2	65.1	-10.2	55.4
1921	43.8	11.4	6.6	-0.8	11.3	-12.5	61.3	-9.5	52.2
1922	45.4	10.7	6.1	-0.7	14.3	-14.3	63.5	-9.4	54.4
1923	46.7	10.1	6.1	-0.5	15.6	-15.4	65.4	-9.5	56.1
1924	47.8	10.2	7.3	-0.05	16.1	-16.9	67.4	-9.8	57.8
1925	48.9	10.5	8.3	1.0	16.1	-17.3	70.7	-10.0	60.9
1926	48.7	10.7	8.1	0.1	14.7	-18.0	67.5	-9.9	57.9
1927	50.6	10.8	9.0	0.4	16.6	-18.3	72.2	-10.3	62.1
1928	51.4	11.0	8.9	0.1	16.7	-17.8	73.4	-10.4	63.2
1929	52.5	11.2	9.4	0.4	17.2	-18.7	75.1	-10.6	64.7

资料来源：据 C. H. Feinstein, *National Income, Expenditure and Output of the United Kingdom, 1855 - 1965* (London: Cambridge University Press, 1972); Thelma Liesner, *Economic Statistics, 1900 - 1983* (The Economist Publication Ltd., 1985) 整理。

表7 1913～1929年英国工业生产

年份	煤炭	粗钢	汽车和商用车辆	化学和联合工业	棉衣	人造纤维和织物	羊毛和棉纺织品	电力
	百万吨	百万吨	千辆	1980年=100	百万米	百万米	百万平方米	10亿千瓦
1913	292.0	7.78	34	8.3				1.3
1914	270.0	7.97		8.0				
1915	257.3	8.69		8.2				
1916	260.5	9.13		8.5				
1917	252.5	9.88		8.5				
1918	231.3	9.69		8.6				

续表

年份	煤炭	粗钢	汽车和商用车辆	化学和联合工业	棉衣	人造纤维和织物	羊毛和棉纺织品	电力
	百万吨	百万吨	千辆	1980年=100	百万米	百万米	百万平方米	10亿千瓦
1919	233.5	8.02		8.7				
1920	233.2	9.22		9.3				4.3
1921	165.9	3.76		6.7				3.9
1922	253.6	5.97	73	7.9				4.6
1923	280.4	8.62	95	8.7				5.3
1924	271.4	8.33	147	9.2	5111	37	394	6.1
1925	247.1	7.51	167	8.9				6.7
1926	128.3	3.66	198	8.2				7.1
1927	255.2	9.25	212	9.4				8.5
1928	241.3	8.66	212	9.8				9.4
1929	262.0	9.79	239	10.3			343	10.5

资料来源：据 The British Economy, Key Statistics, 1900–1970 (London and Cambridge Economic Service, 1972); Thelma Liesner, Economic Statistics, 1900–1983 (The Economist Publication Ltd., 1985), p.16 整理。

表8　1913~1929年英国国内固定总资产（以1980年货币换算）

单位：百万英镑

年份	农业、森林和渔业	手工业和建筑	能源和水供应	分配和业务职位	运输和通信	其他设施	住宅	其他新的建筑和工程	车辆、轮船和飞机	植物和机械
1913		2266			2143	589	722	2450	1060	1225
1914		2526			2093	515	623	2569	955	1368
1915		1876			1256	258	398	1570	591	1050
1916		1430			837	184	224	951	504	827
1917		1226			1798	18	100	809	1094	684
1918		1096			1970	37	50	737	1233	620
1919		1579			1822	166	100	1665	1112	541
1920	149	1616	589	658	1748	258	921	2569	1094	1209
1921	127	1754	763	543	1576	331	1892	2164	834	1766
1922	85	1261	916	357	1872	405	1668	2022	1042	1384
1923	85	1123	1046	586	1699	515	1519	2355	921	1511
1924	64	1143	1199	629	1921	626	2166	2474	1181	1591

续表

年份	农业、森林和渔业	手工业和建筑	能源和水供应	分配和业务职位	运输和通信	其他设施	住宅	其他新的建筑和工程	车辆、轮船和飞机	植物和机械
1925	64	1596	1286	500	2044	736	2714	2830	1164	1830
1926	64	1399	1155	515	1453	699	3411	2450	869	1702
1927	64	1399	1330	529	1896	791	3735	2474	1147	1941
1928	64	1517	1177	772	2290	736	2913	2450	1425	2164
1929	64	1517	1439	729	1995	920	3312	2902	1372	2020

资料来源：据 C. H. Feinstein, *National Income, Expenditure and Output of the United Kingdom, 1855 - 1965* (London: Cambridge University Press, 1972); Thelma Liesner, *Economic Statistics, 1900 - 1983* (The Economist Publication Ltd., 1985), p. 18 整理。

表9　1913~1929年部分年份英国私人和公司收入（以1980年货币换算）

单位：百万英镑

年份	工资和薪金	其他收入	税收等	个人自由收入	私人消费	私人存款	存储利率	公司总贸易利润	公共公司和政府企业总贸易盈余
1913	1136							326	20
1919	3040								36
1920	3470								
	3394	1894	331	4957	5020	-63	-	621	20
1921	2767	1823	322	4268	4315	-47	-	343	25
1922	2333	1788	320	3801	3842	-41	-	437	44
1923	2338	1772	307	3703	3717	-14	-	456	44
1924	2293	1844	313	3824	3777	47	1.2	477	40
1925	2335	1907	294	3948	3878	70	1.8	468	42
1926	2245	1948	303	3890	3833	57	1.5	420	40
1927	2410	1955	300	4065	3887	178	4.4	478	48
1928	2401	2008	313	4096	3939	157	3.8	474	51
1929	2447	2032	306	4173	3983	190	4.6	485	52

资料来源：据 C. H. Feinstein, *National Income, Expenditure and Output of the United Kingdom, 1855 - 1965* (London: Cambridge University Press, 1972); Thelma Liesner, *Economic Statistics, 1900 - 1983* (The Economist Publication Ltd., 1985), p. 20 整理。

表 10 1913~1929 年英国就业与失业状况

年 份	就业（千人）	失业（千人）	失业率（%）
1913	20310	430	2.1
1914	20250	660	3.3
1915	20890	200	1.1
1916	21200	70	0.4
1917	21350	100	0.6
1918	21490	140	0.8
1919	21160	660	3.4
1920	21570/20297	391	2.0
1921	17908	2212	11.3
1922	17875	1909	9.8
1923	18106	1567	8.1
1924	18378	1404	7.2
1925	18588	1559	7.9
1926	18593	1759	8.8
1927	19136	1373	6.8
1928	19204	1536	7.5
1929	19479	1503	7.3

资料来源：据 *British Labour Statistics Historical Abstract*, *1886 - 1968*（HMSO, London, 1971）; *British Labour Statistics Year Book*（Department of Employment, London, 1972 - 1976）; Thelma Liesner, *Economic Statistics*, *1900 - 1983*（The Economist Publication Ltd., 1985）, pp. 25 - 6 整理。

表 11 1913~1929 年法国工业生产统计

年份	工业生产 1980 年 = 100	煤炭 百万吨	粗钢 百万吨	商用车辆 千辆	原油 千吨	电力 千亿千瓦
1913	21.6	40.8	4.7	4.5		1.80
1914		27.5	2.8			2.15
1915		19.5	1.1			1.90
1916		21.3	1.8			2.18
1917		28.9	2.0			2.40
1918		26.3	1.8			2.70
1919	12.3	22.4	1.3		47	2.90
1920	13.3	25.3	2.7	40	55	3.50/5.80
1921	11.9	29.0	3.1	55	56	6.50

续表

年份	工业生产 1980年=100	煤炭 百万吨	粗钢 百万吨	商用车辆 千辆	原油 千吨	电力 千亿千瓦
1922	16.8	31.9	4.5	75	70	7.30
1923	19.0	38.6	5.2	110	70	8.17
1924	23.3	45.0	6.7	145	74	9.95
1925	23.1	48.1	7.5	177	65	11.14
1926	27.1	52.5	8.6	192	67	12.44
1927	23.7	52.9	8.3	191	73	12.58
1928	23.9	52.4	9.5	223	74	14.25
1929	26.3	55.0	9.7	254	75	15.60

资料来源：据 Annuaire Statistique de la France, *Institut national de la statistique et des études économiques* (Paris, 1983); Brian R. Mitcheli, *European Historical Statistics*, *1750－1975* (Facts on File, 1980); Thelma Liesner, *Economic Statistics*, *1900－1983* (The Economist Publication Ltd., 1985), p. 75 整理。

表12 1911～1931年法国人口统计

单位：百万人

年份	总人口	男性	女性	15岁以下	15~64岁	65岁及以上
1911	39.23	19.25	19.94	9.99	25.88	3.37
1921	38.78	18.45	20.35	8.69	26.52	3.57
1926	40.22	19.31	20.92	8.92	27.51	3.74
1931	41.26	19.93	21.33	9.34	27.97	3.94

资料来源：Thelma Liesner, *Economic Statistics*, *1900－1983*, The Economist Publication Ltd., 1985, p. 78.

表13 1913～1929年法国进出口统计（以1972年价值计算）

单位：十亿法郎

年份	总出口	出口国家				总进口	进口国家			
		德国	意大利	英国	美国		德国	意大利	英国	美国
1913	6.88	0.87	0.31	146	0.42	8.42	1.07	0.24	1.12	0.90
1914	487.00	0.51	0.22	1.17	0.38	6.40	0.61	0.17	0.86	0.80
1915	3.94		0.39	1.10	0.45	11.04		0.43	3.04	3.03
1916	6.21		0.78	1.12	0.62	20.64		0.72	5.97	6.61
1917	6.01		0.97	1.02	0.68	27.55		0.82	6.81	9.77
1918	472.00		0.78	1.08	0.42	22.31		0.82	6.40	7.14
1919	11.88	1.56	0.68	2.12	0.89	35.80	0.76	1.02	8.80	9.22

续表

年份	总出口	出口国家				总进口	进口国家			
		德国	意大利	英国	美国		德国	意大利	英国	美国
1920	26.89	1.50	1.25	4.24	2.26	49.91	2.67	1.28	10.32	10.87
1921	19.77	1.88	0.69	3.19	2.19	22.76	2.62	0.62	2.94	3.54
1922	21.38	1.97	0.80	3.98	2.01	24.28	1.45	0.77	3.27	3.85
1923	30.87	1.08	1.17	6.36	2.47	32.86	1.17	1.14	5.04	4.85
1924	42.37	3.96	1.48	7.90	3.15	40.16	2.05	1.48	4.77	5.59
1925	45.76	3.83	2.23	9.27	3.09	44.10	2.35	1.73	5.69	6.38
1926	59.68	4.38	2.62	10.59	3.67	59.60	4.93	2.23	6.14	7.82
1927	54.93	6.63	2.06	9.00	3.15	53.05	4.17	1.55	6.33	6.81
1928	5.38	5.62	2.13	7.94	3.03	53.44	5.00	1.53	5.31	6.18
1929	50.14	4.74	2.21	7.63	3.34	58.22	6.61	1.52	5.86	7.16

资料来源：据 Annuaire Statistique de la France, *Institut national de la statistique et des études économiques* (Paris, 1983); Brian R. Mitcheli, *European Historical Statistics, 1750 – 1975* (Facts on File, 1980) 整理。

表 14 1913～1929 年德国工业生产

年份	工业生产	煤炭	粗钢	商用车辆	原油	电力
	1980 年 = 100	百万吨	百万吨	千辆	千吨	千亿千瓦
1913	12.0	277.3	17.61		121	8.0
1914		245.3	13.81		110	8.8
1915		234.8	12.28		99	9.8
1916		253.4	14.87		93	11.0
1917		263.2	15.50		91	12.0
1918		258.9	14.09		38	13.0
1919		210.3	8.71/7.85		37	13.5
1920		219.4	9.28		35	15.0
1921		237.0	10.00		38	17.0
1922		256.3	11.71		42	17.0
1923		180.4	6.31		51	15.4
1924		243.2	9.84		59	17.3
1925	12.4	272.5	12.20	49	79	20.3
1926	11.1	285.3	12.34	37	95	21.2
1927	14.3	304.2	16.31	97	97	25.1

续表

年份	工业生产 1980年=100	煤炭 百万吨	粗钢 百万吨	商用车辆 千辆	原油 千吨	电力 千亿千瓦
1928	14.3	317.2	14.52	123/138	92	27.9
1929	14.4	337.9	16.25	128	103	30.7

资料来源：据 Brian R. Mitcheli, *European Historical Statistics, 1750–1975*（Facts on File, 1980）；Thelma Liesner, *Economic Statistics, 1900–1983*（The Economist Publication Ltd., 1985）, p.88 整理。

表 15　1913~1929 年德国人口

单位：百万人

年份	总人口	男性	女性	15 岁以下	15~64 岁	65 岁及以上
1913	66.98					
1922	61.90					
1923	62.31					
1924	62.70					
1925	62.41	30.20	32.21	14.79	44.00	3.62
1926	63.63					
1927	64.02					
1928	64.39					
1929	64.74					

资料来源：Thelma Liesner, *Economic Statistics, 1900–1983*, The Economist Publication Ltd., 1985, p.91.

表 16　1913~1929 年德国进出口统计（以 1975 年价值计算）

单位：十亿马克

年份	总出口	出口国家				总进口	进口国家			
		法国	意大利	英国	美国		法国	意大利	英国	美国
1913	10.10	0.79	0.39	1.44	0.71	10.75	0.58	0.32	0.88	1.71
1923	6.10	0.07	0.25	0.56	0.48	6.15	0.19	0.15	1.02	1.17
1924	6.67	0.11	0.24	0.61	0.49	9.13	0.69	0.37	0.83	1.71
1925	9.28	0.49	0.43	0.94	0.60	12.43	0.56	0.50	0.94	2.20
1926	10.42	0.67	0.49	1.16	0.74	9.98	0.38	0.39	0.58	1.60
1927	10.80	0.56	0.46	1.18	0.78	14.11	0.81	0.53	0.96	2.07
1928	12.06	0.69	0.55	1.18	0.80	13.93	0.74	0.47	0.89	2.03
1929	13.49	0.94	0.60	1.31	0.99	13.36	0.64	0.44	0.87	1.79

资料来源：Thelma Liesner, *Economic Statistics, 1900–1983*, The Economist Publication Ltd., 1985, p.94；Brian R. Mitcheli, *European Historical Statistics, 1750–1975*, Facts on File, 1980.

参考文献

一 原始文献

(一) 英文档案、文献

Documents on British Foreign Policy 1919 – 1939, HMSO, 1960 – 1974.

British Documents on Foreign Affairs: *Reports and Papers from the Foreign Office Confidential Print*, University Publication of America, 1989 – 1997.

Department of State of USA, *Papers Relating to the Foreign Relations of the United States*, Washington: Government Printing Office.

Gooch, G. P. & Temperley, Harold, *British Documents on the Origins of the War 1898 – 1914*, HMSO, 1928.

Berber, Fritz, *Locarno*: *A Collection of Documents*, W. Hodge Limited, 1936.

Wiener, Joel H., *Great Britain*: *Foreign Policy and the Span of Empire 1689 – 1971*: *A Documentary History*, Chelsea: Chelsea House Publisher, 1972.

Adamthwaithe, Anthony, *The Lost Peace*, *International Relations in Europe*, *1918 – 1939*, Document Collection, London and New York: Edward Arnold, St. Martins Press, 1981.

The Times

Statesman's Year Book

Congressional Digest 1927 – 1929, search from EBSCO:

——What the Dawes Plan Has Accomplished, Aug/Sep. 29, Vol. 8, Issue 8/9.

——The London Conference Sets Up The Dawes Plan, Nov. 24, Vol. 4, Issue2.

——Outline of The Dawes Plan, Nov. 24, Vol. 4, Issue2.

——How the Dawes Plan is Viewed at Home and Abroad, Nov. 24, Vol. 4 Issue2.

——The Young Plan for Reparations Settlements, Aug/Sep. 29, Vol. 8, Issue 819.

——Chronology of the Young Plan 1927 – 1929, Aug/Sep. 29, Vol. 8, lssue 819.

（二）法文档案、文献

Quai D'Orsay, *Ministère des Affaires Etrangères*, Serie Y, Paris: Serie E-Levant 1918 – 1940.

（三）中文文件集

方连庆主编《现代国际关系史资料选辑》，北京大学出版社，1987。

国际关系学院编《现代国际关系史参考资料（1917～1932）》，高等教育出版社，1958。

吕一民等选译《世界史资料丛刊：现代史部分：一九一八～一九三九年的法国》，商务印书馆，1997。

齐世荣主编《世界通史资料选辑·现代部分》第 1 分册，商务印书馆，1980。

世界知识出版社编《国际条约集（1917～1923）》，世界知识出版社，1961。

张炳杰等选译《世界史资料丛刊：现代史部分：一九一九～一九三九年的德国》，商务印书馆，1997。

二 西文专著

Adamthwaite, Anthony, *Grandeur and Misery: France's Bid for Power in Europe, 1914 – 1940*, London: Arnold, 1995.

Adler, Selig, *The Isolationist Impulse: Its Twentieth Century Reaction*, Greenwood Publishing Group, 1974.

Aldcroft, Derek H., *The British Economy between the Wars*, Philip Allan, 1983.

Alford, R. F. G., & A. B. Atkinson, *The British Economic: Key Statistics, 1900 – 1970*, London: Times Newspapers Ltd., 1970.

Andrew, C. M., and A. S. Kanya-Forstner, *France Overseas: The Great War and the Climax of French Imperial Expansions*, London, 1981.

Bailey, Thomas A., *A Diplomatic History of the American People*, 7th edition, Englwood, 1964.

Barnes, John, ed., *The Leo Amery Diaries*, Vol. 1, London: Hutchinson, 1980.

Bartlett, Christopher John, *British Foreign Policy in the Twentieth Century*, New York: St. Martin's Press, 1989.

Bell, Philip Michael Bett, *France and Britain, 1900 – 1940: Entente and Estrangement*, London: Longman, 1996.

Beloff, Nora, *The General Says No: Britain's Exclusion from Europe*, London: Penguin Books, 1963.

Bennett, G. H., *British Foreign Policy during the Curzon Period, 1919 – 1924*, London: Macmillan Press Ltd., 1995.

Bergmann, Carl, *The History of Reparations*, Ernest Benn, 1927.

Birch, R. C., *Britain and Europe, 1871 – 1939*, Oxford: Pergamon Press, 1966.

Blake, R., ed., *The Private Papers of Douglas Haig, 1914 – 1919: Being Selections from the Private Diary and Correspondence of Field-Marshal the Earl Haig of Bemersyde*, Eyre & Spottiswoode, 1952.

Bonnefous, Georges, Édouard Bonnefous, *Histoire Politique de la Troisieme Republique, L'apres-guerre, 1919 – 1929*, Paris: Presses Universitaires de France, 1959.

Bourne, Kenneth, *The Foreign Policy of Victorian England, 1830 – 1902*, London: Oxford, 1970.

Brock, Michael, Eleanor Brock, eds., *H. H. Asquith, Letters to Venetia Stanley (from Herbert Henry Asquith, Venetia Stanley Montagu, Michael Brock, Edwin Samuel Montagu)*, London: Oxford University Press, 1982.

Busch, Briton Cooper, *Hardinge of Penshurst: A Study in the Old Diplomacy*, Published for the Conference on British Studies and Indiana University at South Bend by Archon Books, 1980.

Callwell, C. E., *Field-Marshal Sir Henry Wilson: His Life and Diaries*, Vol. 1, London: Cassell, 1927.

Camps, Miriam, *Britain and European Community, 1955 – 1963*, New York: Princeton University Press, 1964.

Carr, Edward Hallett, *International Relations since Peace Treaties*, London: Macmillan, 1937.

Carr, Edward Hallett, *The Twenty Years' Crisis, 1919 – 1939: An Introduction to the Study of International Relations*, London: Macmillan, 1939.

Chassaigne, Philippe, and Michael Dockrill, eds., *Anglo-French Relations, 1898 – 1998: From Fashoda to Jospin*, Palgrave, 2002.

Clemenceau, Georges, *Grandeur and Misery of Victory*, G. Harrap, 1930.

Coles, John, *Making Foreign Policy: A Certain Idea of Britain*, London: John Murray, 2000.

Connell, John, *The "office": A Study of British Foreign Policy and its Makers, 1919–1951*, London: Allan Wingate, 1958.

Costigliola, Frank, *Awkward Dominion: American Political, Economical and Cultural Relations with Europe, 1919–1933*, Cornell, Cornell University Press, 1984.

Craig, Gordon A., and Felix Gilbert, *The Diplomats, 1919–1939*, Princeton: Princeton University Press, 1972.

D'Abernon (Lord.), Edgar Vincent D'Abernon (Viscount), Maurice Alfred Gerothwohl, *The Ambassador of Peace: Lord D'Abernon's Diary*, Vol. 2, Hodder and Stoughton, 1929.

Danton, Georges Jacques, *Discours Civiques de Danton*, The Echo Library, 2008.

Dawes, Charles Gates, *A Journal of Reparations*, London: Macmillan, 1939.

Dickinson, Goldsworthy Lowes, *European Anarchy*, New York, 1916.

Dockrill, Michael, and Brian McKercher, eds., *Diplomacy and World Power: Studies in British Foreign Policy, 1890–1950*, London: Cambridge University Press, 1996.

Doerr, Paul W., *British Foreign Policy, 1919–1939: Hope for the Best, Prepare for the Worst*, Manchester: Manchester University Press, 1998.

Drummond, Ian M., *British Economic Policy and the Empire, 1919–1939*, London: Allen and Unwin, Barnes & Noble Books, 1972.

Dutton, David, *Austen Chamberlain: Gentlemen in Politics*, Bolton, 1985.

Dutton, David, *The Politics of Diplomacy: Britain and France in the Balkans, 1914–1918*, New York: I. B. Tauris&Co Ltd., 1998.

Earl of Ronaldshay, *The Life of Lord Curzon: Being the Authorized Biography of George Nathaniel Marquess Curzon of Kedleston*, E. Benn Limited, 1928.

Evans, R. J. W., and H. Pogge von Strandmann, eds., *The Coming of the First World War*, London: Oxford, 1988.

Eyck, Erich, *A History of the Weimar Republic: From the Locarno Conference to Hitler's Seizure of Power*, New York: Harvard University Press, 1962.

Farmer, Alan, *Britain: Foreign and Imperial Affairs, 1919–1939*, London: Hodder & Stoughton Educational, 2000.

Feinstein, C. H., *National Income, Expenditure and Output of the United Kingdom*, 1855 – 1965, London: Cambridge University Press, 1972.

Ferrell, Robert H., *Frank B. Kellogg: Henry L. Stimson*, Cooper Square Publishers, 1963.

Ferris, John Robert, *The Evolution of British Strategic Policy*, 1919 – 1926, London: Macmillan, 1989.

French, David, *The Strategy of the Lloyd George Coalition*, London: Oxford, 1995.

Fromkin, David, *A Peace to End all Peace: Creating the Modern Middle East*, 1914 – 1922, Penguin Books, 1989.

Gaulle, Charles de, *Vers l'armée De Metiér*, Paris: Les Lettres françaises, 1944.

George, David Lloyd, *The Truth about the Peace Treaties*, V. Gollancz Limited, 1938.

Gibbs, H. N., *Grand Strategy, A History of the Second World War*, United Kingdom Military Series, Vol. I, HMSO, 1976.

Gilbert, Felix, *To the Farewell Address: Ideas of Early American Foreign Policy*, New York: Princeton University Press, 1970.

Glad, Betty, *Charles Evans Hughes and the Illusions of Innocence: A Study in American Diplomacy*, Illinois: University of Illinois Press, 1966.

Gökay, Bülent, *A Clash of Empires: Turkey between Russian Bolshevism and British Imperialism*, 1918 – 1923, London and New York: I. B. Tauris, 1997.

Goldstein, Eric, *Winning the Peace: British Diplomatic Strategy, Peace Planning, and the Paris Peace Conference*, 1916 – 1920, New York and Oxford: L Clarendon Press, Oxford University Press, 1991.

Grayson, Richard S., *Austen Chamberlain and the Commitment to Europe: British Foreign Policy*, 1924 – 29, London: Frank Cass Publishers, 1997.

Haigh, Anthony, *Congress of Vienna to Common Market: An Outline of British Foreign Policy*, 1815 – 1972, London: Harrap, 1973.

Hankey, Maurice Pascal Alers, *The Supreme Control at the Paris Peace Conference 1919: A Commentary*, Allen and Unwin, 1963.

Hankey, Maurice, *Diplomacy by Conference: Studies in Public Affairs*, 1920 – 1946, London: Putnam, 1946.

Havighurst, Alfred F. , *Britain in Transition: The Twentieth Century*, Chicago: Chicago University Press, 1985.

Hoffmann, Stanley, *Janus and Minerva, Essays in Theory and Practice of International Politics*, Westview Press, 1987.

Hogge, John Lewis, *Arbitrage, Security, Disarmement: French Security and the League of Nations, 1920 – 1925*, New York: New York University, 1995.

Holmes, Richard, *The Little Field-Marshal: Sir John French*, Jonathan Cape, 1981.

Holsti, K. J. , *Peace and War: Armed Conflicts and International Order, 1648 – 1989*, London: Cambridge University Press, 1991.

Hoover, Herbert, *Memoir of Herbert Hoover: The Cabinet and the Presidency, 1920 – 1933*, London: Macmillan, 1952.

Huguet, Joseph, *L'intervention Militair Britannique en 1914: Avec 10 Croquis en Couleurs Hors Texte*, Paris: Berger-Levrault, 1928.

Hutchison, Keith, *The Decline and Fall of British Capitalism*, New York: Scribner, 1950.

Jacobson, Jon, *Locarno Diplomacy: Germany and the West, 1925 – 1929*, Princeton: Princeton University Press, 1972.

John, Roy E. , *The Changing Structure of British Foreign Policy*, London: Longman, 1974.

Johnson, C. O. , *Borah of Idaho*, University of Washington Press, 1936.

Johnson, Douglas, Douglas W. J. Johnson, François Crouzet, François Bédarida, *Britain and France: Ten Centuries*, Dawson & Son Ltd. , 1980.

Johnson, Gaynor, *The Berlin Embassy of Lord D'Abernon, 1920 – 1928*, London: Palgrave Macmillan, 1988.

Jonas, Manfred, *The United States and Germany: A Diplomatic History*, Cornell: Cornell University Press, 1984.

Jordan, William Mark, *Great Britain, France and the German Problem, 1918 – 1939: A Study of Anglo-French Relations in the Making and Maintaining of the Versailles Settlement*, London: Oxford University Press, 1943.

Kaplan, Jay L. , *France's Road to Genoa: Strategic, Economic, and Ideological Factors in French Foreign Policy, 1921 – 1922*, New York: Columbia University Press, 1974.

Kendle, J. E. , *The Round Table Movement and Imperial Union*, University of Toronto Press, 1975.

Kennedy, P. M. , *The Realities behind Diplomacy: Background Influences on British External Policy, 1865 - 1980*, London, 1981.

Kent, Bruce, *The Spoils of War: the Politics, Economics, and Diplomacy of Reparations, 1918 - 1932*, New York and Oxford: Clarendon Press, Oxford University Press, 1989.

Keynes, John Maynard, *The Economic Consequences of the Peace*, New York: Harcourt, Brace and Howe, Inc. , 1920.

Kirby, M. W. , *The Decline of British Economic Power since 1870*, London: Macmillan, 1981.

Kitching, Carolyn J. , *Britain and the Problem of International Disarmament, 1919 - 1934*, London and New York: Routledge, 1999.

Kleine-Ahlbrandt, William Laird, *The Burden of Victory: France, Britain and the Enforcement of the Versailles Peace, 1919 - 1925*, University Press of America, 1995.

Lauren, Paul Gordon, Gordon Alexander Craig, Alexander L. George, *Force and Statecraft: Diplomatic Challenges of Our Time*, London: Oxford University Press, 1983.

Lee, Marshall M. , and Wolfgang Michalka, *Geman Foreign Policy, 1917 - 1933: Continuity or Break?* Berg Publishers, 1987.

Lee, Sidney, *King Edward VII: A Biography*, Macmillan and Company, 1927.

Leffler, Melvyn P. , *The Elusive Quest, America's Pursuit of European Stability and French Security, 1919 - 1933*, North Carolina: North Carolina University Press, 1979.

Lentin, Antony, *Lloyd George and the Lost Peace: From Versailles to Hitler, 1919 - 1940*, Palgrave Macmillan Limited, 2001.

Link, Arthur S. , trans, and eds. , *The Deliberations of the Council of Four: Notes of the Official Interpreter, Paul Mantoux*, New York: Princeton University Press, 1992.

Luard, Evan, *The Balance of Power: The System of International Relations*,

1648 – 1815, London: Macmillan Publishing Ltd. , 1992.

Maisel, Ephraim, *The Foreign Office and Foreign Policy, 1919 – 1926*, Sussex Academic Press, 1994.

Mangold, Peter, *Success and Failure in British Foreign Policy: Evaluating the Record, 1900 – 2000*, New York: Palgrave, 2001.

Mantoux, Paul, *Les Délibérations du Conseil des Quatres*, éditions du Centre National de la Recherche Scientifique, 1955.

Marks, Sally, *The Illusion of Peace: International Relations in Europe, 1918 – 1933*, Macmillan Press Ltd. , 1976.

Marquand, David, *Ramsay MacDonald*, Richard Cohen Books Ltd. , 1977.

Mattingly, Garret, *Renaissance Diplomacy*, Boston: Houghton Mifflin, 1955.

Maurice, F. , *Lessons of Allied Co-Operation: Naval Military and Air, 1914 – 1918*, London: Oxford University Press, 1942.

Mayne, Richard, Douglas Johnson, Robert Tombs, eds. , *Cross Channel Currents: 100 Years of the Entente Cordiale*, London and New York: Routledge, 2004.

McKay, Derek, and Hamish Scott, *The Rise of the Great Powers, 1648 – 1815*, London: Longman, 1983.

McNeil, William C. , *American Money and the Weimar Republic: Economics and Politics on the Eve of the Great Depression*, New York: Columbia University Press, 1986.

Medlicott, William Norton, *British Foreign Policy since Versailles*, London: Richard Clay Ltd. , 1940.

Milward, Alan S. , *The Economic Effects of the Two World Wars on Britain*, London: Macmillan, 1984.

Miquel, Pierre, *La Paix de Versailles et l'opinion Publique Française*, Flammarion, 1972.

Mitcheli, Brian R. , *European Historical Statistics, 1750 – 1975*, Facts on File, 1980.

Mitchell, B. R. , and P. Deane, *Abstract of British Historical Statistics*, London: Cambridge, 1962.

Morley, Headlam, *Studies in Diplomatic History*, London, 1930.

Morley, J. , *Memorandum on Resignation, August 1914*, New York, 1928.

Mowat, Charles Loch, *Britain between the Wars, 1918 – 1940*, London: Methuen, 1955.

Néré, J., *The Foreign Policy of France from 1914 to 1945*, London: Routledge, 1975.

Norris, James Robert, *Anglo-French Conflict and the Failure of the Geneva Protocol in 1924 – 1925*, Washington: Washington State University Press, 1971.

Orde, Anne, *British Policy and European Reconstruction after the First World War*, London: Cambridge University Press, 1990.

O'Riorden, Elspeth Y., *Britain and the Ruhr Crisis*, Basingstoke, Hampshire and New York: Palgrave, 2001.

Ovendale, Ritchie, *The Foreign Policy of British Labour Government, 1945 – 1951*, Leicester: Leicester University Press, 1984.

Packer, Ian, *Lloyd George*, London: Macmillan Press Ltd, 1998.

Paxman, Jeremy, *The English: A Portrait of a People*, London: Penguin Books Ltd., 1998.

Petrie, Charles, *The Chamberlain Tradition*, Lovat Dickson, 1938.

Philpott, W. J., *Anglo-French Relations and Strategy on the Western Front, 1914 – 18*, London: Macmillan, 1996.

Pigou, Arthur Cecil, *Aspects of British Economic History, 1918 – 1925*, London: Macmillan, 1947.

Pugh, Martin, *Lloyd George*, London: Longman, 1988.

Richelieu, Armand Jean du Plessis duc de, translated by Henry Bertram Hill, *The Political Testament of Cardinal Richelieu: The Significant Chapters and Supporting Selections*, Wisconsin: Wisconsin University Press, 1961.

Rose, Inbal, *Conservatism and Foreign Policy during the Lloyd George Coalition, 1918 – 1922*, London: Frank Cass., 1999.

Rothstein, Andrew, *British Foreign Policy and its Critics, 1830 – 1950*, London: Lawrence & Wishart, 1969.

Rowland, Peter, *David Lloyd George: A Biography*, London: Macmillan, 1976.

Schmidt, Royal Jae, *Versailles and the Ruhr: Seedbed of World War Two*, The Hague: Martinus Nijhoff, 1968.

Schuker, Stephen A., *The End of French Predominance in Europe: The Financial Crisis of 1924 and the Adoption of the Dawes Plan, Tennessee: The University of North Carolina Press, 1976.

Scott, M. F. , A Study of United Kingdom Imports, London: Cambridge, 1963.

Self, Robert C. , The Austen Chamberlain Diary Letters: The Correspondence of Sir Austen Chamberlain with his Sisters Hilda and Ida, 1916 – 1937, London: Cambridge University Press, 1995.

Sering, Max, Germany under the Dawes Plan: Origin, Legal Foundations, and Economic Effects of the Reparation Payments, London: P. S. King, 1929.

Seymour, Charles, Intimate Papers of Colonel House, Houghton Mifflin Company, 1928.

Sharp, Alan, and Glyn Stone, eds. , Anglo-French Relations in the Twentieth Century: Rivalry and Cooperation, New York and London: Routledge, 2000.

Soulié, Michel, La vie Politique d'Edouard Herriot, A. Colin, 1962.

Spears, Sir Edward, Liaison 1914: A Narrative of the Great Retreat, New York: Stein And Day, 1930.

Spears, Sir Edward, Prelude to Victory, J. Cape, 1939.

Stevenson, D. , The First World War and International Politics, London: Oxford University Press, 1988.

Strasbaugh, Wayne Ralph, British Foreign Policy-Making in the Locarno Period: The Dilemma of European Security, New York: Harvard University Press, 1976.

Tardieu, Andre, La Paix, Payot & Cie, 1921.

Toynbee, Arnold, ed. , Survey of International Affairs, 1920 – 1923, London: Oxford University Press, 1925.

Toynbee, Arnold, ed. , Survey of International Affairs, 1924, London: Oxford University Press, 1926.

Toynbee, Arnold, ed. , Survey of International Affairs, 1925, London: Oxford University Press, 1927.

Toynbee, Arnold, ed. , Survey of International Affairs, 1926, London: Oxford University Press, 1928.

Toynbee, Arnold, ed. , Survey of International Affairs, 1927, London: Oxford University Press, 1929.

Toynbee, Arnold, ed., *Survey of International Affairs*, *1928*, London: Oxford University Press, 1929.

Toynbee, Arnold, ed., *Survey of International Affairs*, *1929*, London: Oxford University Press, 1930.

Turner, Arthur, *The Cost of War: British Policy on French War Debts, 1918 – 1932*, Portland: Sussex Academic Press, 1998.

Verrier, Anthony, *Through the Looking Glass: British Foreign Policy in An Age of Illusions*, London: J. Cape, 1983.

Waites, Neville H., ed., *Troubled Neighbours: Franco-British Relations in the Twentieth Century*, Weidenfeld, 1971.

Ward, Adolphus William, George Peabody Gooch, eds., *The Cambridge History of British Foreign Policy, 1783 – 1919*, New York: Cambridge University Press, 1983.

White, Stephen, *Britain and the Bolshevik Revolution: A Study in the Politics of Diplomacy, 1920 – 1924*, Holmes & Meier Publishers, Incorporated, 1979.

Williamson, David Graham, *The British in Germany, 1918 – 1930: The Reluctant Occupiers*, Berg, Distributed exclusively in the US and Canada by St. Martins Press, 1991.

Wolfers, Arnold, *Britain and France between Two Wars: Conflicting Strategies of Peace since Versailles*, Harcourt, Brace and Company, 1940.

Yapp, Malcolm, *The Near East since the First World War: A History to 1995*, London and New York: Longman, 1991.

三　西文论文

Adams, Wallace Earl, "Andrew Tardieu and French Foreign Policy, 1902 – 1919", Ph. D Dissertation from the Harvard University, 1959.

Barros, Andrew, "Disarmament as a Weapon: Anglo-French Relations and the Problems of Enforcing German Disarmament, 1919 – 28", *The Journal of Strategic Studies*, Vol. 29, No. 2, April 2006.

Beck, P. J., "From the Geneva Protocol to the Greco-Bulgarian Dispute: the Development of the Baldwin Government's Policy towards the Peacekeeping Role of the League of Nations, 1924 – 1925", *British Journal of International Studies*, 6, 1980.

Binkley, Robert C. , "Ten Years of Peace Conference History", *The Journal of Modern History*, Vol. 1, No. 4, 1929.

Bishop, Larry Verle, "British Foreign Policy in the League of Nations, 1920 – 1923", Ph. D. Dissertation from Washington State University, 1968.

Bliss, T. H. , "The Evolution of the Unified Command", *Foreign Affairs*, Vol. 1, 1922.

Cassels, Alan, "Repairing the Entente Cordiale and the New Diplomacy", *The Historical Journal*, Vol. 23, No. 1, 1980.

Chamberlain, Austen, "The Permanent Bases of British Foreign Policy", *Foreign Affairs*, Vol. 9, No. 4, July 1931.

Crowe, C. E. , "Eyre Crowe and the Locarno Pact", *The English Historical Review*, Vol. 87, 1972.

Curry, G. , "Woodrow Wilson, Jan Smuts and the Versailles Settlement", *The American Historical Review*, Vol. 66, No. 4, July 1961.

Dutton, D. , "The Balkan Campaign and French War Aims in the Great War", *The English Historical Review*, Vol. 94, 1979.

Ferris, John, "Treasury Control, the Ten Year Rule and British Service Policies, 1919 – 1924", *The Historical Journal*, Vol. 30, No. 4, 1987.

Fisher, A. L. Herbert, "Lloyd George's Foreign Policy: 1918 – 1922", *Foreign Affairs*, Vol. 1, No. 3, 1923.

Fitzhardinge, L. F. , "W. M. Hughes and the Treaty of Versailles, 1919", *Journal of Commonwealth Political Studies*, Vol. 5, No. 2, July 1967.

French, David, "The Meaning of Attrition, 1914 – 1916", *The English Historical Review*, Vol. 103, 1988.

French, David, "Perfidious Albion Faces the Powers, British Foreign Policy between the World Wars", *Canadian Journal of History*, Vol. 28, Issue 2, Aug. 1993.

Goold, J. Douglas, "Lord Hardinge as Ambassador to France and the Anglo-French Dilemma over Germany and the Near East, 1920 – 1922", *The Historical Journal*, Vol. 21, No. 4, 1978.

Grun, G. A. , "Locarno: Idea and Reality", *International Affairs*, Vol. 31, No. 4, October 1955.

Gurney, Ursula, "In Search of Peace and Stability: Anglo-German Diplomatic Relations from the Treaty of Versailles to the Treaties of Locarno", Simon Fraser University, 2010.

Harvey, James, "The French Security Thesis and French Foreign Policy from Paris to Locarno, 1919 – 1925", Ph. D. Disseration from the University of Texas at Austin, 1955.

Jacobson, Jon, "Strategies of French Foreign Policy after World War 1", *Journal of Modern History*, Vol. 55, No. 1, March 1983.

Johnson, Gaynor "'Das Kind' Revisited: Lord D'Abernon and German Security Policy, 1922 – 1925", *Contemporary European History*, Vol. 9, No. 2, 2000.

Jones, K. P., "Stresemann, the Ruhr Crisis, and Rhenish Separation: A Case Study of Westpolitik", *European Studies Review*, Vol. 7, No. 3, 1977.

Marks, Sally, "Behind the Scenes at the Paris Peace Conference of 1919", *Journal of British Studies*, Vol. 9, No. 2, 1970.

McCrum, Robert, "French Rhineland Policy at the Paris Peace Conference, 1919", *The Historical Journal*, Vol. 21, No. 3, 1978.

Onlton, David, "Great Britain and the League Crisis of 1926", *The Historical Journal*, Vol. 6, Feb. 1968.

Pares, Richard, "American versus Continental Warfare, 1739 – 1763", *The English Historical Review*, Vol. 51, No. 203, July 1936.

Sahlins, Peter, "Natural Frontiers Revisited: France's Boundaries since the Seventeenth Century", *The American Historical Review*, Vol. 95, No. 5, December 1990.

Shearer, J. Ronald, "Shelter from the Storm: Politics, Production and the Housing Crisis in the Ruhr Coal Fields, 1918 – 24", *Journal of Contemporary History*, Vol. 34, No. 1, 1999.

Sipple, Chester Ellsworth, "British Foreign Policy Since the World War", Iowa: University of Iowa, 1932.

Stambrook, F. G., "'Das Kind': Lord D'Abernon and the Origins of the Locarno Pact", *Central European History*, Vol. 1, No. 3, 1968.

Stevenson, David, "Reading History: The Treaty of Versailles", *History Today*, 1986.

Trachtenberg, M., "Versailles after Sixty Years", *Journal of Contemporary*

History, Vol. 17, No. 3, July 1982.

Trachtenberg, Marc, "Poincare's Deaf Ear: the Otto Wolff Affairs and French Ruhr Policy, August-September 1923", *The Historical Journal*, Vol. 24, No. 3, 1981.

Werner, T. Angress, "Weimar Coalition and Ruhr Insurrection, March-April 1920: A Study of Government Policy", *The Journal of Modern History*, Vol. 29, No. 1, March 1957.

Williamson, D. G., "Great Britain and the Ruhr Crisis, 1923 – 1924", *British Journal of International Studies*, Vol. 3, No. 1, 1977.

Williamson, Philip, "'Safety First': Baldwin, the Conservative Party, and the 1929 General Election", *The Historical Journal*, Vol. 25, No. 2, 1982.

Winkler, Henry, "The Emergence of A Labour Foreign Policy in Great Britain, 1918 – 1929", *Journal of Modern History*, Vol. 28, 1956.

Wit, Daniel, "Ideology and French Foreign Policy 1919 – 1948", University Microfilms International, 1981.

四 西文译著

阿尔弗雷德·马汉：《海权论》，萧伟中、梅然译，中国言实出版社，1997。

G. R. 埃尔顿：《新编剑桥世界近代史·2：宗教改革 1520 ~ 1559》，中国社会科学院世界历史研究所翻译，中国社会科学出版社，2003。

艾伦·帕尔默：《夹缝中的六国：维也纳会议以来的中东欧历史》，于亚伦等译，商务印书馆，1997。爱德华·卡尔：《20 年危机：1919 ~ 1939：国际关系研究导论》，秦亚青译，世界知识出版社，2005。

安东尼·吉登斯：《民族—国家与暴力》，胡宗泽等译，三联书店，1998。

保罗·肯尼迪：《大国的兴衰：1500 ~ 2000 年的经济变迁与军事冲突》，王保存等译，求实出版社，1988。

C. E. 布莱克等：《二十世纪欧洲史》上册，山东大学外文系英语翻译组译，人民出版社，1984。

菲利普·潘什梅尔：《法国》，漆竹生等译，上海译文出版社，1980。

弗·鲍爵姆金：《世界外交史》第 4 分册，王思澄等译，五十年代出版社，1951。

伏尔泰：《路易十四时代》，吴模信等译，商务印书馆，1982。

汉斯·摩根索:《国家间政治——寻求权力与和平的斗争》,徐昕、郝望、李保平译,中国人民公安大学出版社,1990。

亨德里克·威廉·房龙:《人类的家园:我们生活的这个世界的故事》,何兆武等译,东方出版社,1998。

亨利·基辛格:《大外交》,顾淑馨、林添贵译,海南出版社,1997。

华尔脱斯:《国际联盟史》,汉敖、宁京译,商务印书馆,1964。

科佩尔·S. 平森:《德国近现代史——它的历史和文化》下册,范德一等译,商务印书馆,1987。

罗伯特·A. 帕斯特编《世纪之旅:七大国百年外交风云》,胡利平、杨韵琴等译,上海人民出版社,2001年版。

马克·马佐尔:《巴尔干:被误解的"欧洲火药库"》,刘会梁译,天津人民出版社,2007。

皮埃尔·米盖尔:《法国史》,蔡鸿滨等译,商务印书馆,1985。

让-巴蒂斯特·迪罗塞尔:《外交史》,李仓人等译,上海译文出版社,1982。

斯塔夫里阿诺斯:《全球通史:1500年以后的世界》,吴向婴、梁赤民译,上海社会科学院出版社,1992。

威廉森·默里、麦格雷戈·诺克斯、阿尔文·伯恩斯坦主编《缔造战略:统治者、国家与战争》,时殷弘等译,世界知识出版社,2004。

温斯顿·丘吉尔:《第二次世界大战回忆录》第1卷《风云紧急》上部《从战争到战争》第1分册,吴万沈等译,商务印书馆,1974。

温斯顿·丘吉尔:《第一次世界大战回忆录》第1卷(1911~1914),吴良健译,南方出版社,2002。

耶·马·茹科夫主编《远东国际关系史(1840~1949)》,世界知识出版社,1959。

伊·勒·伍德沃德:《英国简史》,王世训译,上海外语出版社,1990。

约翰·劳尔:《英国与英国外交(1815~1885)》,刘玉霞、龚文启译,上海译文出版社,2003。

五 中文论著

丹拥军:《试论二十世纪英国的孤立主义外交》,《天津师大学报》2000年第4期。

方连庆:《二十年代德国在欧洲的外交目标和策略》,《北京大学学报》1990 年第 3 期。

冯梁:《洛迦诺会议的起源:英国、德国和法国的安全问题》,《南京大学学报》1994 年第 3 期。

冯梁:《英国与 1923 年鲁尔危机》,《外交学院学报》1996 年第 3 期。

光仁洪:《均势和一次大战前二十年国际关系的变化》,《世界历史》1981 年第 2 期。

胡才珍:《论经济因素在英国对苏外交中作用》,《世界历史》1988 年第 3 期。

胡果文等:《重评道威斯计划》,《史学月刊》1986 年第 6 期。

胡毓源:《一次大战后的战债问题与美国的对外关系》,《上海师范大学学报》1985 年第 4 期。

黄正柏:《试论二十年代的德国外交》,《华中师院学报》1983 年第 1 期。

计秋枫、冯梁:《英国文化与外交》,世界知识出版社,2002。

姜书元:《1924～1927 年英国外交政策中的反苏方针》,《北京师院学报》1985 年第 1 期。

揭书安:《1920～1925 年英国对法国政策浅析》,《华中师范大学学报》1987 年第 3 期。

李树藩:《热那亚会议与苏俄外交》,《东北师大学报》1984 年第 4 期。

李树房:《略论小协约国与两次世界大战之间的国际关系》,《聊城师范学院学报》(哲学社会科学版) 2000 年第 3 期。

梁占军:《英国与热那亚会议的缘起》,《首都师范大学学报》1994 年第 1 期。

刘新利、王肇伟:《论 1918～1923 年德国的通货膨胀》,《山东师大学报》1996 年第 3 期。

刘作奎:《第一次世界大战中的英国对法政策》,《世界历史》2006 年第 6 期。

刘作奎:《论法国疆界变迁的政治学》,《欧洲研究》2005 年第 6 期。

楼均信主编《法兰西第三共和国兴衰史》,人民出版社,1996。

倪世雄等:《当代西方国际关系理论》,复旦大学出版社,2001。

齐世荣主编《绥靖政策研究》,首都师范大学出版社,1998。

时殷弘：《旧欧洲的衰颓——论两战之间的英法外交与国际政治》，《复旦学报》1999 年第 6 期。

宋则行、樊亢主编《世界经济史》中卷，经济科学出版社，1998。

唐希中：《两次世界大战之间的帝国主义政治》，《武汉大学学报》1984 年第 4 期。

陶樾：《两次世界大战期间英国的外交政策与欧洲均势》，《世界历史》1980 年第 3 期。

田德文、靳雷：《为什么偏偏是英国》，世界知识出版社，1995。

王明中：《评凯洛格非战公约》，《江汉论坛》1980 年第 2 期。

吴机鹏：《英国"光辉孤立"政策》，《史学月刊》1986 年第 2 期。

吴继德：《两次世界大战期间法国欧洲外交的历史教训》，《思想战线》1982 年第 5 期。

吴友法：《法国在两次世界大战期间对德外交政策述略》，《法国研究》1987 年第 3 期。

夏季亭：《重评道威斯计划（1924 年）》，《山东师大学报》1984 年第 3 期。

肖汉森：《魏玛共和国初期对外政策略析》，《华中师范大学学报》1993 年第 6 期。

辛晓谋、宫少鹏：《外交家》，晨光出版社，1995。

徐蓝：《英国与中日战争 1931～1941》，北京师范学院出版社，1991。

杨子竞：《第一次世界大战后德国赔款问题与帝国主义争霸》，《历史教学》1984 年第 4 期。

杨子竞：《两次世界大战期间的战债纠纷》，《世界历史》1985 年第 7 期。

于宝有：《论洛迦诺公约的性质》，《史学集刊》1985 年第 4 期。

张晓：《大英帝国兴衰之谜》，解放军文艺出版社，1995。

张之毅：《均势外交在近代国际关系史上的地位和作用》，《世界历史》1982 年第 3 期。

朱立群：《鲁尔占领——二十年代法国外交政策的重要转折点》，《史学集刊》1994 年第 2 期。

朱愚铎：《第一次世界大战后德国的赔款问题》，《山东大学学报》1990 年第 3 期。

朱愚铎：《试论施特拉斯曼的外交政策》，《文史哲》1990 年第 6 期。

六　网络资源

中国期刊网
PQDD（UMI）
EBSCO
OCLC

后　记

　　本书是笔者 2003~2005 年在首都师范大学攻读博士学位期间撰写的博士学位论文《英国对法政策研究（1918~1929）》的最终成果。本论文能够出版，首先应感谢我的导师徐蓝教授的悉心指导。从 1995 年进入首都师范大学历史系基地班以来，我一直师从徐蓝教授从事 20 世纪 20 年代大国关系研究，尤其是英法关系研究，历经十载，获益良多。首都师范大学世界历史研究作为国内具有雄厚基础的学科，学风素以严谨、求实著称，形成了自身独特的研究风格和特色。我则作为受益者，系统学习了历史学研究的理论和方法，并形成了自己的研究兴趣。徐蓝教授从求学和做人方面给予了我严谨指导，终生难忘。2002 年我写的论文《英国与鲁尔危机》获得了全国历史学科史学研究基地史学新秀三等奖。2005 年毕业时，我的博士论文又获得了首都师范大学优秀博士学位论文。

　　2005 年博士毕业后，我到中国社会科学院欧洲研究所工作。由于欧洲研究所是一个立足现实问题研究的研究机构，因此，我不得不将研究兴趣转向现实问题研究领域。但专业的转向并未影响我对世界历史研究尤其是欧洲史研究的兴趣，依托中国社会科学院的学术平台，以及中国欧洲学会欧洲一体化史分会这一学术团体，我得以继续自身的研究爱好，屡有成果发表。同时，在研究路径上我也尝试将历史学方法和国际政治学研究方法相结合，获得了一定的研究感悟。

　　2011 年，徐蓝教授申请国家社科基金重大招标项目"20 世纪国际格局的演变与大国关系互动研究"并获得立项，她着手组织自己的学生参与此课题的研究。我的博士论文也有幸成为其研究框架中的一部分而得以有进一步充实和完善的机会。在近两年的时间里，我尝试运用政治学的分析方法来重新研读 20 世纪 20 年代英国对法政策这段历史。由于自 2011 年开始，我将研究的兴趣重点放在中东欧问题上，因此，在本书中，我有意强化了中东欧这些"夹缝中的国家"在英、法、德等大国博弈中扮演的角色以及对其命运的思考。现在呈现在读者手中的这本专著就是我最新思考的结晶。书中有些观点、运用的某些方法定有不足之处，请各位专家学者多多帮助和指正。

本书能够出版，要感谢学界泰斗齐世荣教授的教导，自到首都师范大学求学以来，一直聆听其史学理论和史学方法的课程并有机会多次求教先生。感谢姚百慧师弟在社科基金重大招标项目中向我提供的各种帮助，包括提供了大量原始档案资料以及其他建议，也要感谢梁占军教授在论文写作和修改过程中提出的指正意见。

本书虽经认真补充修改，但自2005年博士论文完成后，笔者未继续系统学习该段历史，因此，学界关于此论题一些新的发展变化无法如实和积极地反映在本出版成果当中，此系一遗憾，期待以后能有时间继续补充和完善。

图书在版编目(CIP)数据

英国对法战略的历史和政治学考察：1914～1929／刘作奎著. -- 北京：社会科学文献出版社，2016.12
（20世纪国际格局的演变与大国关系互动研究丛书）
ISBN 978-7-5097-9889-8

Ⅰ.①英… Ⅱ.①刘… Ⅲ.①英法关系-国际关系史-研究-1914-1929 Ⅳ.①D856.19②D856.59

中国版本图书馆CIP数据核字（2016）第254780号

20世纪国际格局的演变与大国关系互动研究丛书
英国对法战略的历史和政治学考察（1914～1929）

著　　者 /	刘作奎
出 版 人 /	谢寿光
项目统筹 /	赵　薇
责任编辑 /	赵　薇　徐成志
出　　版 /	社会科学文献出版社·近代史编辑室（010）59367256
	地址：北京市北三环中路甲29号院华龙大厦　邮编：100029
	网址：www.ssap.com.cn
发　　行 /	市场营销中心（010）59367081　59367018
印　　装 /	三河市尚艺印装有限公司
规　　格 /	开　本：787mm×1092mm　1/16
	印　张：16.5　字　数：275千字
版　　次 /	2016年12月第1版　2016年12月第1次印刷
书　　号 /	ISBN 978-7-5097-9889-8
定　　价 /	79.00元

本书如有印装质量问题，请与读者服务中心（010-59367028）联系

版权所有 翻印必究